高等学校学习辅导与习题精解丛书

有机化学习题精解

廖慧 编

中国建筑工业出版社

图书在版编目（CIP）数据

有机化学习题精解/廖慧编. —北京：中国建筑工业出版社，2005
高等学校学习辅导与习题精解丛书
ISBN 7-112-07377-4

Ⅰ. 有... Ⅱ. 廖... Ⅲ. 有机化学-高等学校-解题 Ⅳ. 062-44

中国版本图书馆 CIP 数据核字（2005）第 039313 号

高等学校学习辅导与习题精解丛书
有机化学习题精解
廖 慧 编

*

中国建筑工业出版社出版（北京西郊百万庄）
新华书店总店科技发行所发行
北京市彩桥印刷厂印刷

*

开本：787×960 毫米 1/16 印张：9¾ 字数：240 千字
2005 年 7 月第一版 2005 年 7 月第一次印刷
印数：1—3 000 册 定价：**14.00** 元
ISBN 7-112-07377-4
（13331）

版权所有 翻印必究
如有印装质量问题，可寄本社退换
（邮政编码 100037）

本社网址：http://www.china-abp.com.cn
网上书店：http://www.china-building.com.cn

本书是高等学校"有机化学"课程的教学参考书。

　　全书对有机化合物的结构表征，烃，烃的卤素衍生物，醇、酚、醚，醛和酮，羧酸及羧酸衍生物，含硫有机化合物，含氮有机化合物，杂环化合物，碳水化合物，氨基酸、蛋白质等 11 章内容做了内容提要，对各章编选的习题做了解答，对典型的有一定难度的习题做了解析。本书精选了两套试题并做出了参考答案。

　　本书可供高等学校给水排水工程、环境工程、城市燃气、建筑材料工程等专业的在校本科生、考研生使用，也可供电大、远程教学及自学考试人员参考，还可作为教师的教学参考书。

＊　＊　＊

　　责任编辑：齐庆梅　牛　松
　　责任设计：崔兰萍
　　责任校对：刘　梅　关　健

前　言

本书是高等学校"有机化学"课程的教学参考书。

全书包括三部分内容：

一、内容提要——简单阐述了各章内容要点。

二、习题解析——对各章中编选的习题做出解答，对一些典型的、有一定难度的习题做了解题思路的阐述，有利于引导学生深入思考，提高分析问题和解决问题的能力。

三、模拟试题——精心编选了二套试题，每份试题都给出了参考答案。

本书出版过程得到了中国建筑工业出版社教材中心的大力支持，编者特表示谢意。

在编写过程中，参考了许多文献，引用了其中的文字，特此向原书作者表示感谢。

本书编写过程中，承薛彦山担任缮写，武正正担任校稿工作，在此一并表示感谢。

由于编者水平有限，疏漏之处在所难免，敬请读者批评指正。

编者

2005 年

于河北建筑工程学院

目　　录

第一章　有机化合物的结构表征 ……………………………………… 1
　　内容提要 …………………………………………………………… 1
　　习题解析 …………………………………………………………… 3

第二章　烃 …………………………………………………………… 6
　　内容提要 …………………………………………………………… 6
　　习题解析 …………………………………………………………… 11

第三章　烃的卤素衍生物 …………………………………………… 41
　　内容提要 …………………………………………………………… 41
　　习题解析 …………………………………………………………… 42

第四章　醇、酚、醚 ………………………………………………… 50
　　内容提要 …………………………………………………………… 50
　　习题解析 …………………………………………………………… 52

第五章　醛和酮 ……………………………………………………… 63
　　内容提要 …………………………………………………………… 63
　　习题解析 …………………………………………………………… 65

第六章　羧酸及羧酸衍生物 ………………………………………… 77
　　内容提要 …………………………………………………………… 77
　　习题解析 …………………………………………………………… 79

第七章　含硫有机化合物 …………………………………………… 88
　　内容提要 …………………………………………………………… 88
　　习题解析 …………………………………………………………… 90

第八章　含氮有机化合物 …………………………………………… 93
　　内容提要 …………………………………………………………… 93
　　习题解析 …………………………………………………………… 98

第九章　杂环化合物 ………………………………………………… 109
　　内容提要 …………………………………………………………… 109

习题解析 ··· 112
第十章　碳水化合物 ··· 115
　　内容提要 ··· 115
　　习题解析 ··· 118
第十一章　氨基酸　蛋白质 ··· 123
　　内容提要 ··· 123
　　习题解析 ··· 124
模拟试题（一） ··· 127
模拟试题（一）参考答案 ··· 132
模拟试题（二） ··· 138
模拟试题（二）参考答案 ··· 143
参考文献 ·· 148

第一章 有机化合物的结构表征

内 容 提 要

研究或鉴定一个有机化合物的结构，需对该化合物进行结构表征。其基本程序是：化合物的分离提纯、元素定性、定量分析、测定相对分子质量、确定分子式、确定化合物可能的构造式、化合物的结构表征。实际工作中这些操作过程有时是交叉进行的。

化合物的结构表征常用方法有三种：物理常数测定法、化学法和近代物理方法。

近代物理方法是用仪器测定有机化合物的各种波谱，确定其结构，现已构成了有机化合物的波谱学。常用波谱数据有：

1. 红外光谱（IR）

(1) 3700~3200cm^{-1} N—H、O—H（N—H 的波数高于 O—H，氢键缔合波数低于游离波数）

(2) 3300~2800cm^{-1} C—H ［以 3000cm^{-1} 为界，高于 3000cm^{-1} 为 C—H（不饱和），低于 3000cm^{-1} 为 C—H（饱和）］

(3) 约 2200cm^{-1} C≡N，C≡C （中等强度，尖锋）

(4) 1900~1650cm^{-1} C=O （干扰少，吸收强，酮羰基在 1715cm^{-1} 左右出峰）

1) 不同羰基的大致吸收峰位置如下：

化合物	酸酐	酰氯	酯	醛	酮	羧酸	酰胺
波数/cm^{-1}	约1830、约1770	约1790	约1740	约1730	约1715	约1710	约1680

2) -I 效应、环张力等使 C=O 的波数升高；共轭效应使 C=O 的波数降低。

化合物	苯乙酮	丙酮	环己酮	环丁酮	环丙酮
波数/cm^{-1}	1680	1715	1710	1780	1810

(5) 1650~1600cm^{-1} C=C （越不对称，吸收越强）

(6) 1600、1500、1580、1460cm^{-1} 苯环（苯环伸缩振动）

(7) 1500cm^{-1} 以下单键区：

约 1380cm^{-1}：CH$_3$（诊断价值高）；1450cm^{-1}：CH$_2$、CH$_3$；

有价值的 C—O 波数：

化合物	1°ROH	1°ROH	1°ROH	ArOH
波数(C—O)/cm^{-1}	1050	1100	1150	1230

（8）1000cm^{-1} 以下，苯环及双键上 C—H 面外摇摆振动

1) 苯环上五氢相连（一元取代）　700，750cm^{-1}
2) 苯环上四氢相连（邻二取代）　750cm^{-1}
3) 苯环上三氢相连（间二取代）　700，780cm^{-1}
4) 苯环上二氢相连（对二取代）　830cm^{-1}
5) 孤立氢　880cm^{-1}
6) 双键上 —CH=CH$_2$　990，910cm^{-1}；　C=CH$_2$　910cm^{-1}；

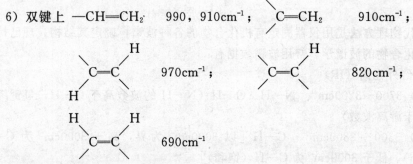

2. 核磁共振谱（^{1}H—NMR）

常见质子的化学位移数值

结构	δ/ppm	结构	δ/ppm
—C(=O)—OH	10～11	CH$_3$C(=O)—	约 2.1
—C(=O)—OH	8～10	R—CH$_2$—C(=O)—	约 2.3
Ar—H	约 7.2	—C≡CCH$_3$	约 1.8
C=C(H)—	4.3～6.4	—C≡CH	约 2.5
CH$_3$O—	约 3.7	RCH$_3$（饱和）	约 0.9
—CH$_2$O—	约 4.0	R$_2$CH$_2$（饱和）	约 1.3
CH$_3$N	约 3.0	R$_3$CH（饱和）	约 1.5

5.5~5.8（宽峰）　　　R—SH　　　　1.1~1.5

习 题 解 析

1. 化合物 A、B 的分子式均为 $C_3H_6Cl_2$，^1H—NMR 显示
化合物 A：$\delta=2.2$（五重峰，2H），$\delta=3.7$（三重峰，4H）
化合物 B：$\delta=2.4$（单峰，6H）
请推测化合物 A、B 的结构式。

解：化合物 A 的结构式：$ClCH_2CH_2CH_2Cl$
　　 化合物 B 的结构式：$(CH_3)_2CCl_2$

2. 根据 ^1H—NMR 谱图推测下列化合物的结构。

（1）C_4H_9Br

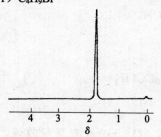

（2）C_7H_8O

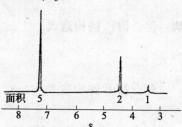

（3）C_3H_7Br

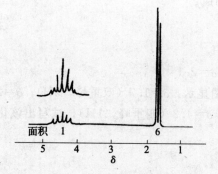

（4）$C_4H_8Br_2$

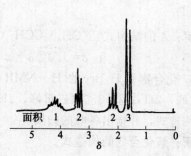

解：（1）C_4H_9Br 的结构式为 $(CH_3)_3CBr$

（2）C_7H_8O 的结构式为 ⌬—CH_2OH

（3）C_3H_7Br 的结构式为 $(CH_3)_2CHBr$

(4) $C_4H_8Br_2$ 的结构式为 $CH_3\underset{Br}{C}HCH_2CH_2\underset{Br}{}$

3. 化合物 A 的分子式为 C_4H_8O，其 IR 谱显示在 $1715cm^{-1}$ 处有强吸收峰；其 ^1H—NMR 谱显示：单峰（3H），四重峰（2H），三重峰 3H。写出化合物 A 的构造式。

解：化合物 A 的构造式为：$CH_3CH_2\overset{O}{\underset{\|}{C}}CH_3$

4. 化合物 A、B 的分子式均为 $C_9H_{10}O_2$。化合物 A 的 IR 谱图显示：$1742cm^{-1}$，$1232cm^{-1}$，$1028cm^{-1}$，$764cm^{-1}$，$690cm^{-1}$ 处有特征峰；^1H—NMR 谱显示：$\delta=2.02$（单峰，3H），$\delta=5.03$（单峰，2H），$\delta=7.26$（单峰，5H）。

化合物 B 的 ^1H—NMR 谱显示：$\delta=2.7$（三重峰，2H），$\delta=3.2$（三重峰，2H），$\delta=7.38$（单峰，5H），$\delta=10.09$（单峰，1H），试推测 A、B 的构造式。

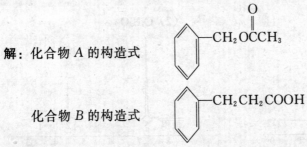

解：化合物 A 的构造式

化合物 B 的构造式

5. 化合物 A 分子式 $C_7H_{14}O$，IR 谱图显示 $1710cm^{-1}$ 处有强吸收峰，^1H—NMR 有 3 个单峰，$\delta=1.0$、$\delta=2.1$、$\delta=2.3$，其峰面积之比为 9∶3∶2，试推测化合物 A 的结构，并指出 ^1H—NMR 的归属。

解：A 的结构式：$(CH_3)_3CCH_2\overset{O}{\underset{\|}{C}}CH_3$
　　　　　　　$\delta=1.0$　$\delta=2.3$　$\delta=2.1$

6. 化合物 $C_4H_8Br_2$ 的 ^1H—NMR 谱图显示：$\delta=1.7$（双重峰，3H）；$\delta=2.2$（四重峰，2H）；$\delta=3.5$（三重峰，2H）；$\delta=4.2$（四重峰，1H）。试写出该化合物的构造式，并指出各峰的归属。

解：该化合物的构造式：

$CH_3—\underset{Br}{CH}—CH_2—CH_2Br$

$\delta=1.7$　$\delta=4.2$　$\delta=2.2$　$\delta=3.5$

7. 根据光谱数据，推测下列各化合物的构造。

（1）分子式：$C_9H_{11}Br$

NMR 谱：$\delta=2.15$（多重峰，2H），$\delta=2.75$（三重峰，2H），$\delta=3.38$（三重峰，2H），$\delta=7.22$（多重峰，5H）。

(2) 分子式：$C_9H_{10}O$

IR 谱：1705cm^{-1} 强吸收峰

NMR 谱：$\delta=2.0$（单峰，3H），$\delta=3.5$（单峰，2H），$\delta=7.1$（多重峰，5H）。

(3) 分子式：$C_{10}H_{14}$

NMR 谱：$\delta=8.0$（单峰），$\delta=1.0$（单峰），强度比为 5∶9。

解：(1) $C_9H_{11}Br$ 的结构式：

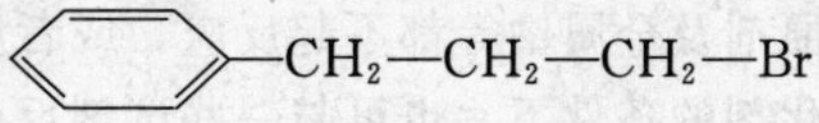

$$\text{C}_6\text{H}_5-\text{CH}_2-\text{CH}_2-\text{CH}_2-\text{Br}$$

(2) $C_9H_{10}O$ 的结构式：

$$\text{C}_6\text{H}_5-\text{CH}_2-\overset{O}{\underset{\|}{\text{C}}}-\text{CH}_3$$

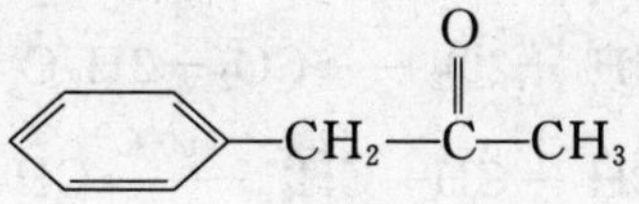

(3) $C_{10}H_{14}$ 的结构式：

$$\text{C}_6\text{H}_5-\text{C}(\text{CH}_3)_3$$

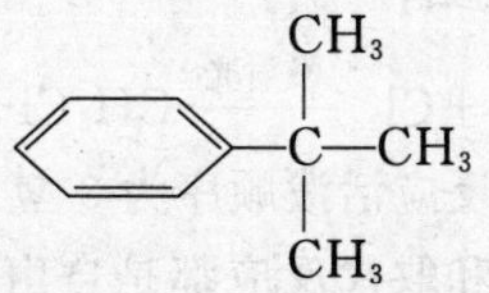

第二章 烃

内 容 提 要

一、烷烃

烷烃的化学性质不活泼,尤其是直链烷烃。它与大多数试剂如强酸、强碱、强氧化剂、强还原剂及金属钠等都不起反应,或者反应速率缓慢。但是在适当的温度、压力和催化剂的条件下,也可与一些试剂反应。主要有:氧化、热裂和取代等反应。

1. 氧化反应:$CH_4 + 2O_2 \longrightarrow CO_2 + 2H_2O$

2. 热裂反应:$CH_3-CH-CH_2 \xrightarrow{460℃} CH_3-CH=CH_2 + H_2$
   $\qquad\qquad\qquad\;\; |\;\;\;\;\;\; |$
   $\qquad\qquad\qquad\; H\;\;\; H$

3. 取代反应:$CH_4 + Cl_2 \xrightarrow{漫射光} CH_3Cl + HCl$

烷烃中的氢原子的反应活泼顺序为 3°氢＞2°氢＞1°氢。

烷烃的氧化、热裂和取代反应都是自由基反应。自由基反应大多可被高温、光、过氧化物所引发,一般在气相或非极性溶剂中进行。

二、烯烃

烯烃有构造异构和顺反异构。构造异构的命名要选含双键的最长碳链为主链,编号时使双键位次尽可能小。顺反异构则根据次序规则命名:

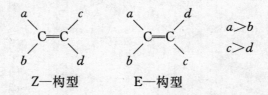

$\qquad\qquad$ Z—构型 $\qquad\quad$ E—构型

烯烃有加成、氧化和聚合反应,α—H 有取代反应。

1. 加成反应

$$RCH_2CH_3 \xleftarrow{H_2 \text{(Pt等)}} RCH=CH_2 \xrightarrow{HX} RCHXCH_3$$

$$RCH=CH_2 \xrightarrow{X_2(Cl_2,Br_2)} \underset{X\ \ X}{RCH-CH_2}$$

$$RCH=CH_2 \xrightarrow{HOSO_3H} \underset{OSO_3H}{RCHCH_3} \xrightarrow{H_2O} \underset{OH}{RCH-CH_3}$$

$$RCH=CH_2 \xrightarrow{HOX} \underset{OH}{R-CH-CH_2X}$$

$$RCH=CH_2 \xrightarrow{HOH} RCH(OH)CH_3$$

马尔科夫尼可夫（Markovnikov）规则：当 HB（B=X^-、OSO_3H^-、OH^-）与不对称烯烃加成时，H 加在含氢较多的双键碳原子上。

2. 氧化反应

$$CH_2=CH_2 + O_2 \xrightarrow[\triangle]{Ag} \underset{O}{CH_2-CH_2}$$

$$3RCH=CH_2 + 2KMnO_4 + 4H_2O \xrightarrow{\text{碱性或中性}} 3\underset{OH\ \ OH}{RCH-CH_2} + 2MnO_2 + 2KOH$$

$$R-CH=CH_2 \xrightarrow[H^+]{KMnO_4} R-\underset{O}{\overset{\parallel}{C}}-OH + CO_2 + H_2O$$

$$R-CH=\underset{R''}{\overset{R'}{C}} \xrightarrow[H^+]{KMnO_4} R-\underset{O}{\overset{\parallel}{C}}-OH + R'-\underset{\underset{O}{\parallel}}{C}-R''$$

$$\underset{}{\overset{}{C}}=\underset{}{\overset{}{C}} \xrightarrow{O_3} \overset{O}{\underset{O-O}{C\cdots C}} \xrightarrow{Zn/H_2O} C=O + O=C$$

$$R-CH=CH_2 \xrightarrow{①O_3,②Zn/H_2O} R-\overset{O}{\overset{\parallel}{C}}-H + \overset{O}{\overset{\parallel}{C}}-H$$

$$R-CH=\underset{R''}{\overset{R'}{C}} \xrightarrow{①O_3,②Zn/H_2O} R-\overset{O}{\overset{\parallel}{C}}-H + R'-\underset{\underset{O}{\parallel}}{C}-R''$$

3. 聚合反应

$$nCH_2=CH_2 \xrightarrow[1\sim10\text{大气压,}60\sim95℃]{TiCl_4-Al(C_2H_5)_3} \text{—}[CH_2CH_2\text{—}]_n$$

4. α—H 取代反应

$$CH_3-CH=CH_2 \xrightarrow[400\sim500℃]{Cl_2} \underset{\underset{Cl}{|}}{CH_2}-CH=CH_2$$

三、炔烃

炔烃有加成、聚合、氧化和活泼氢反应。

1. 加成反应

$$RC\equiv CH \begin{cases} \xrightarrow[\text{Pt或Pd}]{H_2} RCH=CH_2 \xrightarrow[\text{或Pd或Ni}]{H_2,Pt} RCH_2CH_3 \\ \xrightarrow{X_2} R-\underset{\underset{X}{|}}{\overset{\overset{X}{|}}{C}}-CH_2\text{?} \xrightarrow{X_2} R-\underset{\underset{X}{|}}{\overset{\overset{X}{|}}{C}}-\underset{\underset{X}{|}}{\overset{\overset{X}{|}}{C}}-H \\ \xrightarrow{HX} R-\underset{\underset{X}{|}}{C}=CH_2 \xrightarrow{HX} R-\underset{\underset{X}{|}}{\overset{\overset{X}{|}}{C}}-CH_3 \\ \xrightarrow[\text{稀}H_2SO_4]{HgSO_4} R-\underset{\underset{O}{\|}}{C}-CH_3 \\ \xrightarrow[Cu_2Cl_2-NH_4Cl]{HCN} R\underset{\underset{CN}{|}}{C}=CH_2 \\ \xrightarrow[KOH]{C_2H_5OH} R\underset{\underset{OC_2H_5}{|}}{C}=CH_2 \\ \xrightarrow[Zn(Ac)_2,120\sim230℃]{CH_3\overset{O}{\overset{\|}{C}}-OH} R-\underset{\underset{O-\overset{O}{\overset{\|}{C}}-CH_3}{|}}{C}=CH_2 \end{cases}$$

2. 聚合反应

$$CH\equiv CH+H-C\equiv C-H \xrightarrow[\text{饱和溶液}]{Cu_2Cl_2+NH_4Cl} CH_2=CH-C\equiv CH$$

$$CH_2=CH-C\equiv CH+HCl \xrightarrow{Cu_2Cl_2-NH_4Cl} CH_2=CH-\underset{\underset{Cl}{|}}{C}=CH_2$$

$$3CH\equiv CH \xrightarrow{500℃} \bigcirc$$

3. 氧化反应

$$RC\equiv CH \xrightarrow[\text{②}H_3O^+]{\text{①}KMnO_4/OH^-} RC\underset{\underset{O}{\|}}{-}OH + CO_2 + H_2O$$

$$RC\equiv CR' \xrightarrow[\text{②}H_3O^+]{\text{①}KMnO_4/OH^-} R\underset{\underset{O}{\|}}{-}C-OH + R'\underset{\underset{O}{\|}}{-}C-OH$$

4. 活泼氢反应

$$RC\equiv CH \begin{cases} \xrightarrow{[Cu(NH_3)_2]Cl} RC\equiv CCu\downarrow（红色） \\ \xrightarrow{[Ag(NH_3)_2]NO_3} RC\equiv CAg\downarrow（白色） \\ \xrightarrow[\text{液氨}]{NaNH_2} RC\equiv CNa + R'-X \longrightarrow RC\equiv CR' \end{cases}$$

四、共轭二烯烃

1. 加成反应

$$CH_2=CH-CH=CH_2 \begin{cases} \xrightarrow[1,2-\text{加成}]{Br_2} \underset{Br}{\overset{}{C}H_2}-\underset{Br}{\overset{}{C}H}-CH=CH_2 \\ \xrightarrow[1,4\text{加成}]{Br_2} \underset{Br}{\overset{}{C}H_2}-CH=CH-\underset{Br}{\overset{}{C}H_2} \end{cases}$$

2. 双烯合成

（反应式：丁二烯 + 顺丁烯二酸酐 $\xrightarrow[100°C]{\text{苯}}$ 四氢邻苯二甲酸酐）

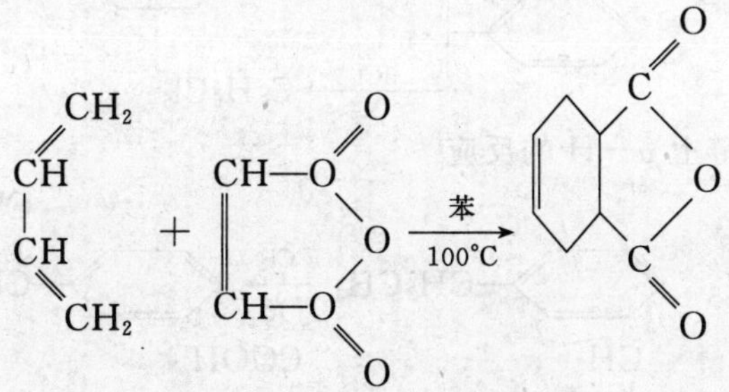

3. 聚合反应

$$nCH_2=CH-CH=CH_2 \xrightarrow[60°C]{Na} [CH_2-CH=CH-CH_2]_n$$

五、环烷烃

环烷烃有构造异构（环的大小和取代基的位置不同）和顺反异构（两个取代基在环平面的同侧者为顺式，在异侧者为反式。）

大环烷烃的性质与烷烃相似，小环烷烃与烯烃相似，可与 H_2、Br_2、HX 加成。

六、芳香烃

(一) 苯环上的反应

1. 取代反应

$$\text{C}_6\text{H}_6 \xrightarrow{\text{Br}_2/\text{FeBr}_3} \text{C}_6\text{H}_5\text{Br}$$

$$\text{C}_6\text{H}_6 \xrightarrow{\text{HNO}_3/\text{H}_2\text{SO}_4} \text{C}_6\text{H}_5\text{NO}_2$$

$$\text{C}_6\text{H}_6 \xrightarrow{\text{H}_2\text{SO}_4(\text{SO}_3)} \text{C}_6\text{H}_5\text{SO}_3\text{H}$$

$$\text{C}_6\text{H}_6 \xrightarrow{\text{R—Cl}/\text{AlCl}_3} \text{C}_6\text{H}_5\text{R}$$

2. 氧化反应

$$\text{C}_6\text{H}_6 + \text{O}_2 \xrightarrow[400\sim500°C]{\text{V}_2\text{O}_5} \text{顺丁烯二酸酐} + \text{CO}_2 + \text{H}_2\text{O}$$

$$\text{C}_6\text{H}_5\text{—H} + \text{H—C}_6\text{H}_5 \xrightarrow[700-800°C]{\text{Fe}} \text{C}_6\text{H}_5\text{—C}_6\text{H}_5 + \text{HCl}$$

(脱氢反应,也属氧化反应)

3. 加成反应

$$\text{C}_6\text{H}_6 \xrightarrow{3\text{H}_2 \cdot \text{Pt}} \text{C}_6\text{H}_{12}$$

$$\text{C}_6\text{H}_6 \xrightarrow{3\text{Cl}_2} \text{C}_6\text{H}_6\text{Cl}_6$$

(二) 苯环侧链上 α—H 的反应

(1) 卤代反应:

$$\text{C}_6\text{H}_5\text{—CH}_2\text{CH}_3 \xrightarrow[\text{光}]{\text{Cl}_2} \text{C}_6\text{H}_5\text{—CHClCH}_3$$

(2) 氧化反应:

$$\text{C}_6\text{H}_5\text{—CH}_3 \xrightarrow[\triangle]{\text{KMnO}_4/\text{H}_3\text{O}^+} \text{C}_6\text{H}_5\text{—COOH} \xleftarrow[\triangle]{\text{KMnO}_4/\text{H}_3\text{O}^+} \text{C}_6\text{H}_5\text{—C}_2\text{H}_5$$

亲电取代历程:

$$\text{C}_6\text{H}_6 + \text{E}^+ \longrightarrow \left[\begin{array}{c} \oplus \\ \text{C}_6\text{H}_5 \overset{H}{\underset{E}{\diagdown}} \end{array} \right] \longrightarrow \text{C}_6\text{H}_5\text{—E} + \text{H}^+$$

$$\text{E}^+ = \text{X}^+,\ \text{NO}_2^+,\ \text{SO}_3,\ \text{R}^+,\ \text{RC}^+\text{=O}$$

第二章 烃

苯环上亲电取代定位规律：

（1）邻对位定位基：它使新的取代基主要进入它的邻位或对位，活化苯环（卤素除外）其定位作用按下列次序依次减弱。

—N(CH$_3$)$_2$，—NH$_2$，—OH，—OR，—NHCOCH$_3$，—OCOCH$_3$，—C$_6$H$_5$，—CH$_3$，—Cl，—Br，—I。

（2）间位定位基：钝化苯环，使新进入的取代基进入它的间位。其定位作用按下列次序减弱。

—$\overset{+}{\text{N}}$(CH$_3$)$_3$，—NO$_2$，—OCl$_3$，—CN，—COOH，—SO$_3$H，—CHO，—COCH$_3$，—COOCH$_3$，—CONH$_2$。

萘的反应与苯相似，可发生取代、加成和氧化反应，比苯更容易进行。

习 题 解 析

1. 写出己烷 C$_6$H$_{14}$ 的所有构造异构体并用系统命名法命名。

解：

CH$_3$CH$_2$CH$_2$CH$_2$CH$_2$CH$_3$　　　　己烷

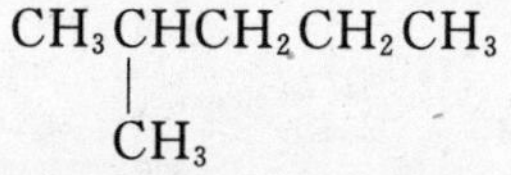

CH$_3$CHCH$_2$CH$_2$CH$_3$　　　　2—甲基—戊烷 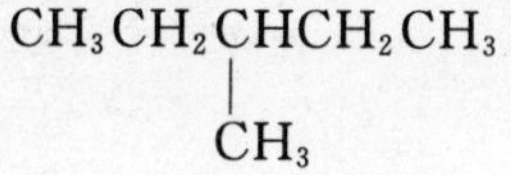
　　|
　　CH$_3$

CH$_3$CH$_2$CHCH$_2$CH$_3$　　　　3—甲基—戊烷 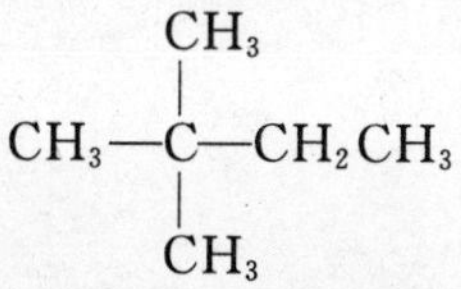
　　　　|
　　　　CH$_3$

　　　CH$_3$
　　　　|
CH$_3$—C—CH$_2$CH$_3$　　　　2,2—二甲基—丁烷 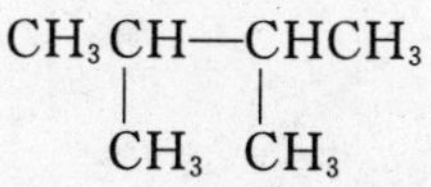
　　　　|
　　　CH$_3$

CH$_3$CH—CHCH$_3$　　　　2,3—二甲基—丁烷
　　|　　|
　CH$_3$　CH$_3$

2. 写出下列化合物的结构式，并指出其中的 1°、2°、3°、4° 碳原子，或写出名称。

(1) 3,3—二甲基戊烷

(2) 3—甲基—5—乙基庚烷

(3) 2—甲基—3—异丙基戊烷

(4) 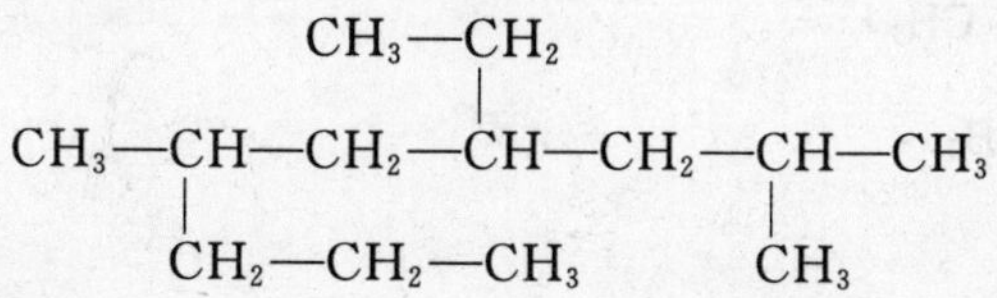 　　　　　　CH$_3$—CH$_2$
　　　　　　　　　　|
　　CH$_3$—CH—CH$_2$—CH—CH$_2$—CH—CH$_3$
　　　　　|　　　　　　　　　　　|
　　　　CH$_2$—CH$_2$—CH$_3$　　　CH$_3$

(5) $\text{CH}_3\text{−}\underset{\underset{\text{CH}_3}{|}}{\overset{\overset{\text{CH}_3}{|}}{\text{C}}}\text{−CH−}\underset{\underset{\text{CH}_2\text{−CH}_3}{|}}{\overset{\overset{\text{CH}_3}{|}}{\text{C}}}\text{−CH}_3$

(6) $\underset{\underset{\text{CH}_3}{|}}{\overset{\overset{\text{CH}_3}{|}}{\text{CH}}}\text{−CH}_2\text{−}\underset{}{\overset{\overset{\text{CH}_3}{|}}{\text{CH}}}\text{−CH}_2\text{−CH}_3$

(7) $\text{CH}_3\text{−CH−}\underset{\underset{\text{CH}_3}{|}}{\text{CH}}\text{−}\underset{\underset{\text{CH}_2\text{−CH}_3}{|}}{\overset{\overset{\text{CH}_3}{|}}{\text{CH}}}\text{−CH}_3$

(8) $\text{CH}_3\text{−CH}_2\text{−}\underset{\underset{\text{CH}_3}{|}}{\overset{\overset{\text{CH}_3}{|}}{\text{CH}}}\text{−}\underset{\underset{\text{CH}_3}{|}}{\text{CH}}$

(9) $\underset{\underset{\underset{\underset{\text{CH}_3}{|}}{\text{CH−CH}_3}}{|}}{\overset{\overset{\text{CH−CH}_3}{|}}{\text{CH}_2}}\text{−CH−CH}_2\text{−}\overset{\overset{\text{CH}_3}{|}}{\text{CH}}\text{−CH}_3$

(10) $\text{CH}_3\text{−CH}_2\text{−}\overset{\overset{\text{CH}_3}{|}}{\text{CH}}\text{−}\underset{\underset{\text{CH}_3}{|}}{\overset{\overset{\text{H}}{|}}{\text{C}}}\text{−H}$

解: (1) $\overset{1°}{\text{CH}_3}\overset{2°}{\text{CH}_2}\text{−}\underset{\underset{\underset{\text{CH}_3}{1°}}{|}}{\overset{\overset{\overset{\text{CH}_3}{1°}}{|}}{\overset{4°}{\text{C}}}}\text{−}\overset{2°}{\text{CH}_2}\overset{1°}{\text{CH}_3}$

(2) $\overset{1°}{\text{CH}_3}\overset{2°}{\text{CH}_2}\overset{3°}{\text{CH}}\overset{2°}{\text{CH}_2}\underset{\underset{\text{CH}_2\text{CH}_3}{}}{\overset{3°}{\text{CH}}}\overset{2°}{\text{CH}_2}\overset{1°}{\text{CH}_3}$
$\underset{\text{CH}_3}{|}\underset{1°2°1°}{}$

(3) $\overset{1°}{\text{CH}_3}\overset{2°}{\text{CH}}\overset{3°}{\text{CH}}\overset{2°}{\text{CH}_2}\overset{1°}{\text{CH}_3}$
$\underset{\text{CH}_3}{|}\underset{\text{CH}_3\overset{3°}{\text{CH}}\text{CH}_3}{|}$
$\underset{\underset{\text{CH}_3}{1°}}{|}$

(4) 2,6—二甲基—4—乙基壬烷
(5) 2,2,3,4,4—五甲基己烷
(6) 2,4—二甲基己烷
(7) 2,4—二甲基—3—乙基戊烷
(8) 2,3—二甲基丁烷
(9) 2,6—二甲基—4—异丙基庚烷
(10) 3—甲基戊烷

3. 指出下列化合物中哪些是相同的物质。

(1) 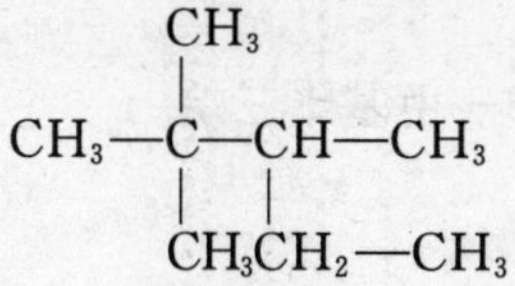 $CH_3-\underset{\underset{CH_3CH_2-CH_3}{|}}{\overset{\overset{CH_3}{|}}{C}}-CH-CH_3$

(2) $CH_3-CH_2-CH_2-CH_2-CH_3$

(3) $CH_3-\underset{\underset{CH_3}{|}}{\overset{\overset{CH_3CH_3}{|}}{C}}-CH-CH_2-CH_3$

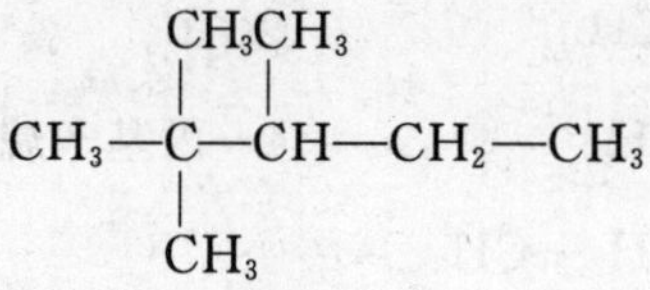

(4) 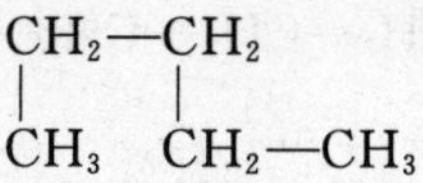 $\underset{CH_3}{\overset{CH_2}{|}}\underset{CH_2-CH_3}{\overset{|}{|}}$

(5) 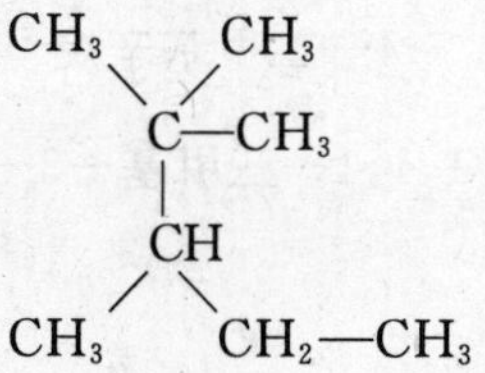 $\underset{CH_3}{\overset{CH_3\ CH_3}{|}}\underset{\underset{CH_2-CH_3}{|}}{\overset{C-CH_3}{\underset{CH}{|}}}$

(6) 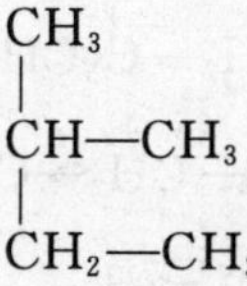 $\underset{CH_2-CH_3}{\overset{CH_3}{\underset{|}{CH-CH_3}}}$

(7) 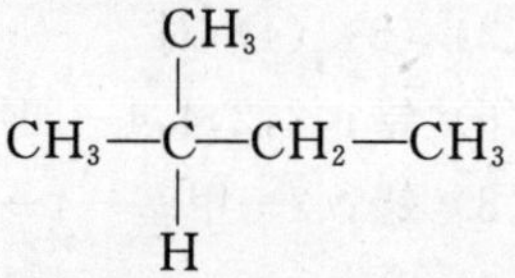 $CH_3-\underset{H}{\overset{\overset{CH_3}{|}}{C}}-CH_2-CH_3$

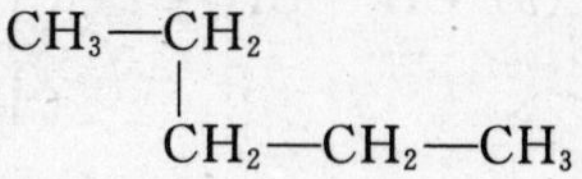

(8) 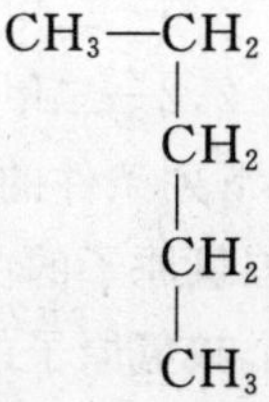 $CH_3-CH_2-CH_2-CH_2-CH_3$ (纵向排列)

(9) 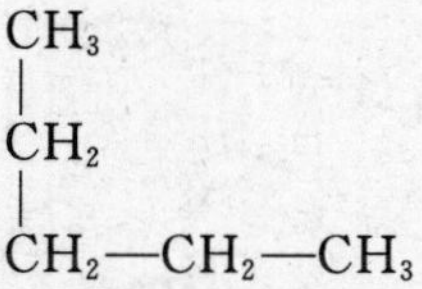 $\underset{CH_2-CH_2-CH_3}{\overset{CH_3}{\underset{|}{CH_2}}}$

(10) 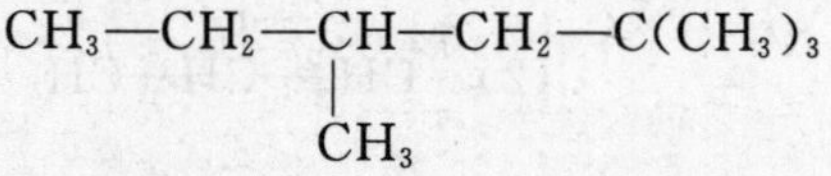 $CH_3-CH_2-\underset{CH_3}{\overset{|}{CH}}-CH_2-C(CH_3)_3$

解: (1)(3)(5)是 2,2,3—三甲基戊烷

(6)(7)是 2—甲基丁烷

(2)(4)(8)(9)是戊烷

(10) 是 2,2,4—三甲基己烷

4. 下列化合物的系统命名是否正确？如有错误请予更正。

(1) 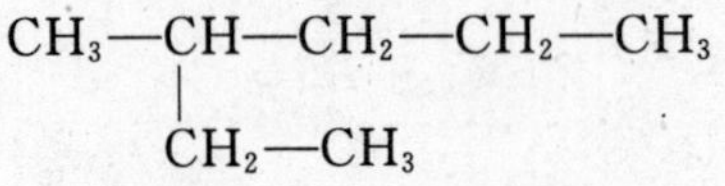 CH₃—CH—CH₂—CH₂—CH₃   2—乙基戊烷
        |
        CH₂—CH₃

(2) CH₃—CH—CH₂—CH—CH₂—CH₂—CH₃   2,4—二甲基庚烷
        | |
        CH₃   CH₃

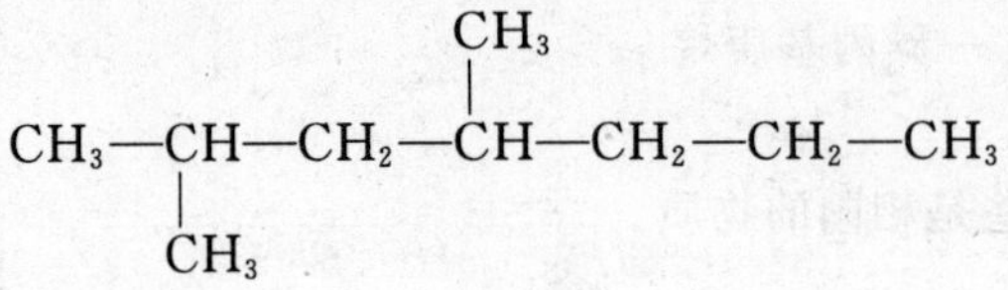

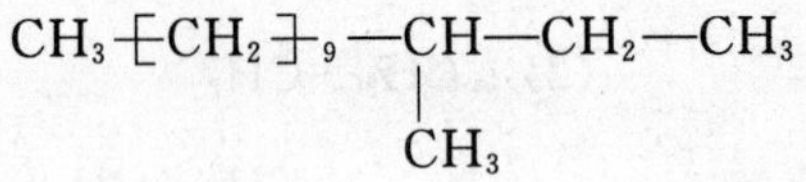

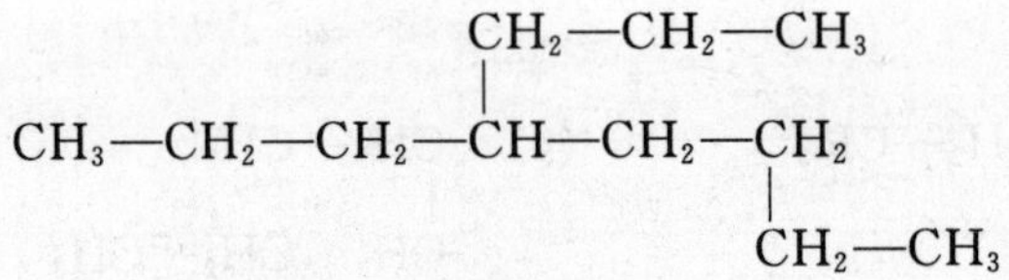

(3) CH₃—[CH₂]₉—CH—CH₂—CH₃   3—甲基十三烷
                |
                CH₃

(4) CH₃—CH₂—CH₂—CH—CH₂—CH₂   4—丙基辛烷
                |（CH₂—CH₂—CH₃）
                CH₂—CH₃

(5) CH₃—CH₂—C(CH₃)₂—[CH₂]₄—CH₃   4—二甲基辛烷

(6) (CH₃)₃C—CH₂—C(CH₃)₂CH₂—CH₃   1,1,1—三甲基—3—甲基戊烷

(7) 3—叔丁基己烷

(8) 2,3—二乙基戊烷

解：(1) 错；3—甲基己烷   (2) (3) (4) 对
    (5) 错；3,3—二甲基辛烷   (6) 错；2,2,4,4—四甲基己烷
    (7) 错；2,2—二甲基—3—乙基己烷   (8) 错；3—甲基—4—乙基己烷

5. 写出符合下列条件的烷烃结构式：

(1) 只含有伯氢原子的戊烷

(2) 含有一个叔氢原子的丁烷

(3) 只含有伯氢和仲氢原子的丁烷

(4) 含有一个叔氢原子的戊烷

(5) 含有一个季碳原子的戊烷

解：
(1)   CH₃
            |
    CH₃—C—CH₃   (2) CH₃—CH—CH₃
           | |
        CH₃   CH₃

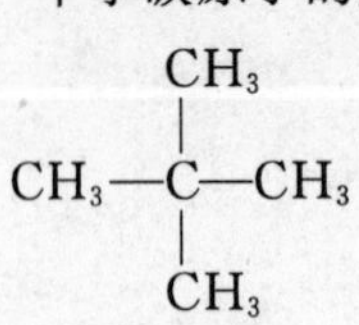

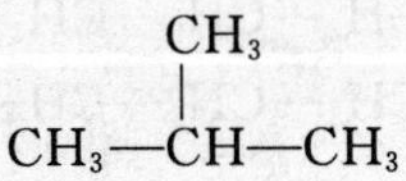

(3) CH₃—CH₂—CH₂—CH₃   (4) CH₃—CH—CH₂—CH₃
                                                          |
                                                          CH₃

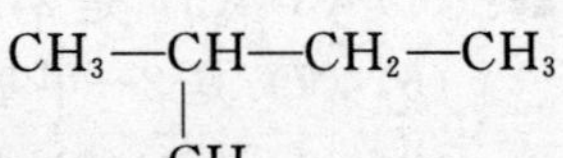

(5) $\begin{array}{c} \quad\quad CH_3 \\ \quad\quad | \\ CH_3-C-CH_3 \\ \quad\quad | \\ \quad\quad CH_3 \end{array}$

6. 某些烷烃分子量均为72，氯化时

(1) 一元氯代产物只有一种；

(2) 一元氯代产物有三种；

(3) 一元氯代产物有四种；请分别写出它们的结构式。

解：(1) $\begin{array}{c} \quad\quad CH_3 \\ \quad\quad | \\ CH_3-C-CH_3 \\ \quad\quad | \\ \quad\quad CH_3 \end{array}$ (2) $CH_3CH_2CH_2CH_2CH_3$

(3) $\begin{array}{c} CH_3-CH-CH_2-CH_3 \\ \quad\quad | \\ \quad\quad CH_3 \end{array}$

7. 试推测庚烷三种异构体沸点的高低。

正庚烷、2—甲基己烷和2,2—二甲基戊烷

解：沸点由高到低的次序是：正庚烷＞2—甲基己烷＞2,2—二甲基戊烷

8. 不参看物理常数表，试推测下列化合物沸点高低的顺序。

(1) 正辛烷；(2) 正己烷；(3) 正壬烷；(4) 2—甲基戊烷；(5) 2,2—二甲基丁烷。

解：其沸点由高到低的顺序是：(3)＞(1)＞(2)＞(4)＞(5)

9. 什么叫自由基反应？自由基反应历程经过哪些阶段？举例说明。

答：有机物分子中的共价键，在光、高温等条件下，均裂成带有单电子的原子（或原子团）—自由基，由自由基引发的反应叫自由基反应。

自由基反应历程经历：链的引发、链的增长、链的终止三个阶段。

例如甲烷的氯化反应就是自由基反应，经历了以下阶段

链的引发　　$Cl:Cl \xrightarrow{\text{光}} 2Cl\cdot$

链的增长　　$Cl\cdot + H:CH_3 \longrightarrow HCl + \cdot CH_3$

　　　　　　$\cdot CH_3 + Cl:Cl \longrightarrow CH_3Cl + Cl\cdot$

　　　　　　$Cl\cdot + H:CH_2Cl \longrightarrow HCl + \cdot CH_2Cl$

　　　　　　$\cdot CH_2Cl + Cl:Cl \longrightarrow CH_2Cl_2 + Cl\cdot$

　　　　　　$Cl\cdot + H:CHCl_2 \longrightarrow HCl + \cdot CHCl_2$

　　　　　　$\cdot CHCl_2 + Cl:Cl \longrightarrow CHCl_3 + Cl\cdot$

　　　　　　$Cl\cdot + H:CCl_3 \longrightarrow HCl + \cdot CCl_3$

　　　　　　$\cdot CCl_3 + Cl:Cl \longrightarrow CCl_4 + Cl\cdot$

链的终止　　Cl·+Cl·⟶Cl₂
　　　　　　·CH₃+·CH₃⟶CH₃CH₃
　　　　　　·CH₃+Cl·⟶CH₃Cl

自由基反应一般是由高温、光、辐射或引发剂（过氧化物）所引发，通常在气相或非极性溶剂中进行。

10. 写出乙烷结构式的透视式和投影式，并指出哪种构象较稳定，为什么？

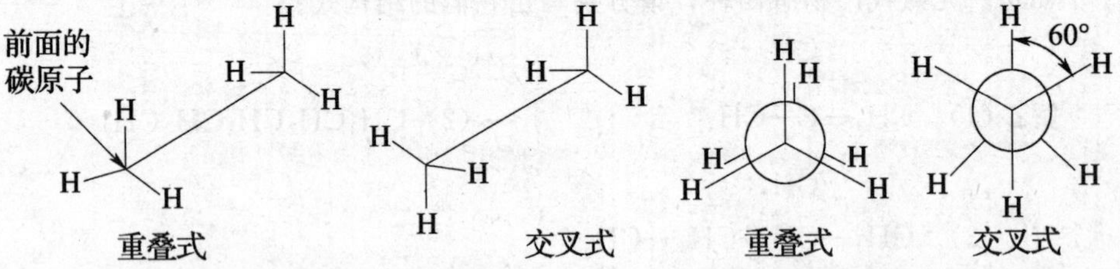

乙烷分子的构象（透视式）　　重叠式　交叉式
乙烷分子的构象（投影式）　　重叠式　交叉式

在重叠式构象中，两个碳上的氢原子，分别两两相对，它们之间的距离最近，斥力最大，整个分子体系的能量最高，这种重叠式构象最不稳定。在交叉式构象中则内能最低较为稳定。

11. 写出烯烃 C_5H_{10} 的同分异构体，并用系统命名法命名。

解：

$CH_2=CHCH_2CH_2CH_3$　　　　$CH_3CH=CHCH_2CH_3$
　　1—戊烯　　　　　　　　　　　2—戊烯

$CH_3C=CHCH_3$　　　　　　　$CH_2=C-CH_2CH_3$
　　｜　　　　　　　　　　　　　　　｜
　　CH_3　　　　　　　　　　　　 CH_3
2—甲基—2—丁烯　　　　　　2—甲基—1—丁烯

$CH_2=CHCHCH_3$
　　　　　｜
　　　　　CH_3
3—甲基—1—丁烯

12. 下列化合物中哪个有顺反异构体，写出它们的结构式，并用系统命名法命名。

(1) $CH_2=CH-CH_2-CH_2-CH_3$　　(2) $CH_3-CH=CH-CH=CH_2$

(3) $CH_3-CH_2-CH=C-CH_2-CH_3$
　　　　　　　　　　｜
　　　　　　　　　　CH_3

(4) $CH_3CH_2CH=CH_2$　　(5) 2—戊烯

(6) $CH_3-\underset{Cl}{C}=\underset{Cl}{C}-CH_3$ (7) 3—甲基—2—己烯

解：(1)(4) 无顺反异构体；(2)(3)(5)(6)(7) 有顺反异构体。

(2)

$\underset{H}{\overset{CH_3}{>}}C=C\underset{H}{\overset{CH=CH_2}{<}}$ $\underset{CH_3}{\overset{H}{>}}C=C\underset{H}{\overset{CH=CH_2}{<}}$

  (Z)—1,3—戊二烯   (E)—1,3—戊二烯

(3)

$\underset{H}{\overset{CH_3CH_2}{>}}C=C\underset{CH_3}{\overset{CH_2CH_2CH_3}{<}}$ $\underset{CH_3CH_2}{\overset{H}{>}}C=C\underset{CH_3}{\overset{CH_2CH_2CH_3}{<}}$

  (Z)—4—甲基—3—庚烯   (E)—4—甲基—3—庚烯

(5)

$\underset{H}{\overset{CH_3}{>}}C=C\underset{H}{\overset{CH_2CH_3}{<}}$ $\underset{CH_3}{\overset{H}{>}}C=C\underset{H}{\overset{CH_2CH_3}{<}}$

   (Z)—2—戊烯   (E)—2—戊烯

(6)

$\underset{Cl}{\overset{CH_3}{>}}C=C\underset{Cl}{\overset{CH_3}{<}}$ $\underset{CH_3}{\overset{Cl}{>}}C=C\underset{Cl}{\overset{CH_3}{<}}$

(Z)—2,3—二氯—2—丁烯   (E)—2,3—二氯—2—丁烯

(7)

$\underset{CH_3CH_2CH_2}{\overset{CH_3}{>}}C=C\underset{H}{\overset{CH_3}{<}}$ $\underset{CH_3}{\overset{CH_3CH_2CH_2}{>}}C=C\underset{H}{\overset{CH_3}{<}}$

 (E)—3—甲基—2—己烯   (Z)—3—甲基—2—己烯

13. 用 Z、E 命名法命名下列化合物。

(1) $\underset{H_3C}{\overset{H}{>}}C=C\underset{CH_2-CH_3}{\overset{CH_3}{<}}$ (2) $\underset{CH_3-CH_2}{\overset{Cl}{>}}C=C\underset{CH_2-CH_3}{\overset{CH_3}{<}}$

(3) $\underset{Br}{\overset{Cl}{>}}C=C\underset{CH_2CH_2CH_3}{\overset{H}{<}}$ (4) $\underset{F}{\overset{Cl}{>}}C=C\underset{CH_2CH_2CH_3}{\overset{CH_3}{<}}$

解： (1) (Z)—3—甲基—2—戊烯

(2) (E)—3—甲基—4—氯—3—己烯

(3) (Z)—1—氯—1—溴—1—戊烯

(4) (E)—2—甲基—1—氟—1—氯—1—戊烯

14. 写出下列化合物的结构式，其命名如有错误予以改正，给出正确的名称。

(1) 顺—3—甲基—4—己烯　　(2) 3—甲基—4—己烯

(3) 反—1—戊烯　　(4) 1—溴—异丁烯

(5) E—2—甲基—3—戊烯

解： (1) 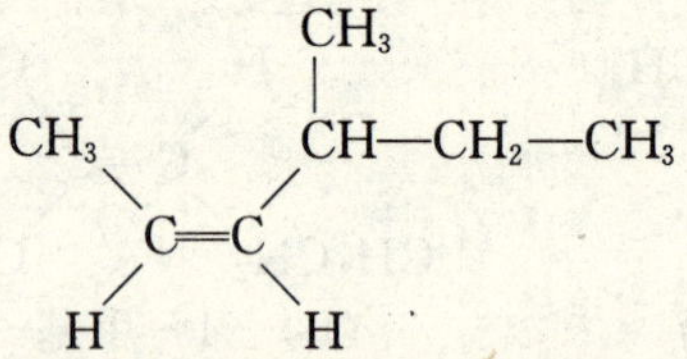
$$\underset{\text{顺—4—甲基—2—己烯}}{\overset{CH_3}{\underset{H}{C}}=\overset{CH-CH_2-CH_3}{\underset{H}{C}}}$$

(2) 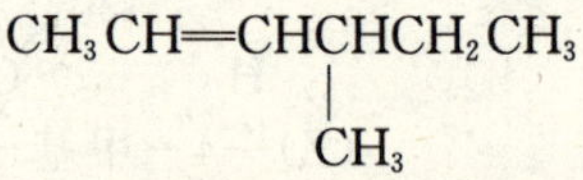
$$\underset{\text{4—甲基—2—己烯}}{CH_3CH=CHCHCH_2CH_3 \atop |\atop CH_3}$$

(3)
$$\underset{\text{1—戊烯}}{CH_2=CHCH_2CH_2CH_3}$$

(4) 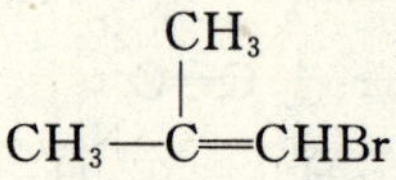
$$\underset{\text{2—甲基—1—溴丙烯}}{\overset{CH_3}{\underset{CH_3}{C}}=CHBr}$$

(5) 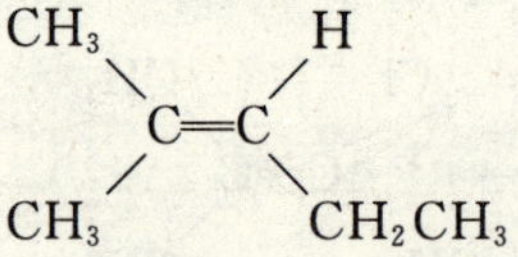
$$\underset{\text{2—甲基—2—戊烯}}{\overset{CH_3}{\underset{CH_3}{C}}=\overset{H}{\underset{CH_2CH_3}{C}}}$$

15. 完成下列反应。

(1) $CH_3-\underset{\underset{CH_3}{|}}{C}=CH_2 \xrightarrow{HCl} ?$

(2) $CH_3-\underset{\underset{CH_3}{|}}{C}=CH_2 \xrightarrow{HOCl} ?$

(3) $CH_3-CH_2-\underset{\underset{CH_3}{|}}{C}=CH_2 \xrightarrow[\text{NaCl 水溶液}]{Br_2} ?$

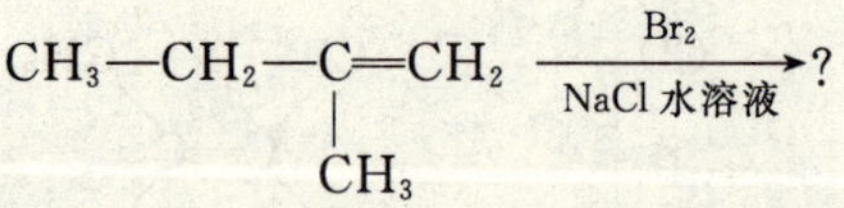

(4) $CH_3-CH_2-\underset{\underset{CH_3}{|}}{C}=CH_2 \xrightarrow{O_3} ? \xrightarrow[Zn]{H_2O} ?$

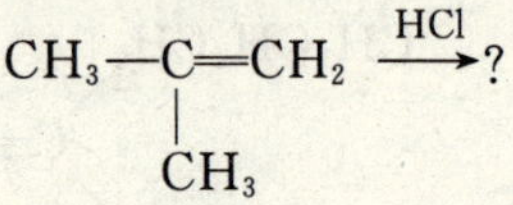

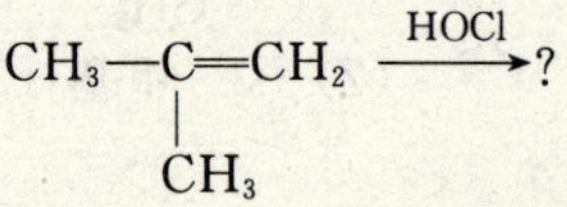

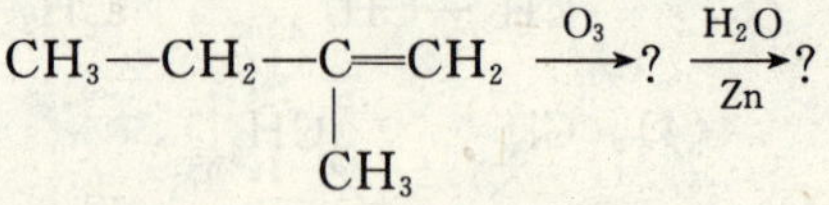

(5) $CH_2=CH-CH_3 \xrightarrow[500°C]{Cl_2} ?$

解: (1) $CH_3-\underset{CH_3}{\underset{|}{C}}=CH_2 \xrightarrow{HCl} CH_3-\underset{CH_3}{\overset{Cl}{\underset{|}{\overset{|}{C}}}}-CH_3$

(2) $CH_3-\underset{CH_3}{\underset{|}{C}}=CH_2 \xrightarrow{HOCl} CH_3-\underset{CH_3}{\overset{OH}{\underset{|}{\overset{|}{C}}}}-CH_2Cl$

(3) $CH_3-CH_2-\underset{CH_3}{\underset{|}{C}}=CH_2 \xrightarrow[\text{NaCl 水溶液}]{Br_2} CH_3CH_2-\underset{CH_3}{\overset{Br}{\underset{|}{\overset{|}{C}}}}-CH_2Br \; +$

$CH_3CH_2-\underset{CH_3}{\overset{Cl}{\underset{|}{\overset{|}{C}}}}-CH_2Br$

(4) $CH_3-CH_2-\underset{CH_3}{\underset{|}{C}}=CH_2 \xrightarrow{O_3} CH_3CH_2-\overset{CH_3}{\underset{\underset{O-O}{|}}{\overset{|}{C}}}\underset{}{\overset{O}{\underset{|}{-}}}CH_2 \xrightarrow[H_2O]{Zn}$

$CH_3CH_2-\overset{O}{\overset{\|}{C}}-CH_3 + HCHO$

(5) $CH_2=CH-CH_3 \xrightarrow[500°C]{Cl_2} CH_2=CH-CH_2-Cl$

16. 用指定原料合成下列化合物。

(1) $CH_3-CH=CH_2 \cdots \longrightarrow \underset{Cl}{\underset{|}{CH_2}}-\underset{Cl}{\underset{|}{CH}}-\underset{Cl}{\underset{|}{CH_2}}$

(2) $CH_3-CH_2-CH=CH_2 \cdots \longrightarrow CH_3-CH_2-\overset{OH}{\underset{|}{CH}}-CH_3$

解: (1) $CH_3-CH=CH_2 \xrightarrow[500°C]{Cl_2} CH_2=CH-\underset{Cl}{\underset{|}{CH_2}} \xrightarrow{Cl_2} \underset{Cl}{\underset{|}{CH_2}}-\underset{Cl}{\underset{|}{CH}}-\underset{Cl}{\underset{|}{CH_2}}$

(2) $CH_3-CH_2-CH=CH_2 + H_2O \xrightarrow[250°C]{\text{磷酸-硅藻土}} CH_3-CH_2-\underset{OH}{\underset{|}{CH}}-CH_3$

17. 比较 $CH_3-CH=CH_2$ 和 $CH_3-\underset{\underset{CH_3}{|}}{C}=CH_2$ 的酸催化加水反应，哪一个化合物更易反应？说明原因。

解：后者更易反应。该反应是离子型的亲电加成反应，该反应分二步进行，第一步是烯烃与质子加成，生成碳正离子；第二步碳正离子与羟基结合生成醇。决定反应速率的是第一步，

$$CH_3-CH=CH_2 \xrightarrow[\text{第一步}]{H^+} CH_3-\overset{+}{CH}-CH_3$$

$$CH_3-\underset{\underset{CH_3}{|}}{C}=CH_2 \xrightarrow[\text{第一步}]{H^+} CH_3-\underset{\underset{CH_3}{|}}{\overset{+}{C}}-CH_3$$

第一步生成的碳正离子越稳定，反应越容易进行。碳正离子的稳定性如下：

$$CH_3\to\underset{\underset{CH_3}{|}}{\overset{\overset{CH_3}{|}}{C^+}}\leftarrow CH_3 \;>\; CH_3\to\underset{\underset{CH_3}{|}}{\overset{\overset{H}{|}}{C^+}}\leftarrow CH_3 \;>\; CH_3\to\underset{\underset{H}{|}}{\overset{\overset{H}{|}}{C^+}}\leftarrow H \;>\; H-\underset{\underset{H}{|}}{\overset{\overset{H}{|}}{C^+}}$$

所以后者形成的碳正离子 $CH_3\to\underset{\underset{CH_3}{|}}{\overset{\overset{CH_3}{|}}{C^+}}$ 比前者形成的碳正离子 $CH_3-\overset{+}{CH}-CH_3$ 稳定，所以后者反应更容易进行。

18. 某烯烃经催化加氢得到 2—甲基戊烷，加 HCl 可得 2—甲基—2—氯戊烷。如经臭氧化并在锌存在下水解，可得丙酮和丙醛。写出该烯烃的结构式及各步反应式。

解：分析 某烯烃 $C_nH_{2n} \xrightarrow{H_2/Ni} CH_3CH_2CH_2\underset{\underset{}{|}}{\overset{\overset{CH_3}{|}}{CH}}CH_3$，$C_nH_{2n}\xrightarrow{HCl}$

$CH_3CH_2CH_2\underset{\underset{CH_3}{|}}{\overset{\overset{Cl}{|}}{C}}-CH_3$，推断该烯烃的结构式可能是 $CH_3CH_2\overset{\overset{CH_3}{|}}{C}=CH_2$ 或是

$CH_3CH_2CH=\overset{\overset{CH_3}{|}}{C}-CH_3$。该烯烃 $C_nH_{2n}\xrightarrow[\text{②Zn/H_2O}]{\text{①}O_3} CH_3\overset{\overset{O}{\|}}{C}CH_3 + CH_3CH_2CHO$，

由此推断该烯烃的结构式应是 $CH_3CH_2CH=\underset{\underset{CH_3}{|}}{C}-CH_3$。其各步反应式如下：

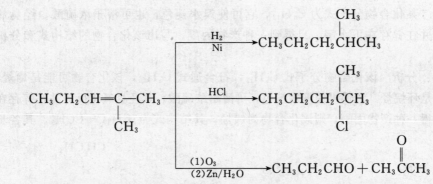

19. 某化合物 A 分子式为 C_9H_{16}，经催化加氢得到化合物 B，B 分子式为 C_9H_{20}，化合物 A 和过量高锰酸钾溶液作用，得到下列三种化合物：

$$CH_3-\underset{\underset{O}{\|}}{C}-CH_3 \qquad CH_3-\underset{\underset{O}{\|}}{C}-CH_2-COOH \qquad CH_3-COOH$$

写出 A 的所有结构式，并表明推导过程。

解： 分析 化合物 A 的分子式为 C_9H_{16} 符合 C_nH_{2n-2}，则 A 物质可能是炔烃，也可能是二烯烃。物质 A 的氧化产物为 $CH_3-\underset{\underset{O}{\|}}{C}-CH_3$, $CH_3-\underset{\underset{O}{\|}}{C}-CH_2-COOH$, CH_3-COOH，则推断物质 A 的结构式应为：$CH_3C=CCH_2CH=CHCH_3$ 或 $\underset{CH_3}{|}$

$CH_3CH=CCH_2CH=CCH_3$。其各步反应式如下：
$\quad\quad\quad\;\;\,\underset{CH_3}{|}\quad\quad\;\;\underset{CH_3}{|}$

$$\underset{(A)}{CH_3C=CCH_2CH=CHCH_3 \atop \underset{CH_3}{|}\;\underset{CH_3}{|}} \begin{array}{l} \xrightarrow[Ni]{H_2} \underset{(B)}{CH_3CH-CHCH_2CH_2CH_3 \atop \underset{CH_3}{|}\;\;\underset{CH_3}{|}} \\ \xrightarrow[\text{过量}]{KMnO_4} CH_3\underset{\underset{O}{\|}}{C}CH_3 + CH_3\underset{\underset{O}{\|}}{C}CH_2COOH + CH_3COOH \end{array}$$

$$\underset{(A)}{CH_3CH=CCH_2CH=C-CH_3 \atop \underset{CH_3}{|}\quad\;\;\underset{CH_3}{|}} \begin{array}{l} \xrightarrow[Ni]{H_2} \underset{(B)}{CH_3CH_2CHCH_2CHCH_3 \atop \underset{CH_3}{|}\quad\underset{CH_3}{|}} \\ \xrightarrow[\text{过量}]{KMnO_4} CH_3COOH + CH_3\underset{\underset{O}{\|}}{C}CH_2COOH + CH_3\underset{\underset{O}{\|}}{C}CH_3 \end{array}$$

20. 某化合物分子式为 C_6H_{12}，它可使溴水褪色，也可溶于浓硫酸。经臭氧化反应并在锌存在下水解，只得到一种产物丙酮，写出该化合物的结构式和分析过程。

解：分析 该化合物分子式 C_6H_{12}，符合通式 C_nH_{2n}，该化合物可能是烯烃，也可能是环烷烃。它们可使溴水褪色，可溶于浓硫酸。其经臭氧化反应并在锌存在下水解得一种产物丙酮，则该化合物为烯烃，其结构式为 $CH_3C=CCH_3$。其各步
CH_3CH_3

反应式如下：

$$CH_3\underset{CH_3}{\underset{|}{C}}=\underset{CH_3}{\underset{|}{C}}CH_3 \begin{cases} \xrightarrow{Br_2} CH_3-\underset{\underset{Br}{|}}{\overset{\overset{CH_3}{|}}{C}}-\underset{\underset{Br}{|}}{\overset{\overset{CH_3}{|}}{C}}-CH_3 \\ \xrightarrow{H_2SO_4(浓)} CH_3-\underset{\underset{OSO_3H}{|}}{\overset{\overset{CH_3}{|}}{C}}-\underset{}{\overset{\overset{CH_3}{|}}{CH}}-CH_3 \\ \xrightarrow[(2)Zn/H_2O]{(1)O_3} 2CH_3\underset{\underset{O}{\|}}{C}CH_3 \end{cases}$$

21. 根据丙烯加溴反应历程解释为什么将溴和丙烯通入氯化钠的水溶液时，加成产物中没有 $CH_3-\underset{\underset{Cl}{|}}{CH}-\underset{\underset{Cl}{|}}{CH_2}$ 生成？

答：首先被极化的溴分子 $\overset{\delta^-}{Br}-\overset{\delta^+}{Br}$ 以 $\overset{\delta^+}{Br}$ 一端进攻 $CH_3CH=CH_2$ 分子中的 π 电子，形成 C—Brσ 键，同时溴分子发生异裂给出溴负离子，反应生成碳正离子 $CH_3-\overset{+}{CH}-\underset{\underset{Br}{|}}{CH_2}$ 这一步是慢步骤，碳正离子叫活性中间体，活性很大。

第二步活性中间体立即与 Br^- 离子或 Cl^- 离子生成 $CH_3-\underset{\underset{Br}{|}}{CH}-\underset{\underset{Br}{|}}{CH_2}$ 或

$CH_3-\underset{\underset{Cl}{|}}{CH}-\underset{\underset{Br}{|}}{CH_2}$ 故产物中没有 $CH_3-\underset{\underset{Cl}{|}}{CH}-\underset{\underset{Cl}{|}}{CH_2}$ 生成。用方程式表示：

$$CH_3-\overset{\delta^+}{CH}=\overset{\delta^-}{CH_2} + \overset{\delta^+}{Br}-\overset{\delta^-}{Br} \xrightarrow[\text{慢}]{\text{第一步}} CH_3-\overset{+}{CH}-\underset{\underset{Br}{|}}{CH_2} + Br^-$$

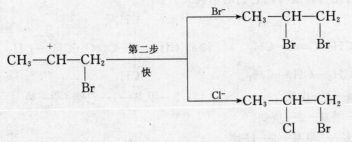

22. 写出分子式为 C_5H_8 的炔烃的各种异构体，并用系统命名法命名。

解: (1) $CH\equiv CCH_2CH_2CH_3$

            1—戊炔

  (2) $CH_3C\equiv CCH_2CH_3$

            2—戊炔

  (3) $CH\equiv CCHCH_3$
                  $|$
                  CH_3

        3—甲基—1—丁炔

23. 写出下列反应的主要产物：

(1) $CH\equiv C-CH_2-CH_3 + HCl$（过量）$\longrightarrow$

(2) $CH_3-C\equiv C-CH_2-CH_2-CH_3 + H_2O \xrightarrow{HgSO_4,\ H_2SO_4}$?

(3) $CH_3-C\equiv CH + NaNH_2 \longrightarrow$?

(4) $CH_3-CH-C\equiv CH + Ag(NH_3)_2NO_3 \longrightarrow$

(5) $CH_3C\equiv CH \cdots \longrightarrow CH_3-CH_2-C\equiv C-CH_3$

解: (1) $CH\equiv C-CH_2-CH_3 + HCl$（过量）$\longrightarrow CH_3\underset{\underset{Cl}{|}}{\overset{\overset{Cl}{|}}{C}}CH_2CH_3$

(2) $CH_3-C\equiv C-CH_2-CH_2-CH_3 + H_2O \xrightarrow{HgSO_4,\ H_2SO_4}$

    $CH_3CH_2\underset{\underset{O}{\|}}{C}CH_2CH_2CH_3$

(3) $CH_3-C\equiv CH + NaNH_2 \longrightarrow CH_3C\equiv CNa$

(4) $CH_3-CH_2-C\equiv CH + Ag(NH_3)_2NO_3 \longrightarrow CH_3-CH_2-C\equiv CAg\downarrow$

(5) $CH_3C\equiv CH + Na \xrightarrow{NH_3 液} CH_3C\equiv CNa + CH_3CH_2Br \xrightarrow{-NaBr}$

    $CH_3CH_2C\equiv CCH_3$

24. 命名下列化合物或写出它们的结构式。

(1) $CH_3-CH-C\equiv C-CH_3$
       $\ \ \ \ \ \ \ \ |$
       $\ \ \ \ \ \ \ \ CH_2-CH_2-CH_3$

(2) $\ \ \ \ \ \ \ \ \ \ \ \ CH_3$
    $\ \ \ \ \ \ \ \ \ \ \ \ \ \ |$
    $CH_3-C-C\equiv C-CH_2-CH_3$
    $\ \ \ \ \ \ \ \ \ \ \ \ \ \ |$
    $\ \ \ \ \ \ \ \ \ \ \ \ CH_3$

(3) 3—甲基—1—戊炔

(4) 2—甲基—1—己烯—3—炔

解：(1) 4—甲基—2—庚炔

(2) 2,2—二甲基—3—己炔

(3) $CH_3CH_2CHC\equiv CH$
    $\ \ \ \ \ \ \ \ \ \ \ |$
    $\ \ \ \ \ \ \ \ \ \ \ CH_3$

(4) $CH_2=CH-C\equiv CCH_2CH_3$
    $\ \ \ \ \ \ \ \ \ \ \ \ \ |$
    $\ \ \ \ \ \ \ \ \ \ \ \ \ CH_3$

25. 以丙炔为原料合成下列化合物（其他试剂任选）

(1) 丙酮   (2) 1—溴丙烷
(3) 2,2—二碘丁烷   (4) 2—戊烷

解：(1) $CH\equiv CCH_3 + H_2O \xrightarrow[H_2SO_4（稀）]{HgSO_4} CH_3CCH_3$
$\ \|\!\!|$
$\ O$

(2) $CH\equiv CCH_3 \xrightarrow[喹啉]{Pd/BaSO_4} CH_3CH=CH_2 \xrightarrow[过氧化物]{HBr} CH_3CH_2CH_2$
$\ |$
$\ Br$

(3) $CH\equiv CCH_3 \xrightarrow{NaNH_2} CH_3C\equiv CNa \xrightarrow{CH_3I} CH_3C\equiv CCH_3 \xrightarrow{2HI}$

$\ \ \ \ \ \ \ \ \ \ \ \ \ I$
$\ \ \ \ \ \ \ \ \ \ \ \ |$
$\ \ \ \ CH_3-C-CH_2CH_3$
$\ \ \ \ \ \ \ \ \ \ \ \ |$
$\ \ \ \ \ \ \ \ \ \ \ \ I$

(4) $CH\equiv CCH_3 \xrightarrow{NaNH_2} CH_3C\equiv CNa \xrightarrow[-NaBr]{CH_3CH_2Br} CH_3C\equiv CCH_2CH_3$

$\xrightarrow[Pd]{H_2} CH_3(CH_2)_3CH_3$

26. 某烃 $C_6H_{10}(A)$ 先与钠反应，再与 1—碘丁烷反应，得到 $C_{10}H_{18}(B)$，(A) 与

$\ CH_3\ \ O$
$\ |\ \ \ \ \ \|\!\!|$
$HgSO_4$ 和稀 H_2SO_4 反应得 $CH_3CH_2CH-C-CH_3$，将 (B) 用 $KMnO_4$ 酸性溶液氧化得到两个酸 $C_5H_{10}O_2(C)$、(D) 它们是同分异构体，推导 (A)、(B)、(C)、(D) 的结构式。

解：分析 (A) C_6H_{10} 符合 C_nH_{2n-2} 通式，且与 Na 反应，则 (A) 为末端炔烃，其结构可能为

$CH_3CH_2CH_2CH_2C\equiv CH$、$CH_3CHCH_2C\equiv CH$、$CH_3CH_2CHC\equiv CH$ 或
                                       | |
                                      CH_3 CH_3

$$CH_3-\underset{\underset{CH_3}{|}}{\overset{\overset{CH_3}{|}}{C}}-C\equiv CH$$

。(A) 与 $HgSO_4$ 和稀 H_2SO_4 作用得 $CH_3CH_2\underset{\underset{CH_3}{|}}{CH}-\overset{\overset{O}{\|}}{C}-CH_3$,

则 (A) 为 $CH_3CH_2\underset{\underset{CH_3}{|}}{CH}C\equiv CH$。(A) 与 Na, 再与 1—碘丁烷反应得 (B), 则 (B)

的结构式为 $CH_3CH_2\underset{\underset{CH_3}{|}}{CH}C\equiv CCH_2CH_2CH_2CH_3$。(B) 氧化为两个酸 $C_5H_{10}O_2$ (C)、

(D), 则 (C) 的 结 构 为 $CH_3CH_2\underset{\underset{CH_3}{|}}{CH}COOH$, (D) 的 结 构 为

$CH_3CH_2CH_2CH_2COOH$。其反应方程式如下:

$$CH_3CH_2\underset{\underset{CH_3}{|}}{CH}C\equiv CH \xrightarrow{Na} CH_3CH_2\underset{\underset{CH_3}{|}}{CH}C\equiv CNa \xrightarrow[-NaI]{ICH_2CH_2CH_2CH_3} CH_3CH_2\underset{\underset{CH_3}{|}}{CH}C\equiv CCH_2CH_2CH_2CH_3$$

(A)   (B)

$$\xrightarrow[H_2SO_4(稀)]{HgSO_4} CH_3CH_2\underset{\underset{CH_3}{|}}{CH}-\overset{\overset{O}{\|}}{C}-CH_3$$

$$CH_3CH_2\underset{\underset{CH_3}{|}}{CH}C\equiv C(CH_2)_3CH_3 \xrightarrow[H^+]{KMnO_4}$$

(B)

$$CH_3CH_2\underset{\underset{CH_3}{|}}{CH}COOH + CH_3CH_2CH_2CH_2COOH$$

(C)   (D)

27. 完成下列反应方程式。

(1) $CH_2=\underset{\underset{Cl}{|}}{C}-\underset{\underset{Cl}{|}}{C}=CH_2 \xrightarrow{聚合}$

(2) $CH_3-CH_2-C\equiv CH + HCN \longrightarrow$

(3) 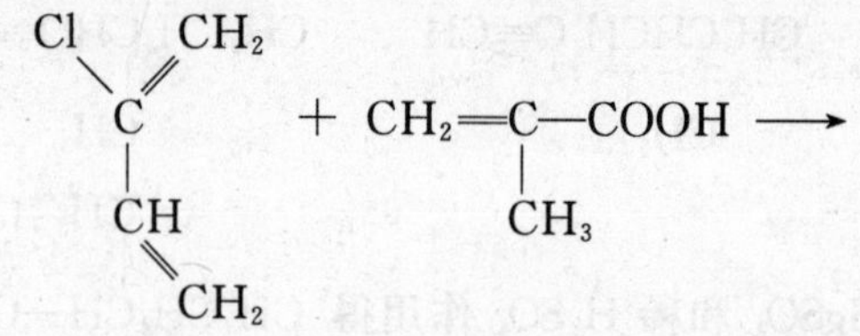 $\begin{array}{c}Cl\\|\\C\\\|\\CH\\|\\CH_2\end{array}\begin{array}{c}CH_2\\ \\ \\ \\ \\ \end{array}$ + $CH_2=\underset{\underset{CH_3}{|}}{C}-COOH \longrightarrow$

解：(1) $CH_2=\underset{\underset{Cl}{|}}{C}-\underset{\underset{Cl}{|}}{C}=CH_2 \xrightarrow{聚合} -\!\!\!\left[CH_2-\underset{\underset{Cl}{|}}{C}=\underset{\underset{Cl}{|}}{C}-CH_2\right]_n\!\!\!-$

(2) $CH_3-CH_2-C\equiv CH + HCN \longrightarrow CH_3CH_2-\underset{\underset{CN}{|}}{C}=CH_2$

(3) 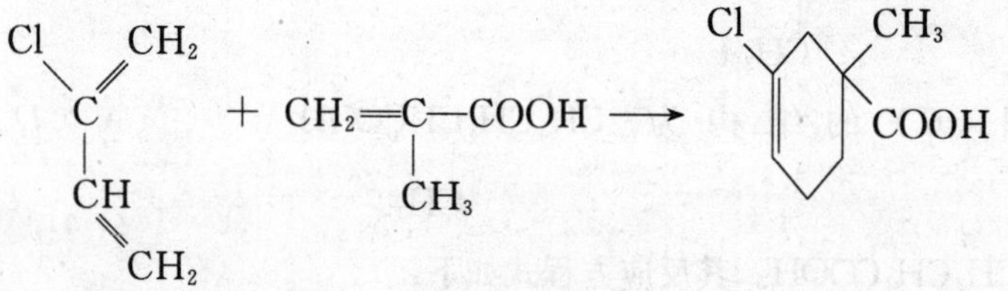 $\begin{array}{c}Cl\\|\\C\\\|\\CH\\|\\CH_2\end{array}\begin{array}{c}CH_2\\ \\ \\ \\ \\ \end{array}$ + $CH_2=\underset{\underset{CH_3}{|}}{C}-COOH \longrightarrow$
$\begin{array}{c}\text{Cl} \quad\quad CH_3\\ \diagup\!\!\diagdown\!\!\diagup \!\! \text{COOH}\end{array}$ (环己烯结构,Cl和COOH取代)

28. 化合物(A)和(B)互为异构体,都能使溴水褪色,(A)与 $Ag(NH_3)_2NO_3$ 作用生成沉淀,氧化(A)得到 $CO_2+CH_3CH_2CH_2COOH$。(B)不与 $Ag(NH_3)_2NO_3$ 作用,但氧化(B)得到 $CO_2+ \underset{\underset{COOH}{|}}{\overset{\overset{COOH}{|}}{CH_2}}$。试推导出(A)、(B)的结构式。

解：分析 (A)、(B)互为异构体,且都能使溴水褪色,则(A)、(B)都含有碳碳不饱和键。(A)与 $Ag(NH_3)_2NO_3$ 反应生成沉淀,则(A)为末端炔烃。(B)为二烯烃 $CH_2=CH-CH_2-CH=CH_2$、$CH_2=CH-CH=CHCH_3$ 或炔烃 $CH_3C\equiv CCH_2CH_3$。

$(A) \xrightarrow{[O]} CO_2+CH_3CH_2CH_2COOH$,则 A 结构为 $CH\equiv CCH_2CH_2CH_3$。$(B) \xrightarrow{[O]} CO_2 + HOOC-CH_2-COOH$,则 B 的结构式为: $CH_2=CH-CH_2-CH=CH_2$,其各步反应式如下:

$CH_3CH_2CH_2C\equiv CH \begin{array}{c}\xrightarrow{[Ag(NH_3)_2]NO_3} CH_3CH_2CH_2C\equiv CAg\downarrow \\ \\ \xrightarrow[H^+]{KMnO_4} CH_3CH_2CH_2COOH+CO_2\end{array}$
(A)

$CH_2=CHCH_2CH=CH_2 \xrightarrow[H^+]{KMnO_4} HOOCCH_2COOH+CO_2$
(B)

29. 某二烯烃和一分子溴加成,生成 3,6—二溴—4—辛烯,该二烯烃经臭氧分解生成两分子丙醛和一分子乙二醛($\underset{\underset{CHO}{|}}{CHO}$),试写出该烃的结构式,并写出有关方程式。

解：分析 某二烯烃与一分子溴加成,生成 3,6—二溴—4—辛烯,则该二烯烃进行的是1,4加成反应,此二烯烃的结构应是 $CH_3CH_2CH=CH—CH=CHCH_2CH_3$,其经臭氧分解可生成两分子 CH_3CH_2CHO 和一分子 $OHC—CHO$。其各步反应式如下：

$$CH_3CH_2CH=CH—CH=CHCH_2CH_3 \begin{cases} \xrightarrow{Br_2} CH_3CH_2CHCH=CHCHCH_2CH_3 \\ \qquad\qquad\qquad\quad\; |\qquad\quad\;\; | \\ \qquad\qquad\qquad\;\; Br\qquad\quad Br \\ \xrightarrow[(2)Zn/H_2O]{(1)O_3} 2CH_3CH_2CHO+OHC—CHO \end{cases}$$

30. 用化学方法鉴别下列各组化合物。

(1) 2—丁烯,1—戊炔和正戊烷

(2) 1—己炔,1、3—庚二烯,己烷和1,5—庚二烯

解：(1) $\left.\begin{array}{l}2—丁烯 \\ 1—戊炔 \\ 正戊烷\end{array}\right\} \xrightarrow{[Ag(NH_3)_2]NO_3} \begin{cases}× \\ ↓ \\ ×\end{cases} \xrightarrow[H^+]{KMnO_4} \begin{cases}褪色 \\ \\ ×\end{cases}$

(2) $\left.\begin{array}{l}1—己炔 \\ 1,3—庚二烯 \\ 己烷 \\ 1,5—庚二烯\end{array}\right\} \xrightarrow{[Ag(NH_3)_2]NO_3} \begin{cases}↓ \\ × \\ × \\ ×\end{cases} \xrightarrow{顺丁烯二酸酐} \begin{cases}√ \\ × \\ ×\end{cases} \xrightarrow{\dfrac{Br_2}{CCl_4}} \begin{cases}× \\ 褪色\end{cases}$

31. 有两个化合物（A）、（B）具有相同的分子式 C_6H_{10},它们都能使溴的四氯化碳溶液褪色。(A) 与 $Ag(NH_3)_2NO_3$ 溶液作用生成沉淀,(B) 则不能,当用酸性 $KMnO_4$ 氧化时；(A) 得到戊酸和 CO_2,(B) 得到乙酸和丁酸,试写出 (A)、(B) 的结构式,并说明分析过程。

解： 因为 (A)、(B) 的分子式为 C_6H_{10},符合 C_nH_{2n-2},所以 (A)、(B) 可能是炔烃,也可能是二烯烃,还可能是环烯烃。又因为 (A) 可与 $[Ag(NH_3)_2]NO_3$ 溶液作用生成沉淀,则 (A) 为末端炔烃,与 $KMnO_4$ 的酸性溶液作用得戊酸和 CO_2,推知 (A) 为 $CH_3CH_2CH_2CH_2C\equiv CH$。(B)在酸性 $KMnO_4$ 溶液得乙酸和丁酸证明它是炔烃,而不是二烯烃,也不是环烯烃,(B) 为 $CH_3CH_2CH_2C\equiv CCH_3$。

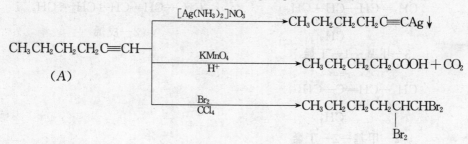

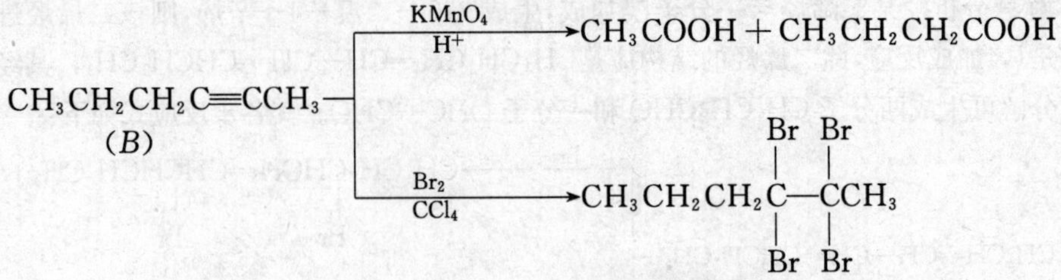

$$CH_3CH_2CH_2C\equiv CCH_3 \xrightarrow{\begin{array}{c}KMnO_4\\H^+\end{array}} CH_3COOH + CH_3CH_2CH_2COOH$$
(B)
$$\xrightarrow{\begin{array}{c}Br_2\\CCl_4\end{array}} CH_3CH_2CH_2\underset{Br}{\overset{Br}{C}}-\underset{Br}{\overset{Br}{C}}CH_3$$

32. 下列四种原料可任你选择，欲利用氨基钠和液氨作试剂合成 2,2—二甲基—3—己炔，试设计合理的合成路线，并说明理由。

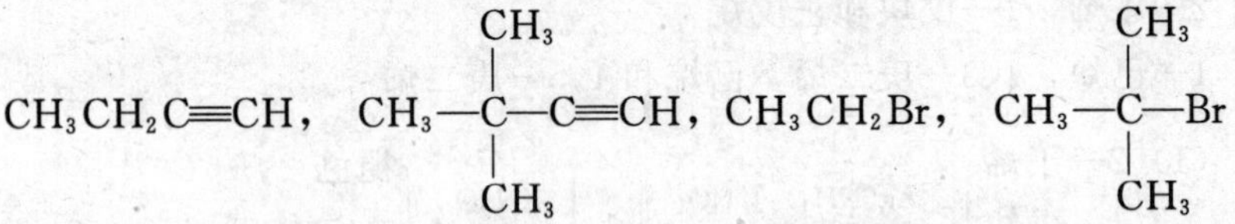

$$CH_3CH_2C\equiv CH, \quad CH_3-\underset{CH_3}{\overset{CH_3}{C}}-C\equiv CH, \quad CH_3CH_2Br, \quad CH_3-\underset{CH_3}{\overset{CH_3}{C}}-Br$$

解： $CH_3-\underset{CH_3}{\overset{CH_3}{C}}-C\equiv CH + NH_2Na \xrightarrow{液氨} CH_3-\underset{CH_3}{\overset{CH_3}{C}}-C\equiv CNa$

$$\xrightarrow[液氨]{CH_3CH_2Br} CH_3-\underset{CH_3}{\overset{CH_3}{C}}-C\equiv CCH_2CH_3$$

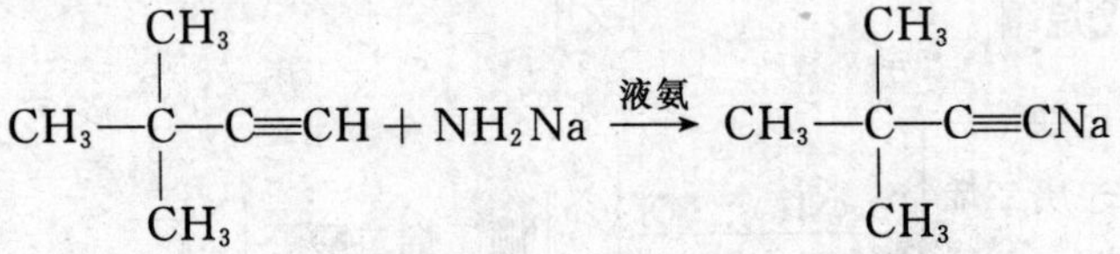

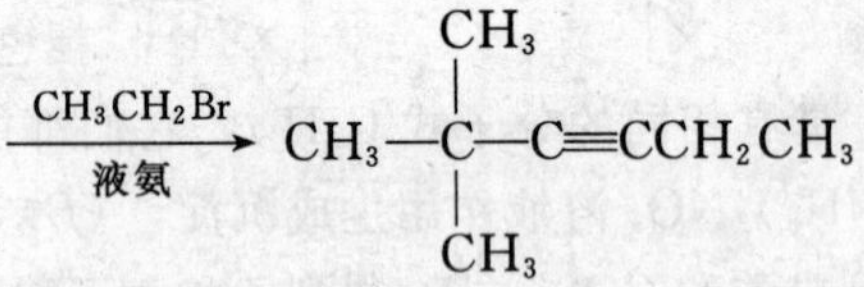

炔烃的烷基化反应一般用炔钠和伯卤烷反应，而不用炔钠和叔卤烷反应。

33. 写出 C_5H_{10} 所有的烯烃异构体，并用系统命名法命名。

解： $CH_2=CH-CH_2-CH_2-CH_3$
      1—戊烯

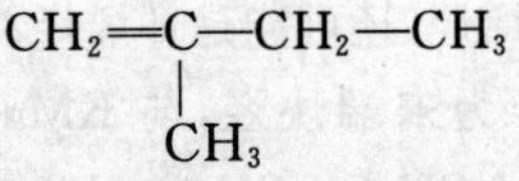

$CH_2=\underset{CH_3}{\overset{}{C}}-CH_2-CH_3$
2—甲基—1—丁烯

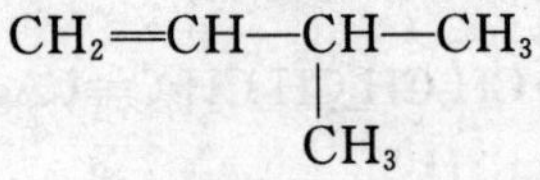

$CH_2=CH-\underset{CH_3}{\overset{}{CH}}-CH_3$
3—甲基—1—丁烯

$CH_3-CH=CH-CH_2-CH_3$
2—戊烯

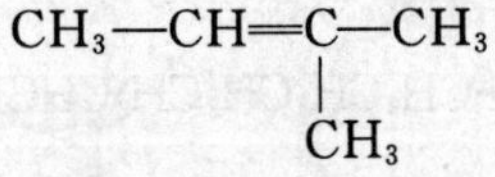

$CH_3-CH=\underset{CH_3}{\overset{}{C}}-CH_3$
2—甲基—2—丁烯

34. 用系统命名法命名下列化合物。

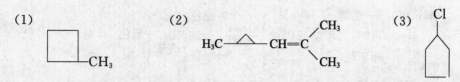

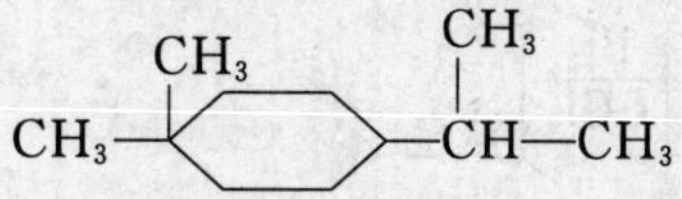

解：(1) 1—甲基环丁烷　　(2) 2—甲基—1—(2'—甲基环丙基)丙烯
　　(3) 氯代环戊烷　　(4) 1,1—二甲基—4—异丙基环己烷

35. 写出下列化合物的构造式。
(1) 1—乙基—2—异丙基环己烷
(2) 反—1,2—二溴环丙烷
(3) 顺—1,3—环戊烷二甲酸钠

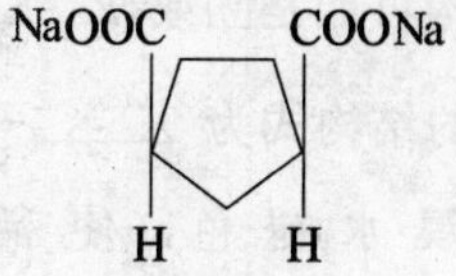

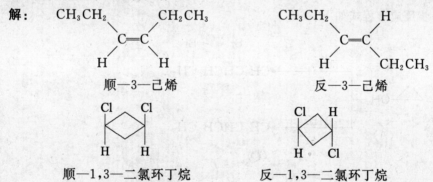

36. 试写出3—己烯与1,3—二氯环丁烷的顺反异构体，并分别给予命名。它们具有顺反异构现象的条件是什么？

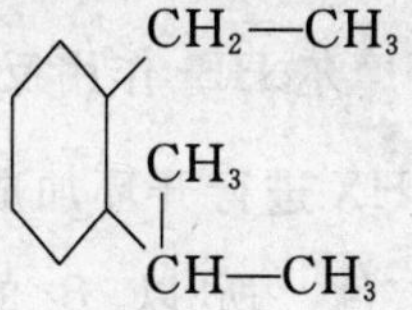

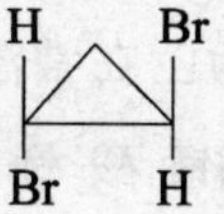

解：

顺—3—己烯　　　　　　　　　反—3—己烯

顺—1,3—二氯环丁烷　　　　　反—1,3—二氯环丁烷

它们具有顺反异构体的条件：
(1) 有碳碳双键或者环的存在；
(2) 碳碳双键两端碳原子分别连有不同的取代基或者脂环烃中有两个环碳原子连有不同的取代基。

37. 用化学方法区别下列化合物。
(1) 1—戊烯　1,2—二甲基环丙烷，环丁烷
(2) 丁烷、1—丁烯、1—甲基环丙烷

解：(1) 1—戊烯
1,2—二甲基环丙烷 $\left.\begin{array}{c}\\ \\ \end{array}\right\}\dfrac{KMnO_4}{溶液}\left\{\begin{array}{c}褪色\\ \times\\ \times\end{array}\right.$ $\dfrac{Br_2}{CCl_4}\left\{\begin{array}{c}褪色\\ \\ \times\end{array}\right.$
环丁烷

(2) 丁烷
1—丁烯 $\left.\begin{array}{c}\\ \\ \end{array}\right\}\dfrac{KMnO_4}{溶液}\left[\begin{array}{c}\times\\ 褪色\\ \times\end{array}\right.$ $\dfrac{Br_2}{CCl_4}\left[\begin{array}{c}\times\\ \\ 褪色\end{array}\right.$
1—甲基环丙烷

38. 化合物（A）、（B）其分子式皆为 C_4H_8。（A）能使溴水褪色，而不使稀的高锰酸钾溶液褪色，等摩尔（A）与等摩尔 HBr 作用生成（C）。（B）能使溴水褪色，使稀的高锰酸钾溶液褪色，（B）与 HBr 作用得（C）。推测（A）、（B）、（C）的结构式，写出各步反应方程式。

解：分析 A、B 的分子式为 C_4H_8，符合通式 C_nH_{2n}，则 A、B 应为烯烃或环烷烃。A 能使溴水褪色，不使稀的高锰酸钾溶液褪色，则 A 为环烷烃，其结构可能是 □ 或 △—CH_3。又因等摩尔 A 与等摩尔 HBr 作用反应得 C，所以 A 的结构式为 △—CH_3（因为 □ 在常温下不与 HX 进行开环加成反应）。B 可使溴水褪色，使稀的高锰酸钾溶液褪色，所以 B 的结构式为 $CH_2{=}CHCH_2CH_3$ 或 $CH_3CH{=}CHCH_3$。C 的结构式为 $CH_3\underset{\underset{Br}{|}}{C}HCH_2CH_3$。

其各步反应方程式如下：

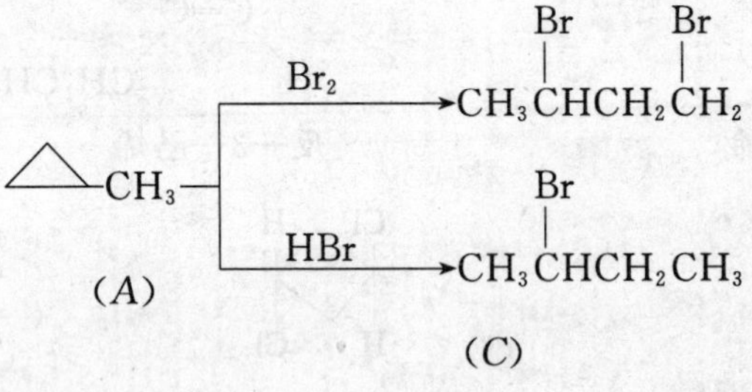

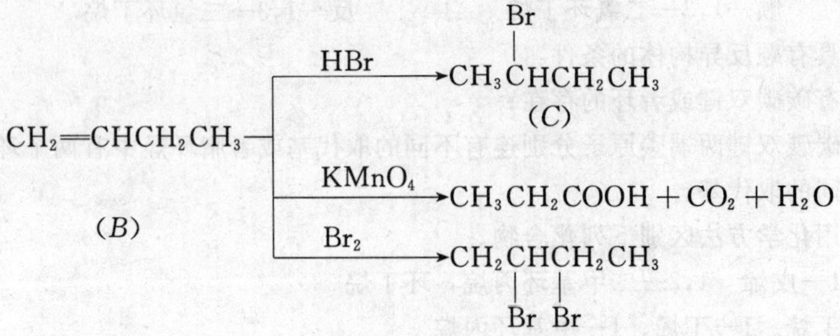

△—CH_3 $\begin{array}{c}\xrightarrow{Br_2} CH_3\underset{\underset{Br}{|}}{C}HCH_2\underset{\underset{Br}{|}}{C}H_2\\ \\ \xrightarrow{HBr} CH_3\underset{\underset{Br}{|}}{C}HCH_2CH_3\ (C)\end{array}$
(A)

$CH_2{=}CHCH_2CH_3$ $\begin{array}{c}\xrightarrow{HBr} CH_3\underset{\underset{Br}{|}}{C}HCH_2CH_3\ (C)\\ \\ \xrightarrow{KMnO_4} CH_3CH_2COOH + CO_2 + H_2O\\ \\ \xrightarrow{Br_2} \underset{\underset{Br}{|}}{C}H_2\underset{\underset{Br}{|}}{C}HCH_2CH_3\end{array}$
(B)

$$CH_3CH=CHCH_3 \quad (B) \begin{cases} \xrightarrow{HBr} CH_3\underset{Br}{\underset{|}{C}H}CH_2CH_3 \quad (C) \\ \xrightarrow{KMnO_4} 2CH_3COOH \\ \xrightarrow{Br_2} CH_3\underset{Br}{\underset{|}{C}H}\underset{Br}{\underset{|}{C}H}CH_3 \end{cases}$$

39. 写出环己烷的椅式和船式构象，并指出 a 键和 e 键，哪种构象较稳定，为什么？

解： 图 2-1 表示的是透视式和纽曼投影式的环己烷的椅式构象，图中每个 —CH_2— 都相同，任意两相邻碳原子的 C—H 键和 C—C 键都处于顺交叉式，非键合的两个氢原子间的最小距离为 0.25nm。椅式构象是无张力环，它既无角张力，又无扭转张力。

图 2-2 表示的是环己烷的透视式和纽曼投影式的船式构象，C_1 和 C_2、C_4 和 C_5 原子上的 C—C 键和 C—H 键均为全重叠式构象，产生扭转张力；船头原子 C_3 和船尾原子 C_6 各有一个 C—H 键（又称旗杆键）伸向船内，两氢原子间距离 0.183nm，小于正常的非键合氢原子间距离（>0.24nm），因而相互排斥，产生非键张力。船式构象既有扭转张力，又有非键张力，比椅式构象高出 30kJ·mol^{-1} 的能量。因此，室温条件下，椅式构象是稳定构象，约占 99.9%。

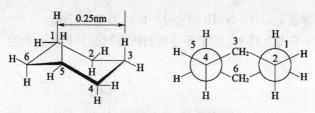

图 2-1 环己烷的椅型构象

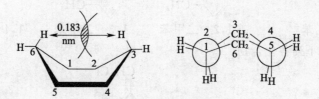

图 2-2 环己烷的船型构象

在环己烷椅式构象中，C_1、C_3、C_5 共平面，C_2、C_4、C_6 共平面，且这两个平面相互平行。环己烷的对称轴是环己烷分子中心向这两个平面所做的垂线，如图 2-3（a）所示。

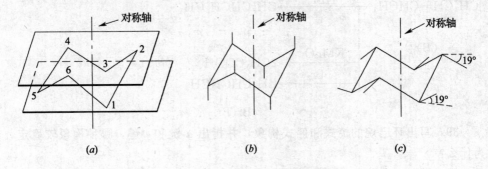

图 2-3 环己烷的直立键和平伏键

环己烷椅式构象有 12 个 C—H 键,每个碳上有一个 C—H 键与对称轴平行 [图 2-3 (b)],称为直立键式 a 键 (axial bond);其余的六个 C—H 键,有三个向上斜伸,有三个向下斜伸;分别与该碳原子所在平面成 19°角 [图 2-3 (c)],称之为平伏键或 e 键 (equatorial bond)。当环己烷由一种椅式构象翻转成另一种椅式构象时,a 键转变成 e 键,e 键转变成 a 键。常温下环在不停地翻转。

因此,在常温下,^{1}H—NMR 谱在 $\delta=1.44$ 处有一个峰。

40. 写出分子式为 C_8H_{10} 的单环芳烃的所有同分异构体并命名。

乙苯　　　1,2—二甲苯　　　1,3—二甲苯　　　1,4—二甲苯

41. 命名下列各化合物。

(1)　　(2)　　(3)

(4) 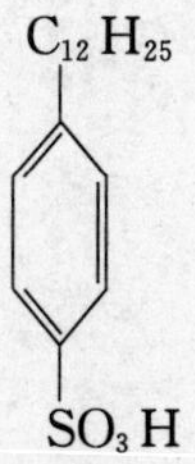 结构图:对位十二烷基苯磺酸 (C₁₂H₂₅-C₆H₄-SO₃H)
(5) 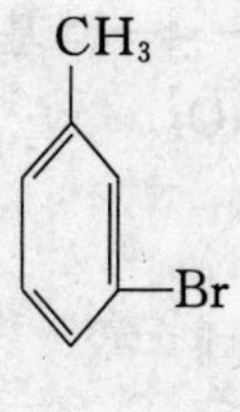 间溴甲苯
(6) 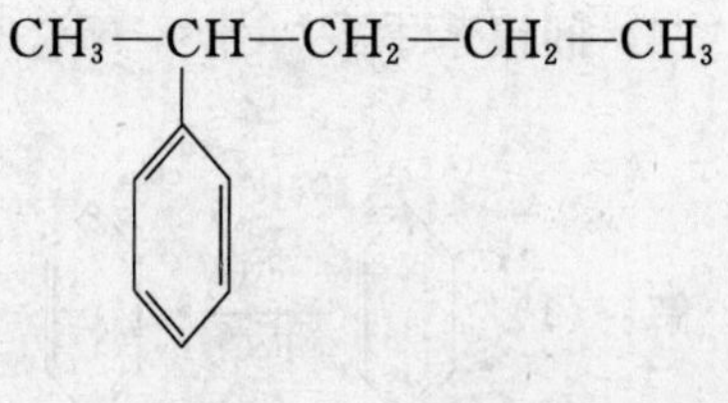 2-苯基戊烷
(7) 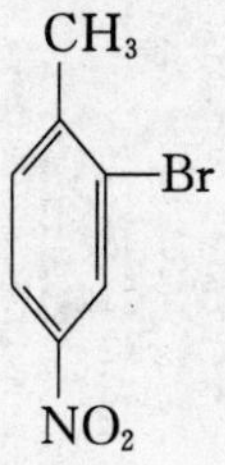 2-溴-4-硝基甲苯
(8) 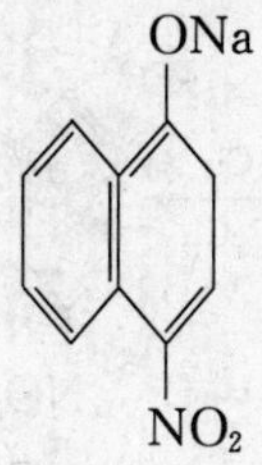 1-氧钠-4-硝基萘
(9) 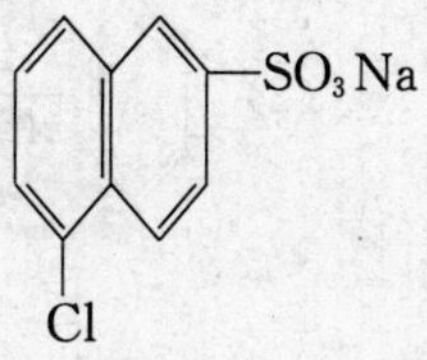 5-氯-2-萘磺酸钠
(10) 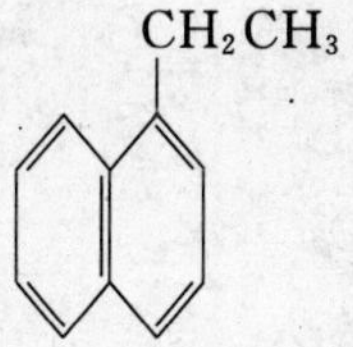 1-乙基萘

解：(1) 苯乙烯 (2) 1—苯—1—氯甲烷（或苄氯、氯苄）
(3) 1—乙基—4—异丙基苯 (4) 对—十二烷基—苯磺酸
(5) 3—溴甲苯 (6) 2—苯基戊烷
(7) 4—硝基—2—溴甲苯 (8) 4—硝基—1—萘酚钠
(9) 5—氯—2—萘磺酸钠 (10) α—乙基萘

42. 写出下列化合物的结构式。
(1) 1,3,5—三甲基苯 (2) 1,2,4—三甲基苯
(3) 4,4—二乙基联苯 (4) α—乙基萘

解：(1) 1,3,5-三甲基苯结构 (2) 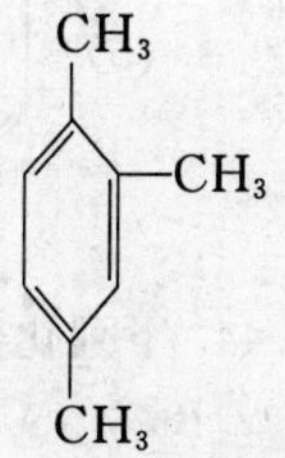 1,2,4-三甲基苯结构
(3) 4,4'-二乙基联苯：CH₃CH₂—C₆H₄—C₆H₄—CH₂CH₃
(4) α-乙基萘结构

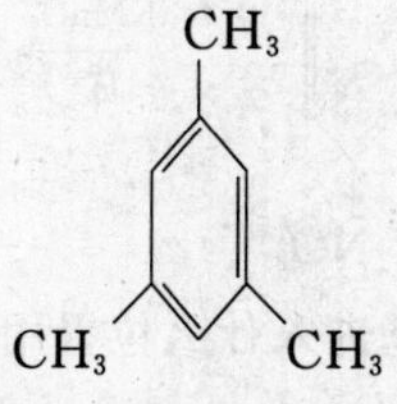

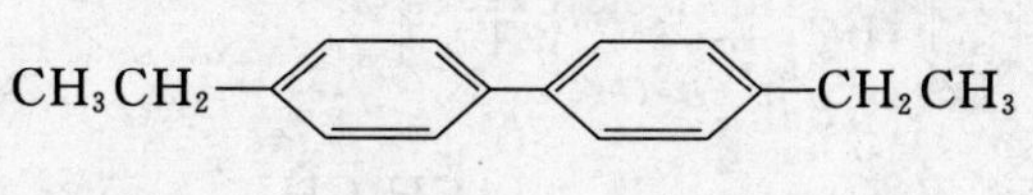

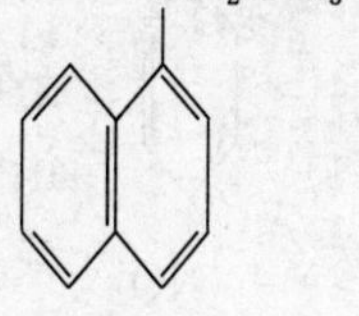

43. 由苯或甲苯制取下列各物质（无机试剂任选）
(1) 对氯硝基苯 (2) 间氯硝基苯 (3) 对溴苯甲酸

33

(4) 间溴苯甲酸　　　(5) 2,6—二氯—4—硝基苯甲酸

解：(1) 苯 $\xrightarrow{Cl_2/FeCl_3}$ 氯苯 $\xrightarrow{HNO_3/H_2SO_4}$ 对硝基氯苯

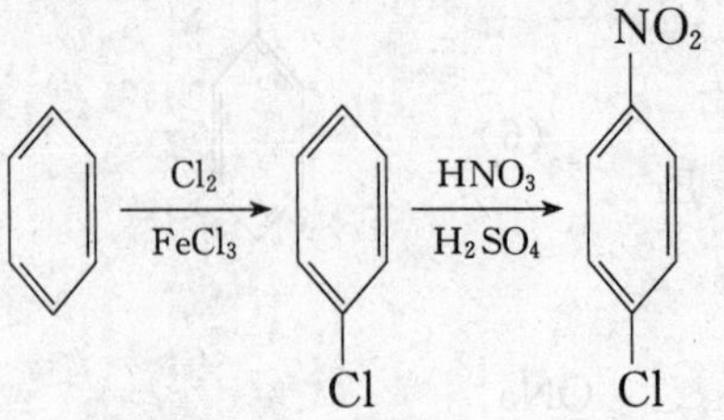

(2) 苯 $\xrightarrow{HNO_3/H_2SO_4}$ 硝基苯 $\xrightarrow{Cl_2/FeCl_3}$ 间氯硝基苯

(3) 甲苯 $\xrightarrow{Br_2/FeBr_3}$ 对溴甲苯 $\xrightarrow{KMnO_4/H^+}$ 对溴苯甲酸

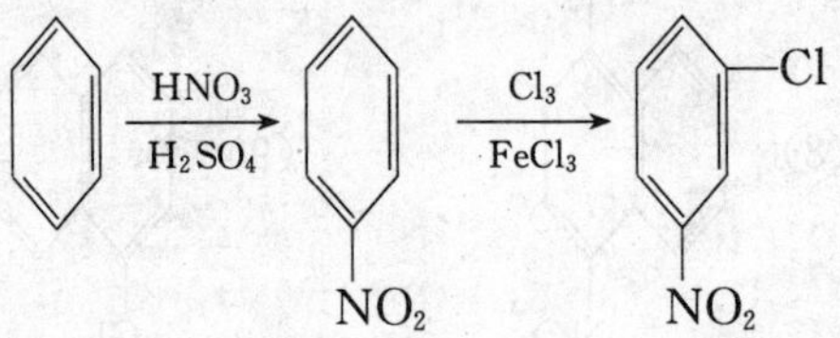

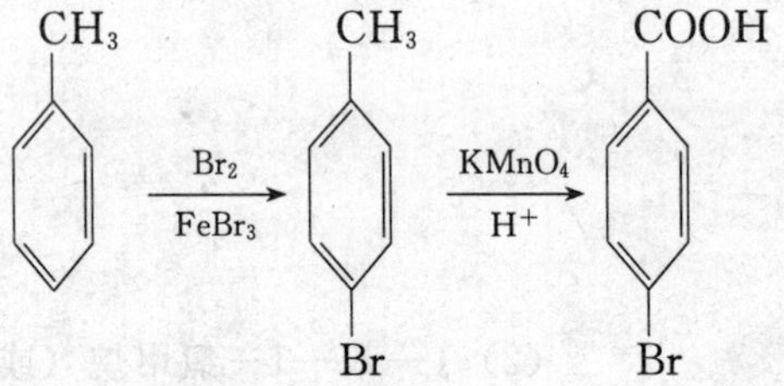

(4) 甲苯 $\xrightarrow{KMnO_4/H^+}$ 苯甲酸 $\xrightarrow{Br_2/FeBr_3}$ 间溴苯甲酸

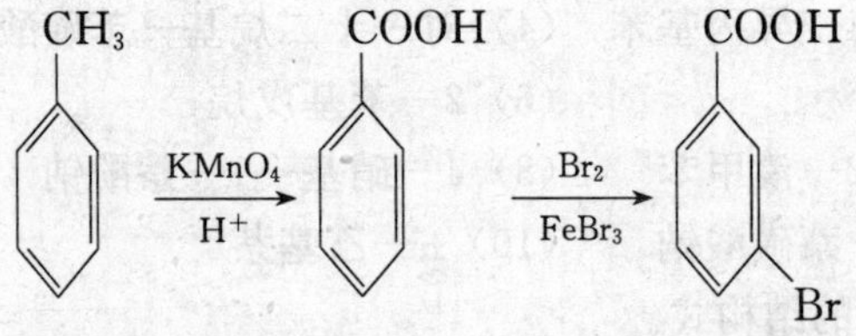

(5) 甲苯 $\xrightarrow{HNO_3/H_2SO_4}$ 对硝基甲苯 $\xrightarrow{Cl_2/FeCl_3}$ 2,6-二氯-4-硝基甲苯 $\xrightarrow{KMnO_4/H^+}$ 2,6-二氯-4-硝基苯甲酸

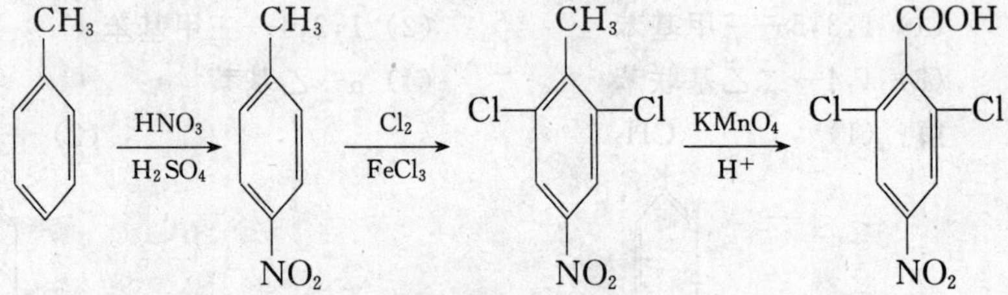

44. 下列化合物硝化时（引入一个硝基）硝基进入什么位置用箭头表示。

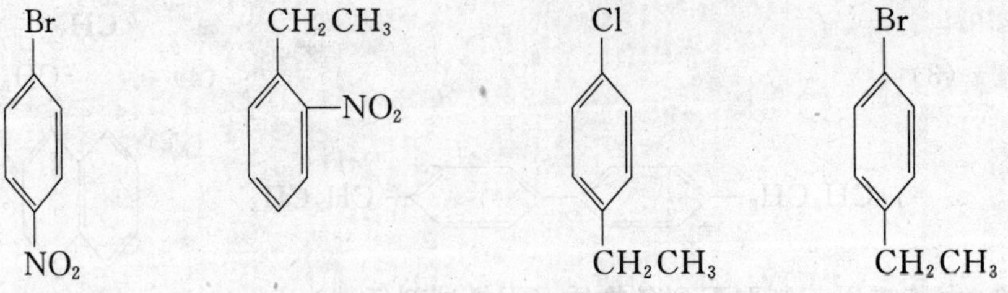

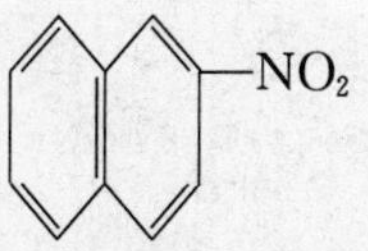

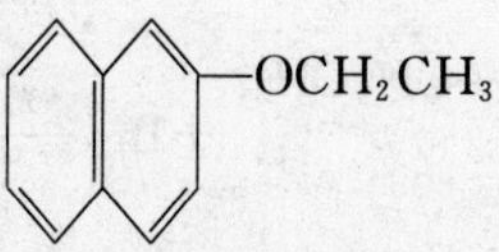

解:

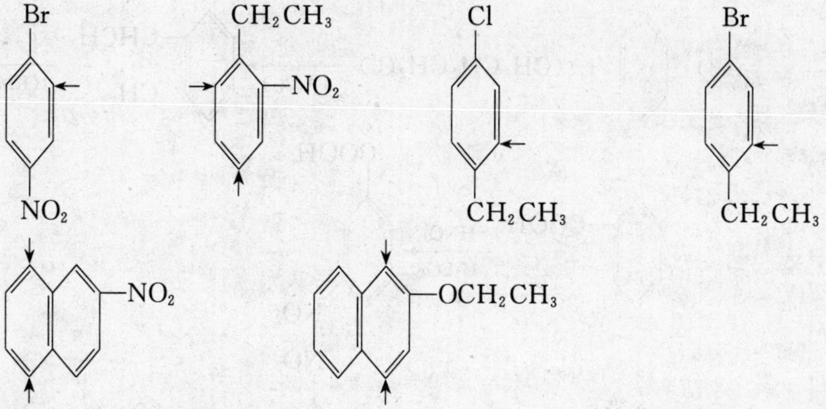

（结构式：2-硝基萘；2-乙氧基萘；对溴苯上邻、对位箭头指向；邻乙基硝基苯；对氯乙苯；对溴乙苯；1-硝基-2-取代萘等，标出定位箭头）

45. 完成下列反应式。

(1) 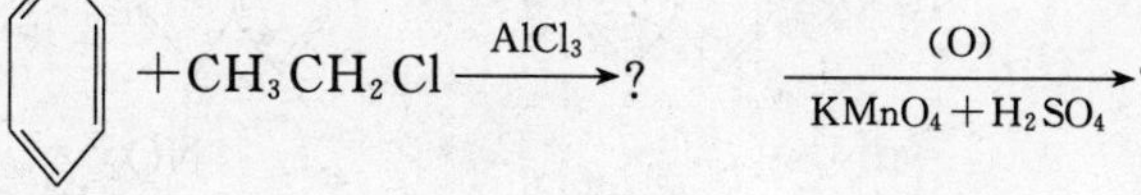 $\text{C}_6\text{H}_6 + \text{CH}_3\text{CH}_2\text{Cl} \xrightarrow{\text{AlCl}_3} ? \xrightarrow[\text{KMnO}_4+\text{H}_2\text{SO}_4]{(O)} ?$

(2) $\text{C}_6\text{H}_5\text{CH}_2\text{CH}_3 + \text{Br}_2 \xrightarrow{\text{光}}$

(3) $\text{C}_6\text{H}_6 + ? \xrightarrow{?} \text{C}_6\text{H}_5\text{CH(CH}_3\text{)}_? \xrightarrow{?} \text{C}_6\text{H}_5\text{COOH} \xrightarrow[\text{H}_2\text{SO}_4]{\text{HNO}_3} ?$

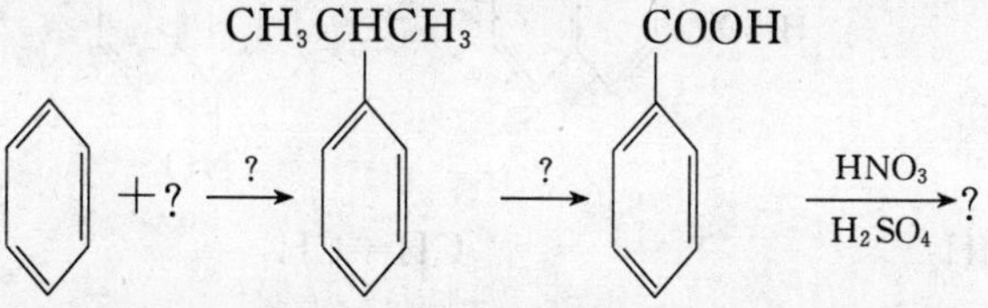

(4) 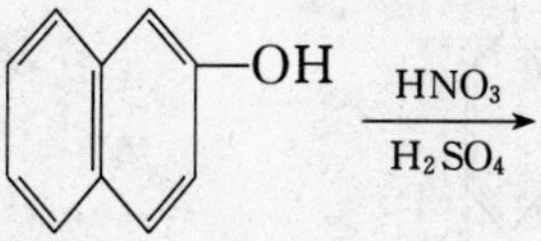 2-萘酚 $\xrightarrow[\text{H}_2\text{SO}_4]{\text{HNO}_3}$

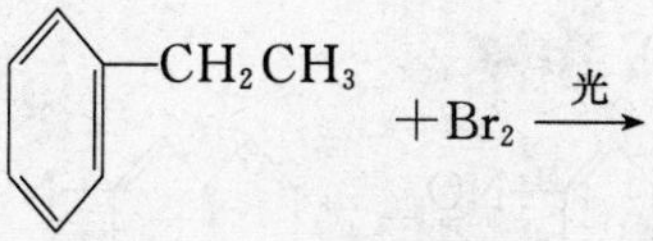

(5) 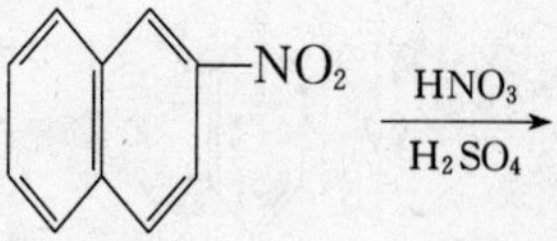 2-硝基萘 $\xrightarrow[\text{H}_2\text{SO}_4]{\text{HNO}_3}$

(6) 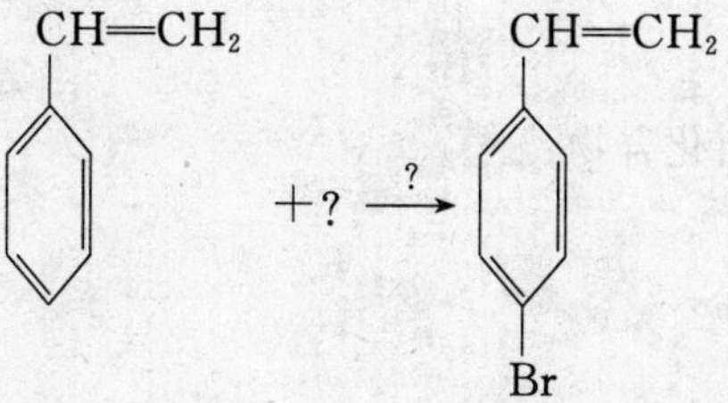 苯乙烯 $+ ? \xrightarrow{?}$ 对溴苯乙烯

解：(1) $\text{C}_6\text{H}_6 + \text{CH}_3\text{CH}_2\text{Cl} \xrightarrow{\text{AlCl}_3} \text{C}_6\text{H}_5-\text{CH}_2-\text{CH}_3 \xrightarrow[\text{H}^+]{\text{KMnO}_4} \text{C}_6\text{H}_5-\text{COOH}$

35

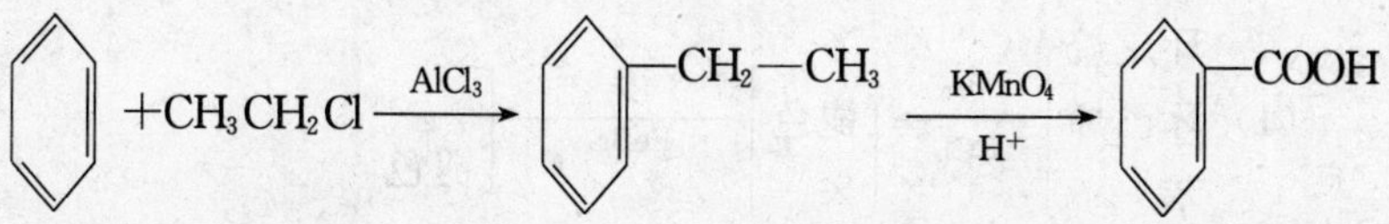

(2) 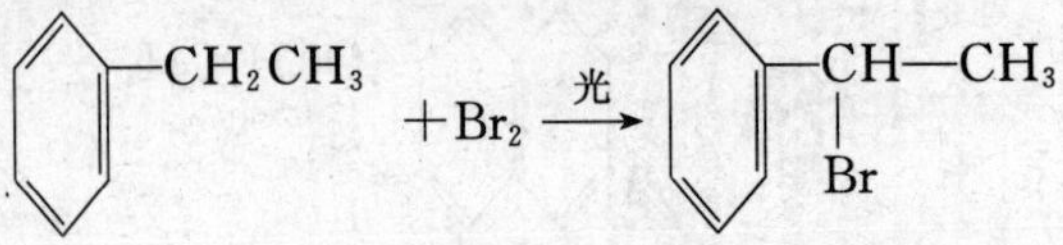 $\text{C}_6\text{H}_5\text{CH}_2\text{CH}_3 + \text{Br}_2 \xrightarrow{\text{光}} \text{C}_6\text{H}_5\text{CHBrCH}_3$

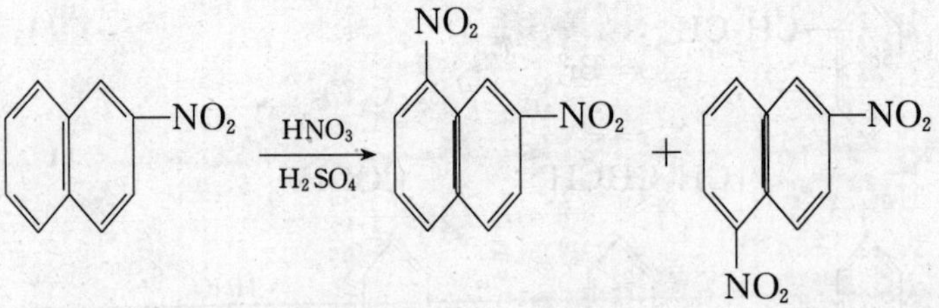

(3) $\text{C}_6\text{H}_6 + \text{CH}_3\text{CH}_2\text{CH}_2\text{Cl} \xrightarrow{\text{AlCl}_3} \text{C}_6\text{H}_5\text{CH(CH}_3)_2 \xrightarrow{\text{KMnO}_4, \text{H}^+}$

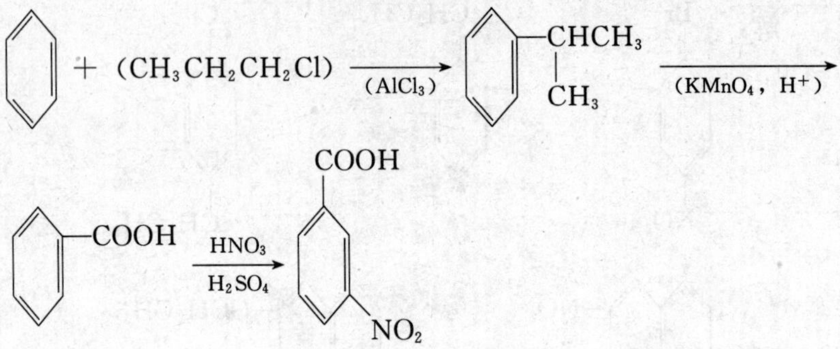

$\text{C}_6\text{H}_5\text{COOH} \xrightarrow{\text{HNO}_3 / \text{H}_2\text{SO}_4}$ 间硝基苯甲酸

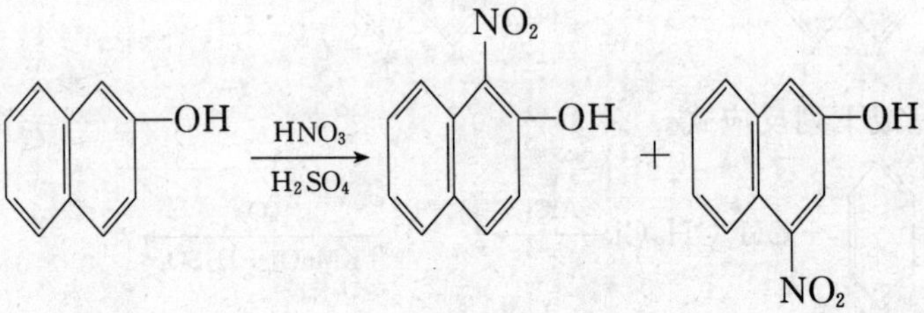

(4) 2-萘酚 $\xrightarrow{\text{HNO}_3 / \text{H}_2\text{SO}_4}$ 1-硝基-2-萘酚 + 4-硝基-2-萘酚

(5) 2-硝基萘 $\xrightarrow{\text{HNO}_3 / \text{H}_2\text{SO}_4}$ 1,8-二硝基萘 + 1,6-二硝基萘（实际为2,8-与2,6-异构体，图示 NO_2 取代位）

(6) 苯乙烯 + $\text{Br}_2 \xrightarrow{\text{FeBr}_3}$ 对溴苯乙烯

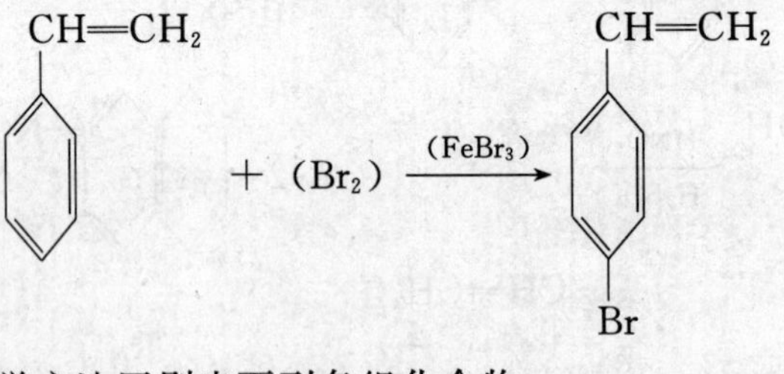

46. 用化学方法区别出下列各组化合物：
(1) 环戊烷，环己烯，苯
(2) 苯，1—戊炔，1,4—戊二烯

解：

(1) 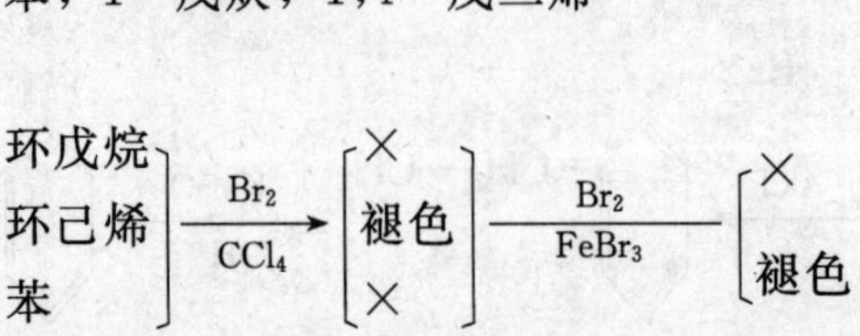 环戊烷、环己烯、苯 $\xrightarrow{\text{Br}_2 / \text{CCl}_4}$ [×、褪色、×] $\xrightarrow{\text{Br}_2 / \text{FeBr}_3}$ [×、褪色]

36

(2) 1—戊炔
　　1,4—戊二烯
苯　$\xrightarrow{[Ag(NH_3)_2]NO_3}$ [×/↓/×] $\xrightarrow[CCl_4]{Br_2}$ [×/褪色]

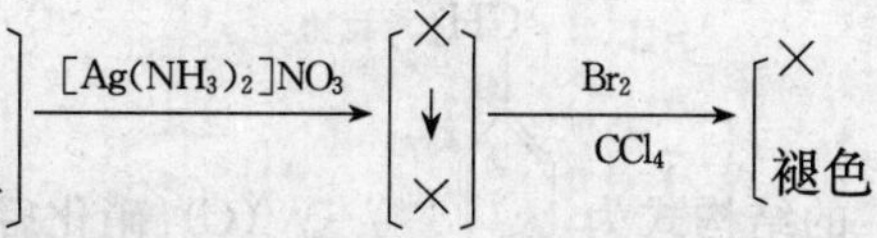

47. 将下列各组化合物对亲电取代反应的容易程度排列成序：

(1) 苯，乙苯，溴苯，硝基苯

(2) 甲苯，苯乙酮，苯酚，硝基苯

解： 各组化合物对亲电取代的容易程度排序为：

(1) 乙苯＞苯＞溴苯＞硝基苯

(2) 苯酚＞甲苯＞苯乙酮＞硝基苯

48. 有 (A)、(B)、(C) 三种芳香烃，分子式均为 C_9H_{12}。用 $KMnO_4$ 溶液氧化后，(A) 生成一元羧酸，(B) 生成二元羧酸，(C) 生成三元羧酸。将 (A)、(B)、(C) 分别硝化时，(A) 与 (B) 分别得到两种一元硝基化合物，而 (C) 只得到一种一元硝基化合物，试推出 (A)、(B)、(C) 的结构式，并写出各步反应方程式。

解： 分析 (A)、(B)、(C) 为三种芳香烃，其分子式均为 C_9H_{12}。经氧化 (A)、(B)、(C) 分别生成一元羧酸、二元羧酸、三元羧酸，可知 (A)、(B)、(C) 的苯环上分别连有一个、二个、三个支链。(A) 的结构式可能是 [Ph-CH$_2$CH$_2$CH$_3$]、[Ph-CH(CH$_3$)$_2$]；(B) 的结构式可能是 [邻-CH$_3$,CH$_2$CH$_3$-苯]、[间-CH$_3$,CH$_2$CH$_3$-苯]、[对-CH$_3$,CH$_2$CH$_3$-苯]；(C) 的结构式可能是 [1,2,3-三甲苯]、[1,2,4-三甲苯]、[1,3,5-三甲苯]。

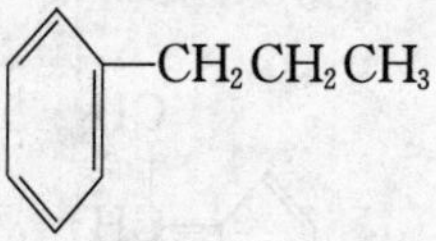

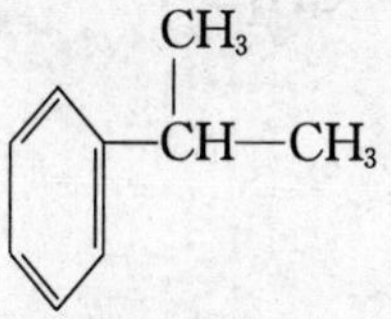

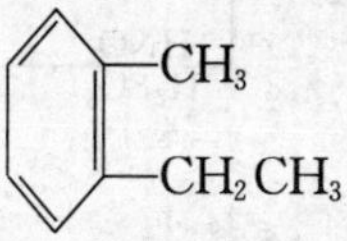

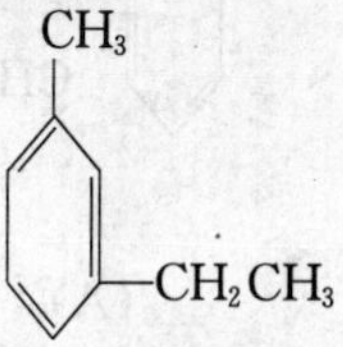

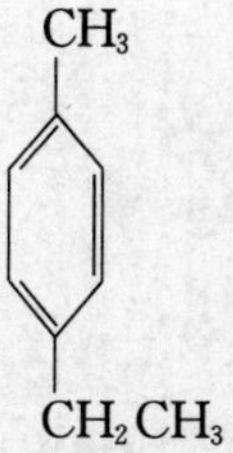

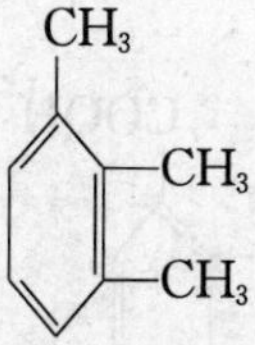

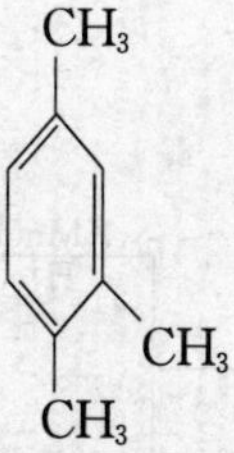

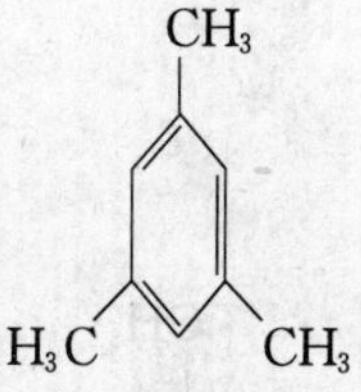

(A)、(B) 硝化后分别得两种一元硝基化合物，则 (A) 的结构式为 [Ph-CH$_2$CH$_2$CH$_3$]，

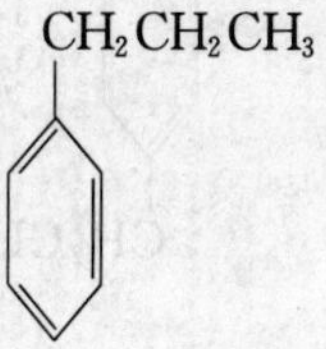

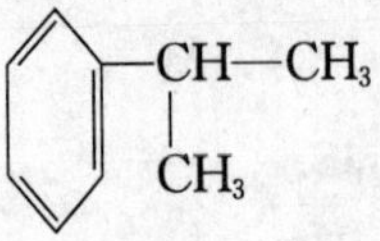

（A）的结构式为

[苯基-CH(CH₃)-CH₃ 结构]

；（B）的结构式为

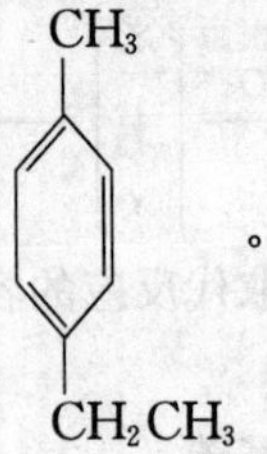

[对位：CH₃-苯-CH₂CH₃ 结构]

。（C）硝化后得一种一元硝基化合物，则（C）的结构式为

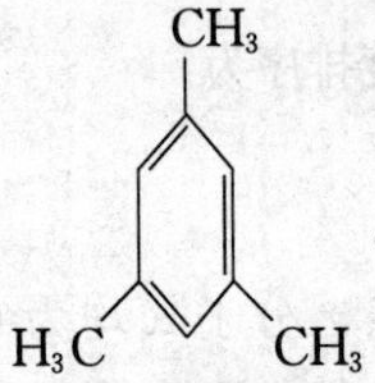

[1,3,5-三取代：CH₃ 在1位，H₃C 和 CH₃ 在3,5位]

。各步反应方程式如下所示：

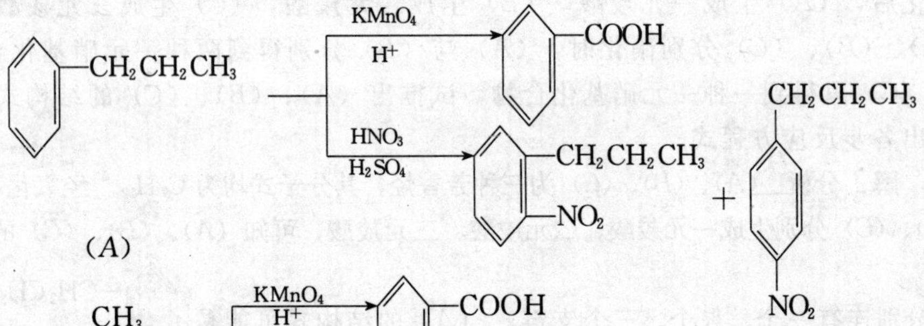

[反应式1：苯-CH₂CH₂CH₃ (A)
→ KMnO₄/H⁺ → 苯甲酸(COOH)
→ HNO₃/H₂SO₄ → 邻位硝基正丙苯 + 对位硝基正丙苯(CH₂CH₂CH₃, NO₂)]

[反应式2：苯-CH(CH₃)₂ (A)
→ KMnO₄/H⁺ → 苯甲酸
→ HNO₃/H₂SO₄ → 邻位硝基异丙苯 + 对位硝基异丙苯]

[反应式3：对甲基乙基苯 (B)
→ KMnO₄/H⁺ → 对苯二甲酸(两个COOH)
→ HNO₃/H₂SO₄ → 硝化产物（两种异构体）]

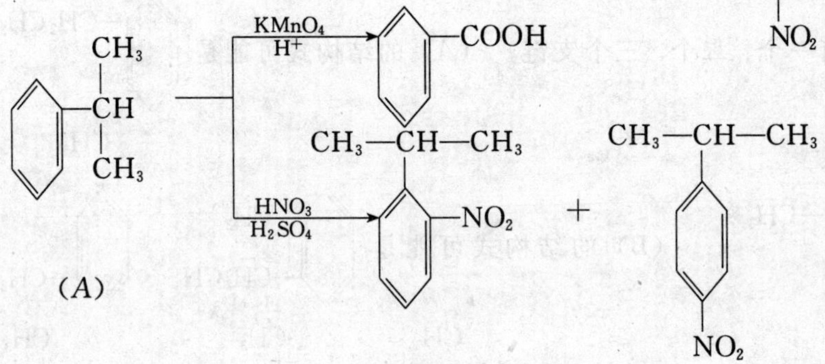

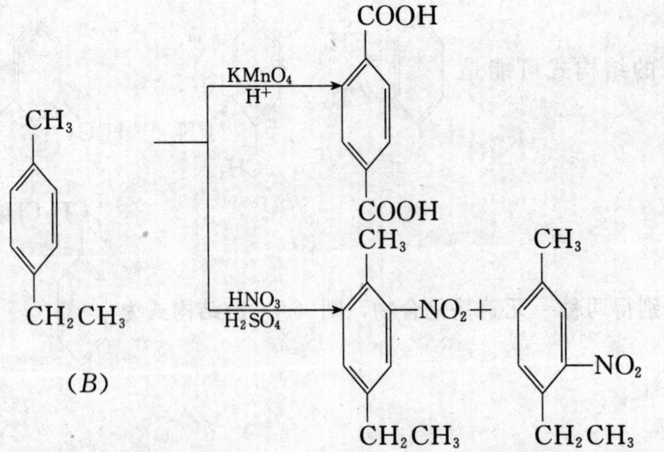

38

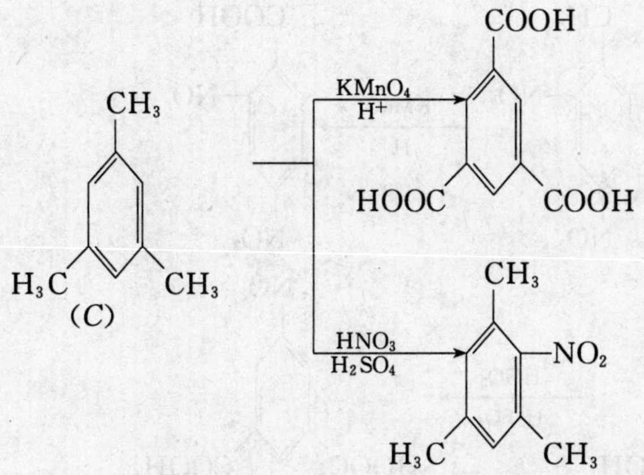

49. 利用什么二元取代苯，经亲电取代反应制备纯的下列化合物？

(1) 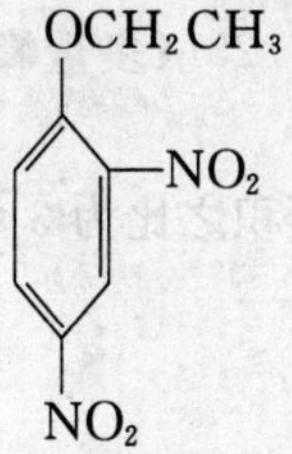 2,4-二硝基苯乙醚 (OCH₂CH₃，2-NO₂，4-NO₂)

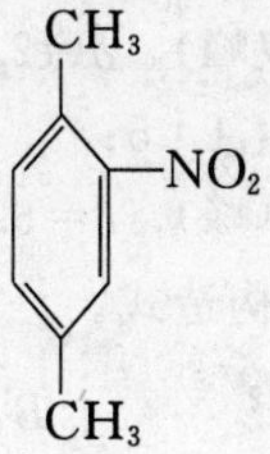

(2) 2-硝基-4-甲基甲苯

(3) 2,4-二硝基苯甲酸 (COOH，2-NO₂，4-NO₂)

(4) 3,5-二羧基硝基苯 (NO₂，3-COOH，5-COOH)

解：(1) 对硝基苯乙醚 $\xrightarrow{HNO_3/H_2SO_4}$ 2,4-二硝基苯乙醚

(2) 对甲基甲苯 $\xrightarrow{HNO_3/H_2SO_4}$ 2-硝基-4-甲基甲苯

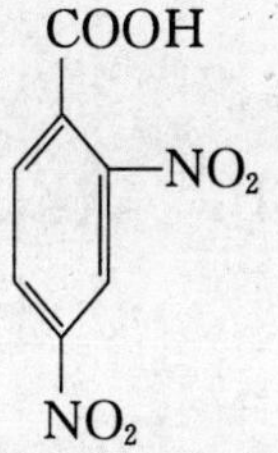

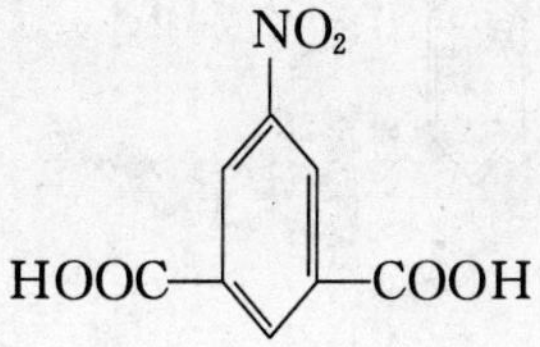

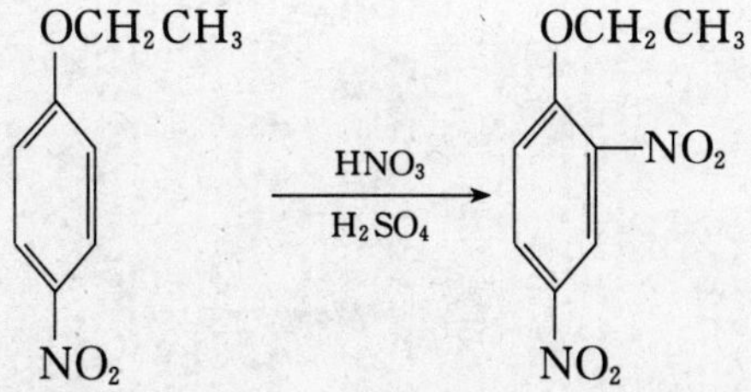

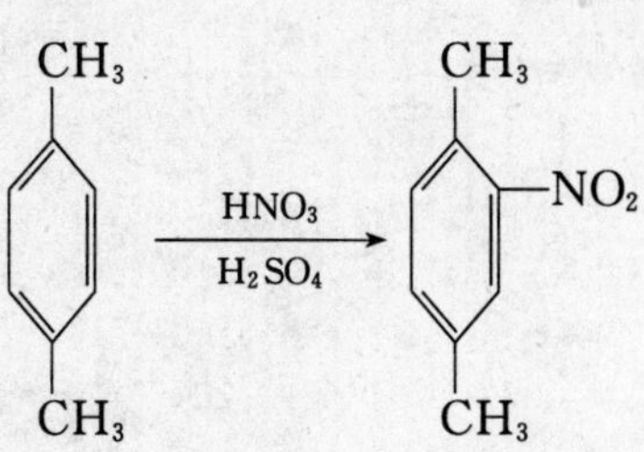

(3) 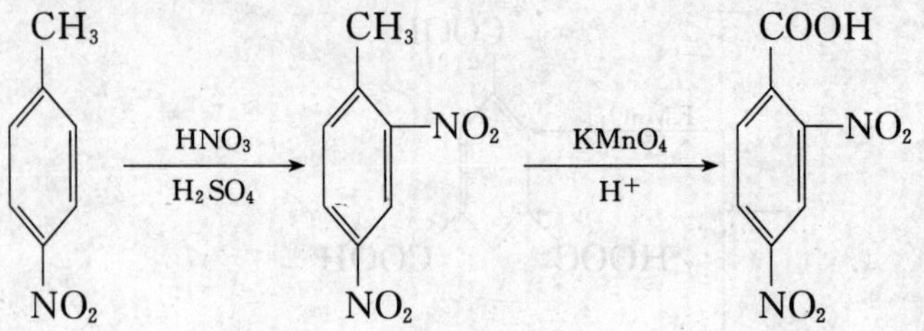 [reaction: p-nitrotoluene + HNO₃/H₂SO₄ → 2,4-dinitrotoluene + KMnO₄/H⁺ → 2,4-dinitrobenzoic acid]

(4) [reaction: isophthalic acid + HNO₃/H₂SO₄ → 5-nitroisophthalic acid]

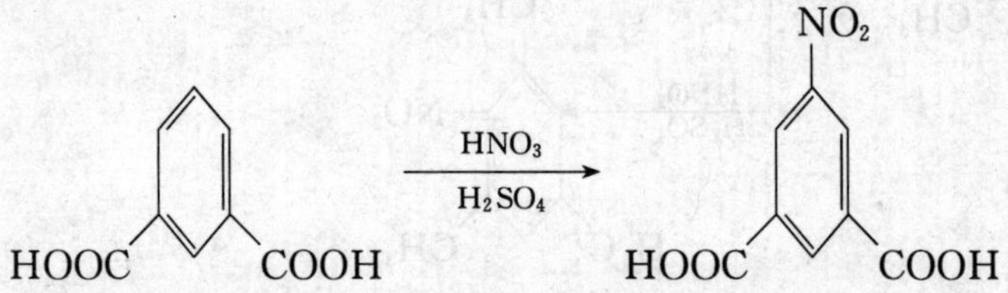

50. 化合物 A、B 的分子式皆为 C_9H_{12}，其核磁共振谱的数据如下：

化合物 A：$\delta=1.25$（双峰），$\delta=2.95$（七重峰），$\delta=7.25$（多重峰）相应的峰面积之比为 6∶1∶5；

化合物 B：$\delta=2.25$（单峰），$\delta=6.78$（单峰），相应面积之比为 3∶1。

请推测化合物 A、B 的构造式。

解：A：异丙苯 (C₆H₅—CH(CH₃)₂) B：1,3,5-三甲基苯

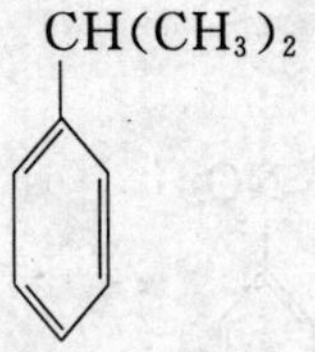

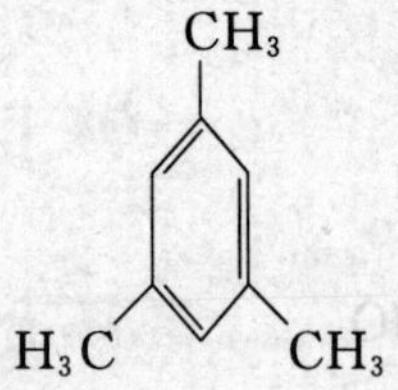

第三章 烃的卤素衍生物

内容提要

一、卤代烃

烃类分子中一个或多个氢原子被卤素原子取代生成的化合物叫做卤代烃。根据卤代烃分子中卤原子的数目分别叫做一卤代烃、二卤代烃和多卤代烃。

二、一卤代烷的反应

反应活性次序：

$$\left.\begin{array}{l}CH_2=CHCH_2X \\ ArCH_2X \\ R_3CX\end{array}\right\} > \left.\begin{array}{l}RCH_2X \\ R_2CHX\end{array}\right\} > \left.\begin{array}{l}CH_2=CHX \\ ArX\end{array}\right.$$

烷基相同时：$RI > RBr > RCl > RF$

1. 取代反应

$$R-X \begin{cases} \xrightarrow[NaOH]{H_2O} R-OH + HX \\ \xrightarrow[R'-OH\text{回流}]{KCN} R-CN + KX \\ \xrightarrow[ROH,\triangle]{R'ONa} R-O-R' \\ \xrightarrow[\text{过量}]{NH_3} R-NH_2 \\ \xrightarrow[R'OH]{AgNO_3} R-O-NO_2 + AgX\downarrow \end{cases}$$

鉴别卤代烷。各种卤代烃的反应活性顺序：叔卤烷＞仲卤烷＞伯卤烷

伯卤代烷按双分子亲核取代反应历程（S_N2）进行，叔卤代烷一般按单分子亲核取代反应历程（S_N1）进行。

2. 消除反应

卤代烷在氢氧化钠的乙醇溶液中共热时，卤代烷可脱去卤化氢而生成烯烃。不对称卤代烃消除 HX 时，遵守查依采夫规则：卤代烃在消除卤化氢时，氢原子主要

从含氢较少的 β—碳上脱去，即生成的主产物为双键碳上连有较多烃基的烯烃。

$$RCH_2CHCH_3 + KOH \xrightarrow{\text{乙醇}} RCH=CHCH_3 + KX + H_2O$$
$\quad\quad |$
$\quad\quad X$

取代反应和消除反应往往同时发生，互相竞争。

3. 与金属的反应

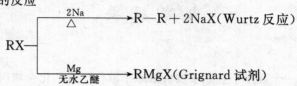

Grignard 试剂中 C—Mg 键是强极性键，化学性质活泼，极易被有活泼氢的化合物（H_2O、ROH、$RCOOH$、NH_3）等分解，生成相应的烃。

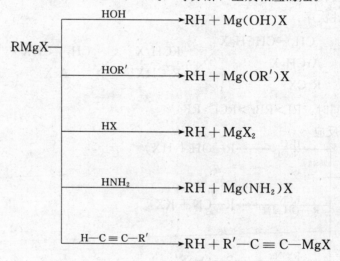

习 题 解 析

1. 写出符合下列分子式的所有同分异构体，并用系统命名法命名。

（1）$C_5H_{11}Br$（指出其中的伯、仲、叔卤代烷）

（2）C_4H_7Br（指出各属于哪一类卤代烯烃，哪些卤代烯烃有顺反异构体）

解：（1）①$CH_3CH_2CH_2CH_2CH_2Br$　　　②$CH_3CH_2CH_2CHCH_3$
$\quad\quad\quad\quad\quad\quad\quad\quad\quad\quad\quad\quad\quad\quad\quad\quad\quad\quad\quad\quad\quad\quad\quad\quad\quad\quad |$
$\quad\quad\quad\quad\quad\quad\quad\quad\quad\quad\quad\quad\quad\quad\quad\quad\quad\quad\quad\quad\quad\quad\quad\quad\quad\quad Br$

　　1—溴戊烷（伯卤代烷）　　　　　2—溴代烷（仲卤代烷）

③$CH_3CH_2CHCH_2CH_3$　　　　　④$CH_3CHCH_2CH_2Br$
$\quad\quad\quad |$　　　　　　　　　　　　　　　　$\quad |$
$\quad\quad\quad Br$　　　　　　　　　　　　　　　$\quad CH_3$

　　3—溴戊烷（仲卤代烷）　　　　　2—甲基—4—溴丁烷（伯卤代烷）

42

⑤ $CH_3CH-CH-CH_3$
　　　　　$\underset{CH_3}{|}$ $\underset{Br}{|}$

2—甲基—3—溴丁烷（仲卤代烷）

⑥ $CH_3-\underset{\underset{CH_3}{|}}{\overset{\overset{Br}{|}}{C}}-CH_2CH_3$

2—甲基—2—溴丁烷（叔卤代烷）

⑦ $BrCH_2CHCH_2CH_3$
　　　　　　$\underset{CH_3}{|}$

2—甲基—1—溴丁烷（伯卤代烷）

⑧ $CH_3-\underset{\underset{CH_3}{|}}{\overset{\overset{CH_3}{|}}{C}}-CH_2Br$

2,2—二甲基—1—溴丙烷（伯卤代烷）

(2) ① $CH=CH-CH_2-CH_3$
　　　　$\underset{Br}{|}$

1—溴—1—丁烯（乙烯型~）

② $CH_2=CH-CH-CH_3$
　　　　　　　$\underset{Br}{|}$

3—溴—1—丁烯（烯丙基型~）

③ $CH_2=C-CH_2-CH_3$
　　　　　$\underset{Br}{|}$

2—溴—1—丁烯（乙烯型~）

④ $CH_2=CH-CH_2-CH_2$
　　　　　　　　　$\underset{Br}{|}$

4—溴—1—丁烯（隔离型~）

⑤ $CH_2Br-CH=CH-CH_3$

1—溴—2—丁烯（烯丙基型~）

⑥ $CH_3-CBr=CH-CH_3$

2—溴—2—丁烯（乙烯型~）

⑦ $CHBr=C-CH_3$
　　　　　$\underset{CH_3}{|}$

2—甲基—1—溴丙烯（乙烯型~）

⑧ $CH_2=C-CH_2Br$
　　　　$\underset{CH_3}{|}$

2—甲基—3—溴丙烯（烯丙基型~）

①、⑤、⑥有顺反异构体。

2. 写出下列化合物的结构式。

(1) 3—碘—1—戊炔

(2) 2—甲基—2,3—二溴丁烷

(3) 3,3—二甲基—2,2—二氯己烷

(4) 氯仿

(5) 间硝基溴苯

(6) 3,3—二氯—1—环戊烯

解：(1) $CH\equiv CCHCH_2CH_3$
　　　　　　　$\underset{I}{|}$

(2) $CH_3-\underset{\underset{Br}{|}}{\overset{\overset{CH_3}{|}}{C}}-\underset{\underset{Br}{|}}{C}HCH_3$

(3) $CH_3-\underset{\underset{Cl}{|}}{\overset{\overset{Cl}{|}}{C}}-\underset{\underset{CH_3}{|}}{\overset{\overset{CH_3}{|}}{C}}-CH_2CH_2CH_3$

(4) $CHCl_3$

(5) 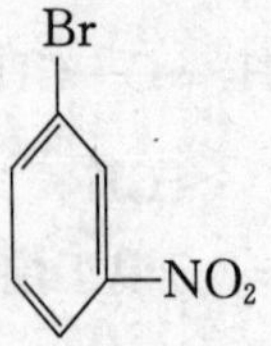 [3-溴硝基苯结构]

(6) 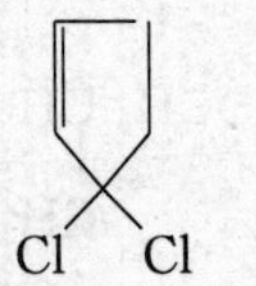 [环戊烯二氯结构]

3. 用系统命名法命名下列化合物

(1) $CH_3-\underset{\underset{C_2H_5}{|}}{\overset{\overset{CH_3}{|}}{C}}-\underset{\underset{}{}}{\overset{\overset{Br}{|}}{CH}}-CH_3$

(2) $CH_2Cl-CCl_2-CH_2CH_3$

(3) $CH_3-C\equiv C-CH(CH_3)CH_2Br$

(4) $CH_2=\underset{\underset{CH_3CHCH_3}{|}}{\overset{\overset{Cl}{|}}{C}}-CH_2CH_3$

(5) 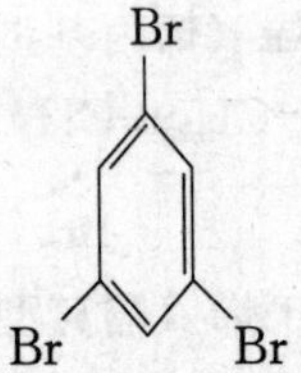 [1,3,5-三溴苯结构]

(6) 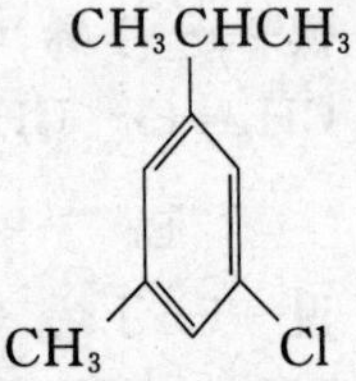 [3-甲基-5-氯异丙基苯结构]

解：(1) 3,3—二甲基—2—溴戊烷　　(2) 1,2,2—三氯丁烷
(3) 4—甲基—5—溴—2—戊炔　　(4) 2—氯丁烯
(5) 1,3,5—溴苯　　(6) 3—甲基—5—氯异丙基苯

4. 完成下列反应式。

(1) $CH_3-\underset{\underset{CH_3}{|}}{CH}-\underset{\underset{Br}{|}}{CH}-CH_2CH_3 \xrightarrow[H_2O]{NaOH}$

(2) $CH_3-\underset{\underset{CH_3}{|}}{CH}-\underset{\underset{Cl}{|}}{CH}-CH_2CH_3 \xrightarrow[\triangle]{NaOH/ROH}$

(3) $CH_3-CH=CH_2 \xrightarrow{HBr} A \xrightarrow[醇]{NaCN} B$

(4) $CH_3-CH_2-CH=CH_2 \xrightarrow{HBr} ? \xrightarrow[干乙醚]{Mg} ?$

(5) $CH_3-CH=CH_2 \xrightarrow{?} ClCH_2-CH=CH_2 \xrightarrow{Cl_2+H_2O} ? \xrightarrow[H_2O]{NaOH} ?$
    $\xrightarrow[]{H_2O | NaOH} ?$

(6) $CH_3-CH_2-C\equiv CH + CH_3-CH_2MgBr \longrightarrow$

(7) 2—溴丙烷 ……→ 2,2—二溴丙烷

(8) 苯 ……→ 对硝基苯甲醇

(9) 丙炔 ┬····→ 1,2,2—三溴丙烷
         └····→ 2—丁炔

解：(1) $CH_3-\underset{CH_3}{\underset{|}{CH}}-\underset{Br}{\underset{|}{CH}}-CH_2-CH_3 \xrightarrow[H_2O]{NaOH} CH_3-\underset{CH_3}{\underset{|}{CH}}-\underset{OH}{\underset{|}{CH}}-CH_2-CH_3$

(2) $CH_3-\underset{CH_3}{\underset{|}{CH}}-\underset{Cl}{\underset{|}{CH}}-CH_2-CH_3 \xrightarrow[ROH \; \triangle]{NaOH} CH_3-\underset{CH_3}{\underset{|}{C}}=CH-CH_2-CH_3$

(3) $CH_3-CH=CH_2 \xrightarrow{HBr} CH_3-\underset{Br}{\underset{|}{CH}}-CH_3 \xrightarrow[醇]{NaCN} CH_3-\underset{CN}{\underset{|}{CH}}-CH_3$

(4) $CH_3-CH_2-CH=CH_2 \xrightarrow{HBr} CH_3-CH_2-\underset{Br}{\underset{|}{CH}}-CH_3 \xrightarrow[干乙醚]{Mg}$

$CH_3-CH_2-\underset{MgBr}{\underset{|}{CH}}-CH_3$

(5) $CH_3-CH=CH_2 \xrightarrow[500°C]{Cl_2} ClCH_2-CH=CH_2 \xrightarrow{Cl_2+H_2O} \underset{Cl}{\underset{|}{CH_2}}-$

$\xrightarrow[H_2O]{NaOH} HOCH_2-CH=CH_2$

$\underset{OH \; Cl}{\underset{| \;\; |}{CH-CH_2}} \xrightarrow[H_2O]{NaOH} \underset{OH \; OH \; OH}{\underset{| \;\;\; | \;\;\; |}{CH_2-CH-CH_2}}$

(6) $CH_3-CH_2-C\equiv CH + CH_3-CH_2MgBr \longrightarrow$
$\quad CH_3-CH_2-C\equiv CMgBr + CH_3CH_3$

(7) $CH_3-\underset{Br}{\underset{|}{CH}}-CH_3 \xrightarrow[ROH, \triangle]{NaOH} CH_2=CH-CH_3 \xrightarrow{Br_2} \underset{Br \;\; Br}{\underset{| \;\;\; |}{CH_2-CH}}-CH_3$

$\xrightarrow[ROH, \triangle]{NaOH} CH\equiv C-CH_3 \xrightarrow{2HBr} CH_3-\underset{Br}{\overset{Br}{\underset{|}{\overset{|}{C}}}}-CH_3$

(8) 苯 $\xrightarrow[AlCl_3]{CH_3Cl}$ 甲苯 $\xrightarrow[H_2SO_4]{HNO_3}$ 对硝基甲苯 $\xrightarrow[光]{Cl_2}$ 对硝基氯苄 $\xrightarrow[H_2O]{NaOH}$ 对硝基苄醇

(9) $CH_3-C\equiv CH \xrightarrow{Br_2} CH_3-\underset{\underset{Br}{|}}{\overset{\overset{Br}{|}}{C}}=CH \xrightarrow{HBr} CH_3-\underset{\underset{Br}{|}}{\overset{\overset{Br}{|}}{C}}-\underset{\underset{Br}{|}}{\overset{\overset{Br}{|}}{C}}H_2$

$CH_3-C\equiv CH \xrightarrow[\text{液氨}]{NaNH_2} CH_3-C\equiv C-Na \xrightarrow[\text{液氨}]{CH_3Br} CH_3-C\equiv C-CH_3$

5. 用化学方法鉴别下列各组化合物：

(1) 邻氯甲苯　　苄基氯和 β—氯代乙苯

(2) $CH_3CH_2-\underset{\underset{CH_3}{|}}{CH}-CH=CH-Cl$ 和 $CH_3-CH_2-\underset{\underset{CH_3}{|}}{C}=CH-CH_2-Cl$

(3) 3—溴—2—戊烯和 2—甲基—4—溴—2—戊烯

解：(1) 邻氯甲苯 ⎫
　　苄基氯 ⎬ $\xrightarrow[C_2H_5OH \text{室温}]{AgNO_3}$ ⎧ ×
　　β—氯代乙苯 ⎭ ⎨ 立即↓，AgCl↓（白色）
　　　　　　　 ⎩ 加热有 AgCl↓（白色）

(2) $CH_3-CH_2\underset{\underset{CH_3}{|}}{CH}CH=CH-Cl$ ⎫
　　$CH_3-CH_2-\underset{\underset{CH_3}{|}}{C}=CH-CH_2-Cl$ ⎬ $\xrightarrow[C_2H_5OH \text{室温}]{AgNO_3}$ ⎧ ×
　　　　　　　　　　　　　　　　　　　　　　　　　⎨ 立即有 AgCl↓（白色）

(3) 3—溴—2—已烯 ⎫ $\xrightarrow[C_2H_5OH \text{室温}]{AgNO_3}$ ⎧ ×
　　2—甲基—4—溴—2—已烯 ⎭ ⎨ AgBr↓（微黄色）

6. 写出 1—溴丙烷分别与下列试剂反应生成的主要产物

(1) NaOH(H_2O)　　　　　　(2) Mg（乙醚）

(3) $CH_3-C\equiv CNa$　　　　(4) $AgNO_3$（醇）

(5) NaCN（醇）　　　　　　(6) KOH（醇）

(7) 产物 (2)+$CH_3-C\equiv CH$　(8) C_2H_5ONa

解：(1) $CH_3CH_2CH_2Br+H_2O \xrightarrow{NaOH} CH_3CH_2CH_2OH$

(2) $CH_3CH_2CH_2Br+Mg \xrightarrow{\text{无水乙醚}} CH_3CH_2CH_2MgBr$

(3) $CH_3-C\equiv CNa+BrCH_2CH_2CH_3 \longrightarrow CH_3-C\equiv C(CH_2)_2CH_3$

(4) $CH_3CH_2CH_2Br+AgNO_3 \xrightarrow{\text{醇}} CH_3(CH_2)_2-O-NO_2+AgBr\downarrow$

(5) $CH_3(CH_2)_2Br+NaCN \xrightarrow{\text{醇}} CH_3(CH_2)_2CN$

(6) $CH_3(CH_2)_2Br+KOH \xrightarrow{\text{醇}} CH_3CH=CH_2$

(7) $CH_3CH_2CH_2MgBr+CH_3-C\equiv CH$
$\longrightarrow CH_3CH_2CH_3+CH_3-C\equiv C-MgBr$

(8) $CH_3CH_2CH_2Br + C_2H_5ONa \longrightarrow CH_3(CH_2)_2OC_2H_5$

7. 分子式为 C_4H_8 的化合物 (A)，加溴后再经 KOH 醇溶液处理，得化合物 (B)，其分子式为 C_4H_6，(B) 能与硝酸银氨溶液反应生成沉淀。试推测 (A)，(B) 的结构式并写出各步反应。

解：分析 化合物 A 的分子式为 C_4H_8 符合通式 C_nH_{2n}，(A) 可能是烯烃也可能是环烷烃：$CH_2=CH-CH_2-CH_3$，$CH_3-CH=CH-CH_3$，$CH_2=C-CH_3$；
$\quad\quad\quad\quad\quad\quad\quad\quad\quad\quad\quad\quad\quad\quad\quad\quad\quad\quad\quad\quad\quad\quad\quad\quad\quad\quad\quad\quad |$
$\quad\quad\quad\quad\quad\quad\quad\quad\quad\quad\quad\quad\quad\quad\quad\quad\quad\quad\quad\quad\quad\quad\quad\quad\quad\quad\quad\ CH_3$

□，△—CH_3。(A) 加溴后再经 KOH 醇溶液处理，得化合物 (B)，(B) 可与 $Ag(NH_3)_2NO_3$ 反应生成沉淀，则 (B) 为末端炔烃，其结构式为 $CH\equiv C-CH_2-CH_3$，由此可推知 (A) 的结构式为 $CH_2=CH-CH_2CH_3$，其各步反应方程式如下所示：

$$CH_3CH_2CH=CH_2 \xrightarrow{Br_2} CH_3CH_2\underset{Br}{\underset{|}{CH}}-\underset{Br}{\underset{|}{CH_2}} \xrightarrow[ROH]{KOH} CH_3CH_2C\equiv CH$$
$\quad\ (A) \quad\quad\quad\quad\quad\quad\quad\quad\quad\quad\quad\quad\quad\quad\quad\quad\quad\quad\quad\quad\quad\quad\quad\quad (B)$

$$\xrightarrow{[Ag(NH_3)_2]NO_3} CH_3CH_2C\equiv CAg \downarrow$$

8. 某卤代烃 C_4H_9Br (A) 与 KOH 醇溶液作用生成 $C_4H_8(B)$，(B) 经氧化后得到三个碳原子的羧酸 (C)，并有二氧化碳和水生成，(B) 与 HBr 作用得到 (A) 的同分异构体 (D)。试推测 (A)、(B)、(C)、(D) 的结构式，并写出各步化学反应。

解：分析 (A) C_4H_9Br，符合通式 $C_nH_{2n+1}Br$ 为卤代烷烃。(A) 与 KOH 醇溶液作用生成 $C_4H_8(B)$，符合通式 C_nH_{2n} 为烯烃。(B) 的结构式可能为 $CH_2=CH-CH_2-CH_3$，$CH_3-CH=CH-CH_3$，$CH_2=\underset{CH_3}{\underset{|}{C}}-CH_3$。$(B)$ 氧化得三个碳原子的羧酸 (C)，则 (C) 的结构式为 CH_3-CH_2-COOH 那么 (B) 的结构式为 $CH_2=CH-CH_2-CH_3$。(B) 与 HBr 作用得 (D)，其结构式 $CH_3-\underset{Br}{\underset{|}{CH}}-CH_2-CH_3$。$(D)$ 与 (A) 为同分异构体，则 (A) 的结构式为 $\underset{Br}{\underset{|}{CH_2}}-CH_2-CH_2-CH_3$。其各步反应式如下：

$$CH_3CH_2CH_2CH_2Br \xrightarrow[ROH]{KOH} CH_3CH_2CH=CH_2 \xrightarrow{[O]} CH_3CH_2COOH + CO_2 + H_2O$$
$\quad\quad (A) \quad\quad\quad\quad\quad\quad\quad\quad\quad\ (B) \quad\quad\quad\quad\quad\quad\quad\quad\quad\quad (C)$
$\quad\quad\quad\quad\quad\quad\quad\quad\quad\quad\quad\quad\quad\quad\ \downarrow HBr$

$$CH_3\underset{Br(D)}{\underset{|}{CH}}CH_2CH_3$$

9. 某烃 C_8H_{18} 的一元卤代物只有一种，写出该烃的结构式。

解：

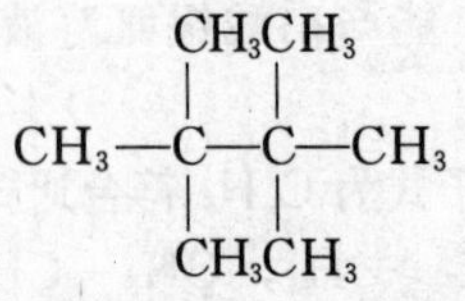

$$CH_3-\underset{\underset{CH_3}{|}}{\overset{\overset{CH_3}{|}}{C}}-\underset{\underset{CH_3}{|}}{\overset{\overset{CH_3}{|}}{C}}-CH_3$$

10. 某含氯化合物 A，可使高锰酸钾溶液褪色，1 克（A）与过量的 CH_3MgI 作用（在标准状况下）放出 $300.5 mlCH_4$，试推测（A）的结构式。

解： 在标准状况下，生成 $1mol\ CH_4$ 需物质（A）xg，则

$$\frac{1}{300.5}=\frac{x}{22400} \qquad x=74.5\ (g)$$

∵（A）可使高锰酸钾溶液褪色，证明（A）含有不饱和键，且使 CH_3MgI 放出 CH_4，

∴（A）为末端炔烃，其通式为 $C_nH_{2n-3}Cl$，则

$$35.5×1+12n+(2n-3)×1=74.5 \qquad n=3$$

∴ 化合物（A）的分子式为 C_3H_3Cl，其结构式为 $CH\equiv CCH_2Cl$。

11. 由指定原料合成下列化合物（其他试剂任选）

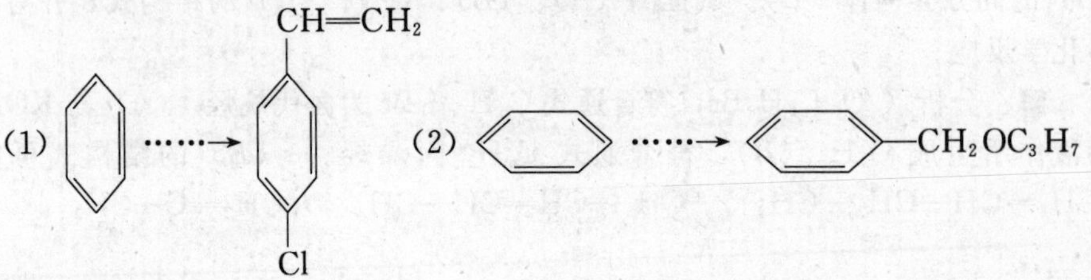

(1) 苯 ……→ 对氯苯乙烯

(2) 苯 ……→ $C_6H_5CH_2OC_3H_7$

解：(1)

$$苯 \xrightarrow[90\sim100℃]{CH_2=CH_2,\ 无水\ AlCl_3} C_6H_5CH_2CH_3 \xrightarrow{Cl_2,\ FeCl_3} p\text{-}ClC_6H_4CH_2CH_3 \xrightarrow[光]{Cl_2} p\text{-}ClC_6H_4CHClCH_3$$

$$\xrightarrow[ROH]{KOH} p\text{-}ClC_6H_4CH=CH_2$$

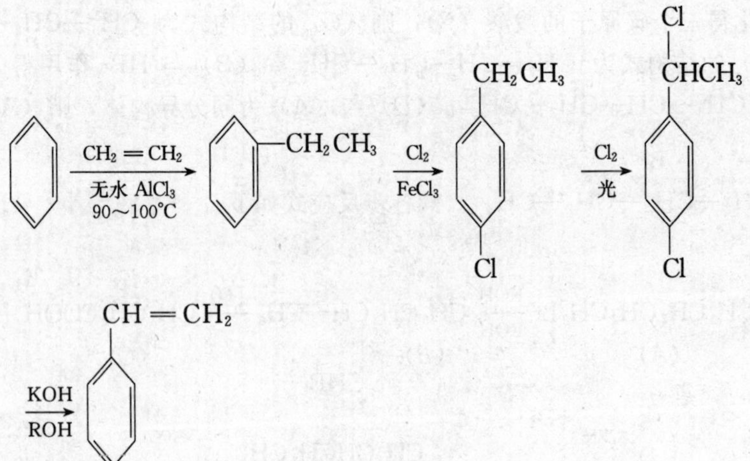

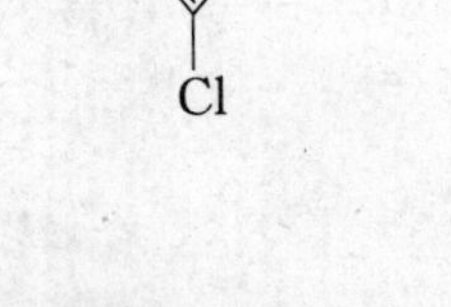

(2) 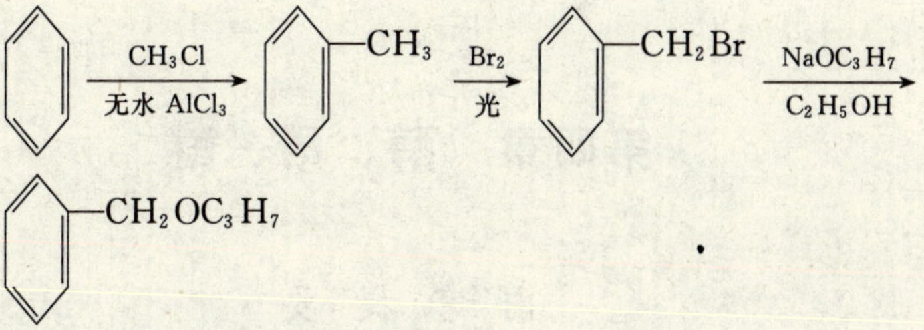 ⌬ $\xrightarrow[\text{无水 AlCl}_3]{\text{CH}_3\text{Cl}}$ ⌬—CH$_3$ $\xrightarrow[\text{光}]{\text{Br}_2}$ ⌬—CH$_2$Br $\xrightarrow[\text{C}_2\text{H}_5\text{OH}]{\text{NaOC}_3\text{H}_7}$

⌬—CH$_2$OC$_3$H$_7$

12. 比较下列各组化合物的反应活性：

(1) S_N2：⌬—Br ⌬—Cl ⌬—I

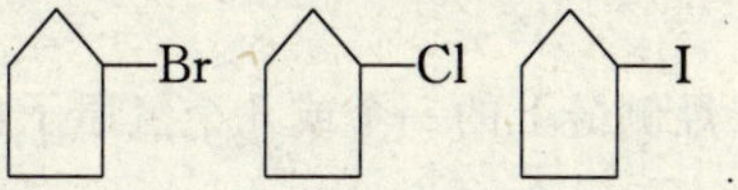

(2) S_N1：苄基氯，α—氯代乙苯，β—氯代乙苯

(3) S_N2：1—溴戊烷，2—甲基—1—溴戊烷

2—甲基—3—溴戊烷，2—甲基—2—溴戊烷

解：(1) S_N2：⌬—I > ⌬—Br > ⌬—Cl

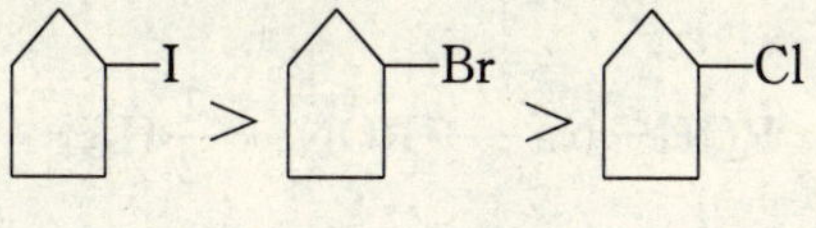

(2) S_N1：⌬—CHCH$_3$ > ⌬—CH$_2$Cl > ⌬—CH$_2$CH$_2$Cl
              |
              Cl

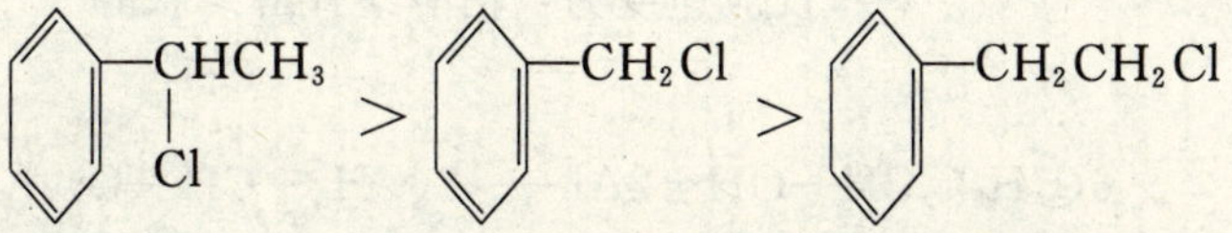

(3) S_N2：CH$_3$CH$_2$CH$_2$CH$_2$CH$_2$—Br > CH$_3$CH$_2$CH$_2$CHCH$_2$Br >
                                                          |
                                                          CH$_3$

$\qquad$ CH$_3$
$\qquad$ |
CH$_3$CHCHCH$_2$CH$_3$ > CH$_3$CH$_2$CH$_2$C—CH$_3$
   | |
   CH$_3$Br   Br

13. 化合物 A、B 的分子式为 $C_4H_6Cl_2$，它们均可使溴的四氯化碳溶液褪色，化合物 A 的核磁共振谱图显示 $\delta=4.25$（单峰），$\delta=5.35$（单峰）；峰面积之比为 2:1。化合物 B 的核磁共振谱图显示 $\delta=2.2$（单峰），$\delta=4.15$（双峰），$\delta=5.7$（三重峰）；峰面积之比为 3:2:1。请推测化合物 A、B 的构造式。

解：化合物 A： CH$_2$=C(CH$_2$Cl)$_2$

化合物 B：CH$_3$C=CHCH$_2$Cl
              |
              Cl

第四章 醇、酚、醚

内容提要

一、醇

脂肪烃、脂环烃分子中以及芳烃侧链上的一个或几个氢原子被羟基取代后的产物称为醇。

只有一个羟基的醇，可以看成是水分子中的一个氢原子被开链烃基取代后的产物。

饱和一元醇的通式 $C_nH_{2n+2}O$。

醇的化学性质：主要是羟基上的反应，由 C—O 键或 O—H 键的断裂而引起的反应。

(1) 与活泼金属反应：$ROH + Na \longrightarrow RONa + \frac{1}{2}H_2 \uparrow$

反应速度为：伯醇＞仲醇＞叔醇

$$6(CH_3)_2CH-OH + 2Al \longrightarrow 2(CH_3-\underset{\underset{CH_3}{|}}{CH}-O)_3Al + 3H_2 \uparrow$$

(2) 与氢卤酸作用：$R-OH + HX \longrightarrow R-X + H_2O$

反应活性：HI＞HBr＞HCl

烯丙基醇＞叔醇＞仲醇＞伯醇

(3) 脱水反应：$2CH_3CH_2-OH \xrightarrow[140℃]{浓 H_2SO_4} CH_3CH_2OCH_2CH_3 + H_2O$

$$CH_3CH_2-OH \xrightarrow[170℃]{浓 H_2SO_4} CH_2=CH_2 + H_2O$$

仲醇和叔醇脱水遵循查依采夫规律，脱去的是羟基和含氢较少的 β 碳上的氢原子。其脱水的难易情况如下：

叔醇＞仲醇＞伯醇

(4) 酯的生成：$CH_3-OH \xrightarrow{HOSO_3H} CH_3-O-SO_2-OH \xrightarrow{CH_3OH}$
$CH_3-OSO_2O-CH_3$

$$CH_3-\overset{O}{\overset{\|}{C}}-\boxed{OH + H}OCH_2CH_3 \underset{}{\overset{H^+}{\rightleftharpoons}} CH_3-\overset{O}{\overset{\|}{C}}-O-CH_2-CH_3 + H_2O$$

(5) 氧化与脱氢

$$R-CH_2-OH \xrightarrow[H^+]{KMnO_4} RCHO \xrightarrow{[O]} RCOOH$$

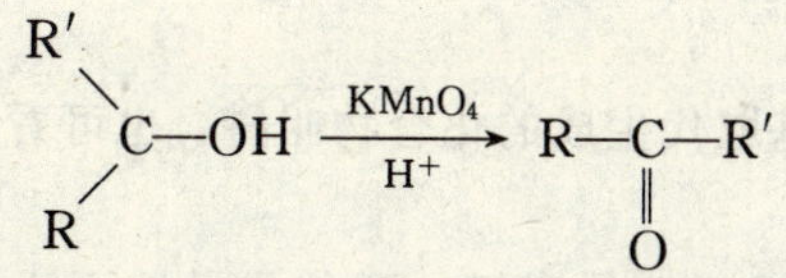

$$\underset{R}{\overset{R'}{|}}{\underset{|}{C}}-OH \xrightarrow[H^+]{KMnO_4} R-\underset{\underset{O}{\|}}{C}-R'$$

二、酚

芳香烃分子中芳环上一个或几个氢原子被羟基取代生成的化合物叫酚。

酚的反应：具有羟基和芳环所发生的一些反应。

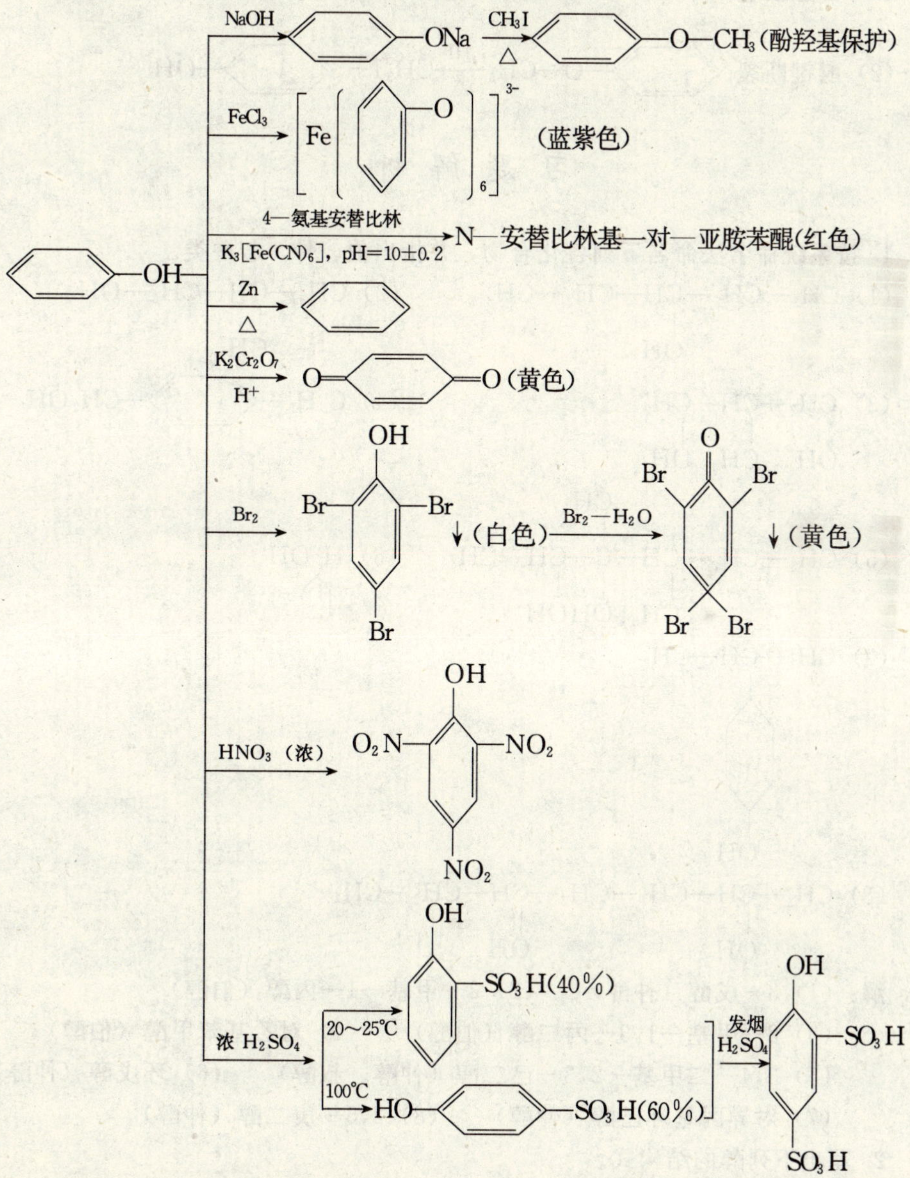

C₆H₅—OH 的反应：

- $\xrightarrow{NaOH}$ C₆H₄—ONa $\xrightarrow[\triangle]{CH_3I}$ C₆H₄—O—CH₃（酚羟基保护）
- $\xrightarrow{FeCl_3}$ [Fe(OC₆H₅)₆]³⁻（蓝紫色）
- $\xrightarrow[K_3[Fe(CN)_6], pH=10±0.2]{4—氨基安替比林}$ N—安替比林基—对—亚胺苯醌（红色）
- $\xrightarrow[\triangle]{Zn}$ C₆H₆
- $\xrightarrow[H^+]{K_2Cr_2O_7}$ O=C₆H₄=O（黄色）
- $\xrightarrow{Br_2}$ 2,4,6-三溴苯酚↓（白色）$\xrightarrow{Br_2—H_2O}$ 2,4,4,6-四溴环己二烯酮↓（黄色）
- $\xrightarrow{HNO_3(浓)}$ 2,4,6-三硝基苯酚
- $\xrightarrow{浓 H_2SO_4}$
  - $\xrightarrow{20~25℃}$ 邻羟基苯磺酸（40%）
  - $\xrightarrow{100℃}$ 对羟基苯磺酸（60%）
  - $\xrightarrow{发烟 H_2SO_4}$ 苯酚-2,4-二磺酸

三、醚

醇分子中羟基被烃基取代生成的化合物叫醚，也可看成水分子两个氢原子被烃基取代生成的化合物。

醚分子中的 C—O—C 键叫做醚键。醚的化学性不活泼，其稳定性仅次于烷烃，但因 C—O—C 键的存在有一些特有反应。

(1) 锌盐生成　$R\text{—}\ddot{\underset{..}{O}}\text{—}R \xrightleftharpoons{HCl} [R\overset{H}{\underset{..}{O}}R]^+ Cl^-$

(2) 醚键断裂　$\text{C}_6\text{H}_5\text{—O—CH}_3 \xrightarrow[\triangle]{HI} CH_3I + C_6H_5\text{—OH}$

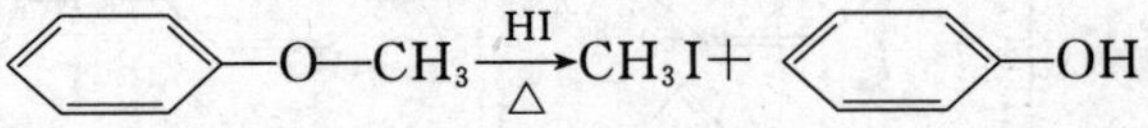

习 题 解 析

1. 按系统命名法命名下列各化合物，并指出伯、仲、叔醇类。

(1) 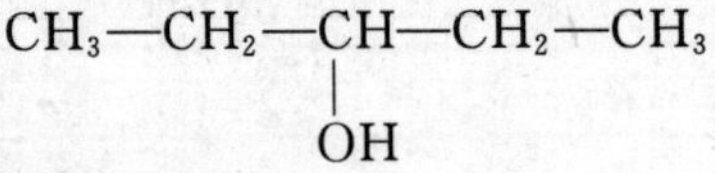 $CH_3\text{—}CH_2\text{—}\underset{OH}{CH}\text{—}CH_2\text{—}CH_3$　　(2) $CH_3\text{—}\underset{CH_3}{CH}\text{—}CH_2\text{—}OH$

(3) $\underset{OH}{CH_2}\text{—}\underset{CH_3}{CH}\text{—}\underset{OH}{CH_2}$　　(4) $C_2H_5\text{—}C_6H_4\text{—}CH_2OH$

(5) $CH_3\text{—}CH_2\text{—}\underset{CH_3}{CH}\text{—}\overset{CH_3}{\underset{OH}{C}}\text{—}\underset{OH}{CH}\text{—}CH_3$　　(6) 环戊醇结构（H OH）

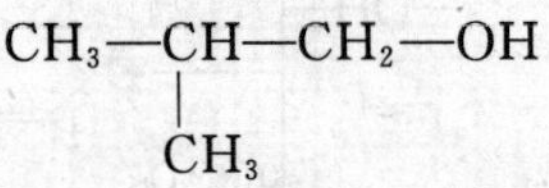

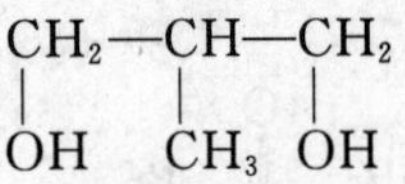

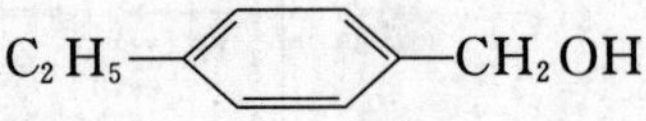

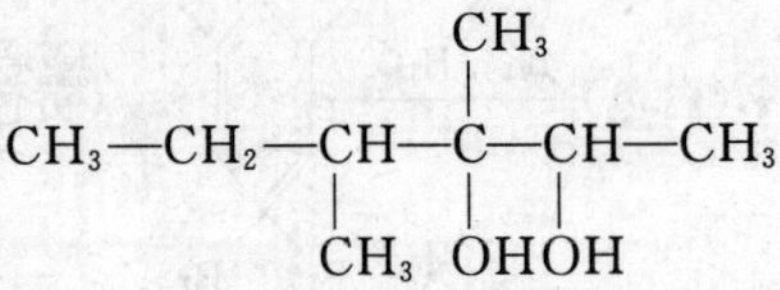

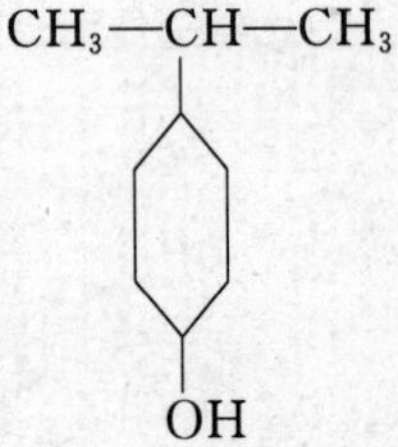

(7) $CH_3\text{—}\underset{}{CH}\text{—}CH_3$ 连接环己醇（对位—OH）

(8) $CH_3\text{—}\underset{OH}{CH}\text{—}CH_2\text{—}CH_2\text{—}\underset{OH}{CH}\text{—}CH_2\text{—}CH_3$

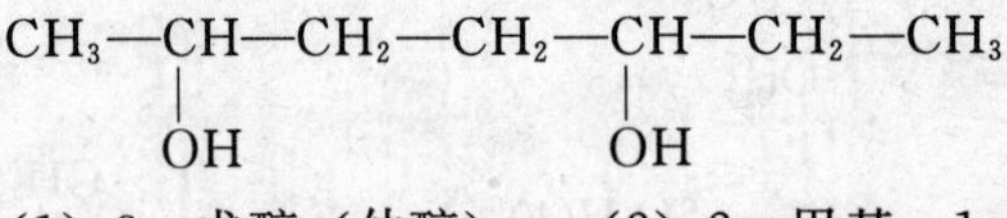

解：(1) 3—戊醇（仲醇）　(2) 2—甲基—1—丙醇（伯醇）

(3) 2—甲基—1,3—丙二醇（伯醇）　(4) 对乙基苯甲醇（伯醇）

(5) 3,4—二甲基—2,3—己二醇（仲醇、叔醇）　(6) 环戊醇（仲醇）

(7) 对异丙基环己醇（仲醇）　(8) 2,5—庚二醇（仲醇）

2. 写出下列醇的结构式。

(1) 2—甲基—1—戊醇

第四章 醇、酚、醚

(2) 2,3—二氯—2—戊烯—1,4—二醇
(3) 对甲基苯乙醇
(4) 1,1—二甲基—1—丙醇

解：(1) $CH_3CH_2CH_2\underset{CH_3}{\underset{|}{CH}}CH_2-OH$

(2) $\underset{OH}{\underset{|}{CH_2}}-\underset{Cl}{\underset{|}{C}}=\underset{Cl}{\underset{|}{C}}-\underset{OH}{\underset{|}{CH}}-CH_3$

(3) $CH_3-\langle\ \rangle-C_2H_5OH$

(4) $CH_3-CH_2-\underset{CH_3}{\overset{CH_3}{\underset{|}{\overset{|}{C}}}}-OH$

3. 下列两组化合物与卢卡氏试剂反应，按其反应速度排列成序。
(1) 2—丁醇，3—丁烯—2—醇，正丁醇
(2) 苄醇，对甲氧基苄醇，对硝基苄醇

解：(1) 3—丁烯—2—醇＞2—丁醇＞正丁醇
(2) 对甲氧基苄醇＞苄醇＞对硝基苄醇

4. 比较下列化合物在水中溶解度。
(1) 甲基乙基醚
(2) 丙烷
(3) 1,3—丙二醇
(4) 2—丙醇
(5) 丙三醇

解：(5)＞(3)＞(4)＞(1)＞(2)

5. 选择合适的烯烃合成：
(1) 2—戊醇
(2) 2—甲基—2—丙醇
(3) 2,3—二甲基—2—丁醇

解：(1) $CH_3CH_2CH_2CH=CH_2 \xrightarrow[H_2SO_4]{HOH} CH_3CH_2CH_2\underset{OH}{\underset{|}{CH}}CH_3$

(2) $CH_3-\underset{CH_3}{\underset{|}{C}}=CH_2 \xrightarrow[H_2SO_4]{HOH} CH_3-\overset{CH_3}{\underset{CH_3}{\underset{|}{\overset{|}{C}}}}-OH$

(3) $CH_2=\underset{CH_3}{\underset{|}{C}}-\underset{CH_3}{\underset{|}{CH}}CH_3 \xrightarrow[H_2SO_4]{HOH} CH_3-\overset{OH}{\underset{CH_3}{\underset{|}{\overset{|}{C}}}}-\underset{CH_3}{\underset{|}{CH}}-CH_3$

6. 根据分子结构，推测下列化合物是否溶于水，并说明原因。
(1) 乙烷   (2) 乙醚   (3) 溴乙烷
(4) 乙醛   (5) 乙醇   (6) 乙酸

解：(1) 乙烷不溶于水，没有亲水基，不能与水形成氢键。

(2) 乙醚难溶于水，氧原子被包围在分子内难与水形成氢键。

(3) 溴乙烷不溶于水，没有亲水基。

(4) 乙醛与水混溶，$-\overset{\displaystyle O}{\underset{\|}{C}}-$ 基与水可形成氢键。

(5) 乙醇与水混溶，—OH 基与水形成氢键。

(6) 乙酸与水混溶，$-\overset{\displaystyle O}{\underset{\|}{C}}-OH$ 与水形成氢键。

所以（1），（3）不溶于水；（4），（5），（6）溶于水；（2）难溶于水。

7. 区别下列各组化合物
(1) $CH_2=CH-CH_2-CH_2-OH$
    $CH_3-CH_2-CH_2-CH_2-OH$
    $CH_3-CH_2-CH_2-CH_2Br$,

(2) $CH_3-CH_2-CH_2-OH$
    $(CH_3)_3C-OH$,
    $(CH_3)_2-CH-OH$,

(3) 丙醇钠与戊醇   (4) 丁烷，丙醇，苯酚，乙醚

(5) 丁醇，丙烯醇，丙炔醇   (6) 含酚水溶液与纯水

(7) 苯乙醚，甲苯，对乙基苯酚

解：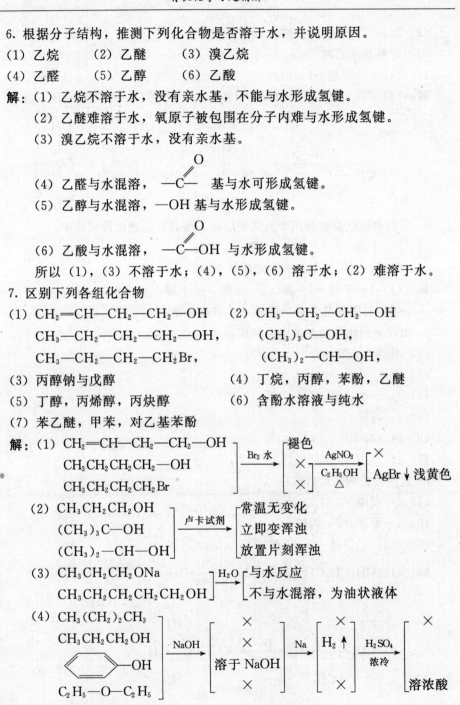

(6) 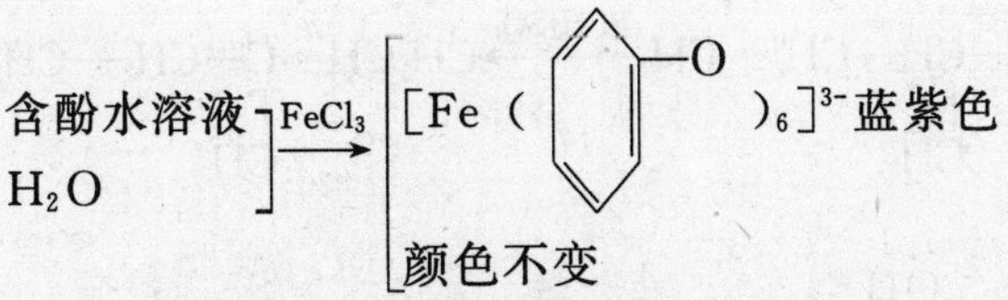 含酚水溶液 $\xrightarrow[H_2O]{FeCl_3}$ [Fe(C₆H₅O)₆]³⁻ 蓝紫色 / 颜色不变

(7) 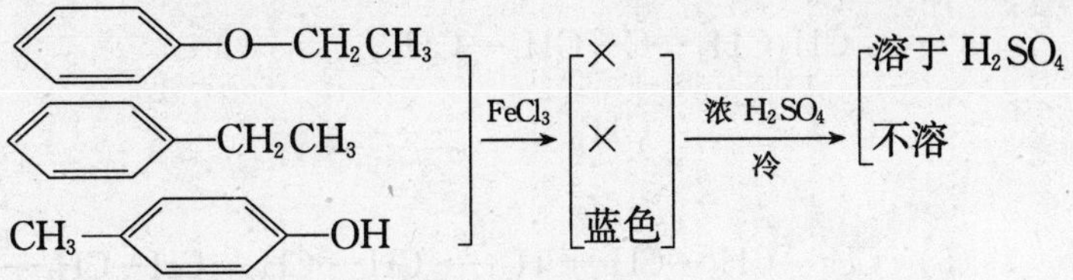 C₆H₅—O—CH₂CH₃ / C₆H₅—CH₂CH₃ / CH₃—C₆H₄—OH $\xrightarrow{FeCl_3}$ ×/×/蓝色 $\xrightarrow[\text{冷}]{\text{浓 }H_2SO_4}$ 溶于 H_2SO_4 / 不溶

8. 用指定的原料合成下列各化合物（其他试剂任选）。

(1) 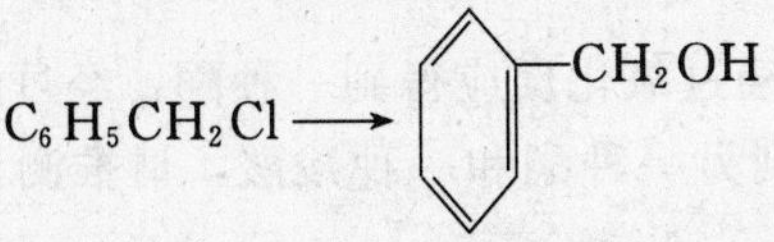 $C_6H_5CH_2Cl \longrightarrow C_6H_5CH_2OH$

(2) $CH_3-CH_2-CH_2Br \cdots\longrightarrow CH_3-\underset{OH}{CH}-CH_3$

(3) $CH_3-CH_2-CH_2-OH \cdots\longrightarrow CH_3-CH_2-O-\underset{CH_3}{CH}-CH_3$

(4) $CH_3-\underset{OH}{CH}-\underset{CH_3}{CH}-CH_2-CH_3 \cdots\longrightarrow CH_3-CH_2-\underset{OH}{\overset{CH_3}{C}}-CH_2-CH_3$

(5) 1—丁烯 $\cdots\longrightarrow$ 1—丁炔

解：(1) C₆H₅—CH₂Br $\xrightarrow[H_2O]{NaOH}$ C₆H₅—CH₂OH

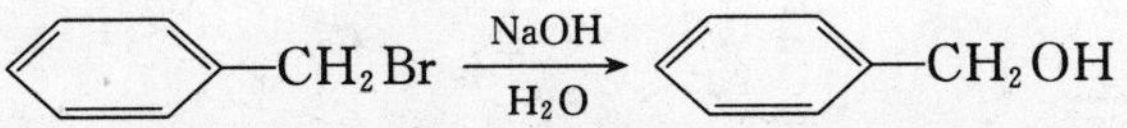

(2) $CH_3-CH_2-CH_2Br \xrightarrow[C_2H_5OH]{NaOH} CH_3CH=CH_2$

$\xrightarrow[H_2SO_4]{HOH} CH_3\underset{OH}{CH}CH_3$

(3) $CH_3-CH_2-CH_2-OH \xrightarrow{HBr} CH_3CH_2CH_2Br$

$CH_3CH_2CH_2-OH \xrightarrow[\triangle]{\text{浓 }H_2SO_4} CH_3CH=CH_2 \xrightarrow[H_3PO_4-\text{硅藻土}]{H_2O} CH_3\underset{OH}{CH}CH_3$

$\xrightarrow{Na} CH_3\underset{ONa}{CH}CH_3 \xrightarrow[-NaBr]{CH_3CH_2Br} CH_3CH_2-O-\underset{CH_3}{CH}-CH_3$

(4) 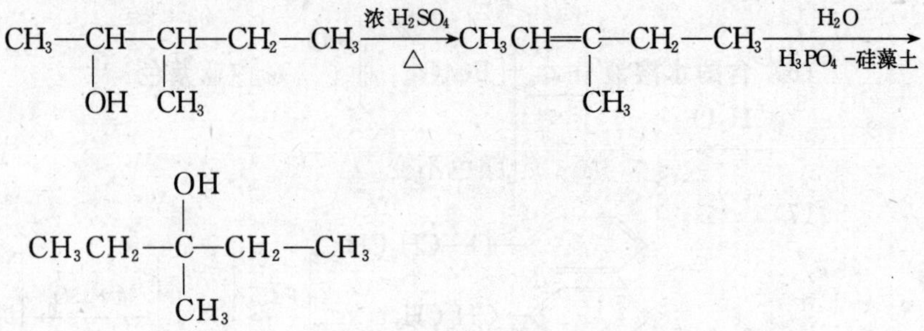 $CH_3-\underset{OH}{\underset{|}{CH}}-\underset{CH_3}{\underset{|}{CH}}-CH_2-CH_3 \xrightarrow[\triangle]{浓 H_2SO_4} CH_3CH=\underset{CH_3}{\underset{|}{C}}-CH_2-CH_3 \xrightarrow[H_3PO_4-硅藻土]{H_2O}$

$CH_3CH_2-\underset{\underset{CH_3}{|}}{\overset{\overset{OH}{|}}{C}}-CH_2-CH_3$

(5) 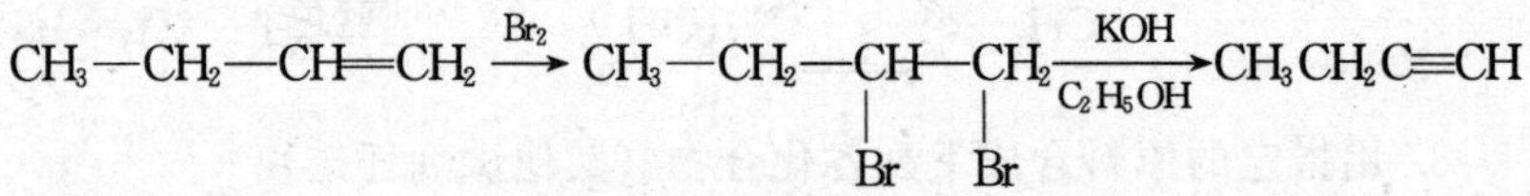 $CH_3-CH_2-CH=CH_2 \xrightarrow{Br_2} CH_3-CH_2-\underset{Br}{\underset{|}{CH}}-\underset{Br}{\underset{|}{CH_2}} \xrightarrow[C_2H_5OH]{KOH} CH_3CH_2C\equiv CH$

9. 某醇分子式为 $C_5H_{11}OH$，该醇经过氧化反应得到一种酮，经过脱水反应得到一种烯烃，该烯烃经氧化反应得到另一种酮和一种羧酸，请推测该醇的结构式：

解：分析　该醇 $C_5H_{11}OH$ 符合通式 $C_nH_{2n+2}O$，此醇为饱和一元醇。此醇氧化后得到一酮，可知此醇为仲醇，其结构可能为：$CH_3CH_2CH_2\underset{OH}{\underset{|}{CH}}CH_3$，

$CH_3CH_2\underset{OH}{\underset{|}{CH}}CH_2CH_3$，$CH_3-\underset{CH_3}{\underset{|}{CH}}-\underset{OH}{\underset{|}{CH}}-CH_3$。此醇脱水得到一烯烃。烯烃再氧化得到另一酮和一种羧酸，则该烯烃的一个双键碳原子必带一个支链，该烯烃的结构为：$CH_3-\underset{\underset{CH_3}{|}}{C}=CH-CH_3$，该醇的结构为 $CH_3-\underset{CH_3}{\underset{|}{CH}}-\underset{OH}{\underset{|}{CH}}-CH_3$。其各步反应方程式如下：

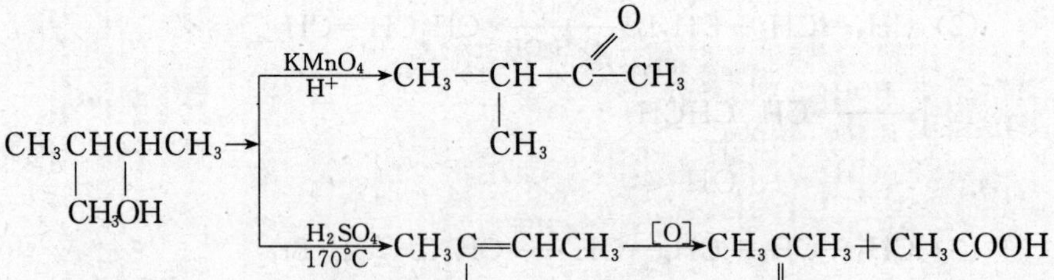

$CH_3\underset{CH_3}{\underset{|}{CH}}\underset{OH}{\underset{|}{CH}}CH_3$
$\xrightarrow[H^+]{KMnO_4} CH_3-\underset{CH_3}{\underset{|}{CH}}-\overset{O}{\overset{\|}{C}}-CH_3$
$\xrightarrow[170℃]{H_2SO_4} CH_3\underset{CH_3}{\underset{|}{C}}=CHCH_3 \xrightarrow{[O]} CH_3\overset{O}{\overset{\|}{C}}CH_3 + CH_3COOH$

10. 化合物 (A) 的分子量为 74，含有 65% 的碳，13.5% 的氢，(A) 与氧化剂作用得到酸，将 (A) 与溴化氢作用，生成 (B)。(B) 与 KOH 的乙醇溶液作用生成 (C)，(C) 与 HBr 作用生成 (D)，(D) 水解后生成 (E)，而 (E) 是 (A) 的同分异构体，推导以上各化合物的结构式，写出各步反应式。

解：分析（A）的分子量为 74，含碳 65%，含氢 13.5%，则（A）分子中含碳原子数为：$(74\times 65\%)\div 12=4$，含氢原子数为 $(74\times 13.5\%)\div 1=10$。（A）氧化得到酸，则（A）为伯醇，（A）分子中含氧原子数：$74\times(1-65\%-13.5\%)\div 16=1$，（A）的分子式为 C_4H_9OH，符合饱和一元醇的通式 $C_nH_{2n+2}O$，其结构式为 $CH_3CH_2CH_2CH_2OH$。（A）与 HBr 作用生成（B），其结构为 $CH_3CH_2CH_2CH_2Br$。（B）与 KOH 的乙醇溶液作用得（C），其结构为：$CH_3CH_2CH=CH_2$。（C）与 HBr 作得（D），其结构为 $CH_3CH_2\underset{Br}{CH}CH_3$。（D）水解得（E）：$CH_3CH_2\underset{OH}{CH}CH_3$，（E）与（A）为同分异构体。其各步反应如下：

解：含碳原子数为：$(74\times 65\%)\div 12=4$
含氢原子数为：$(74\times 13.5\%)\div 1=10$

∵（A）氧化后得酸，∴（A）分子中含有氧原子，其数为：

$$74\times(1-65\%-13.5\%)\div 16=1$$

∴该化合物（A）的分子式为 $C_4H_{10}O$。

$$CH_3CH_2CH_2CH_2-OH \xrightarrow[H^+]{KMnO_4} CH_3CH_2CH_2COOH$$
$$\quad\quad\quad (A)$$

$$\underset{(A)}{CH_3CH_2CH_2CH_2OH} \xrightarrow{HBr} \underset{(B)}{CH_3CH_2CH_2CH_2Br} \xrightarrow[C_2H_5OH]{KOH} \underset{(C)}{CH_3CH_2CH=CH_2}$$

$$\xrightarrow{HBr} \underset{(D)}{CH_3CH_2\underset{Br}{CH}CH_3} \xrightarrow[KOH,\ \Delta]{H_2O} \underset{(E)}{CH_3CH_2\underset{OH}{CH}CH_3}$$

各化合物的结构为：

(A) $CH_3CH_2CH_2CH_2OH$ (B) $CH_3CH_2CH_2CH_2Br$

(C) $CH_3CH_2CH=CH_2$ (D) $CH_3\underset{Br}{CH}CH_2CH_3$

(E) $CH_3\underset{OH}{CH}CH_2CH_3$

11. 写出下列各化合物的结构式。

(1) 对硝基苯酚   (2) 间羟基苯乙酮   (3) α—溴萘

解：(1) O₂N—⟨benzene⟩—OH (2) 3-hydroxyphenyl—C(=O)—CH₃

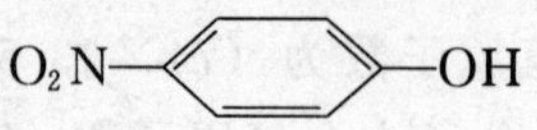

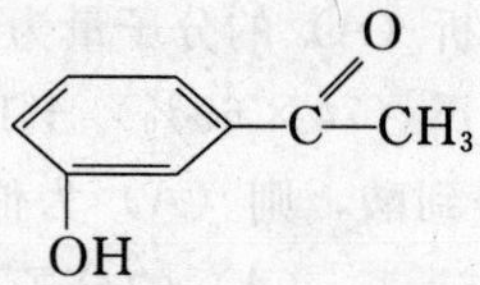

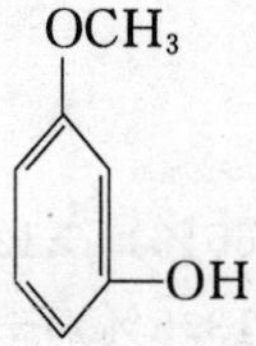

(3) 1-溴萘

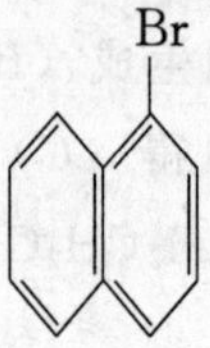

12. 命名下列各化合物。

(1) 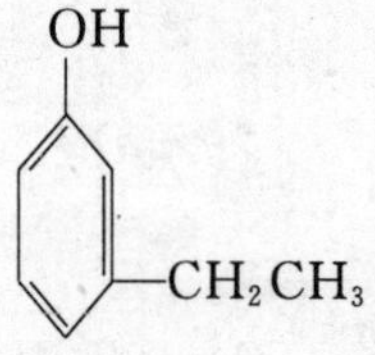 3-乙基苯酚结构 (2) 3-甲氧基苯酚结构 (3) 2-乙氧基对苯二酚结构

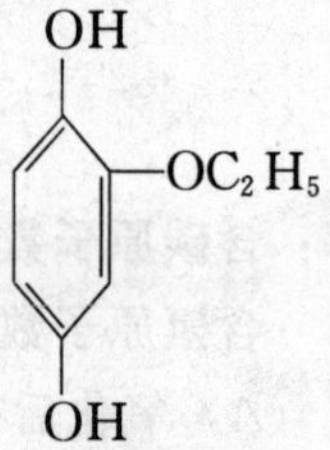

(4) 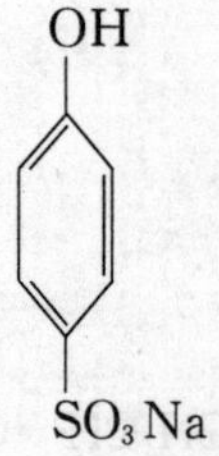 对羟基苯磺酸钠结构 (5) 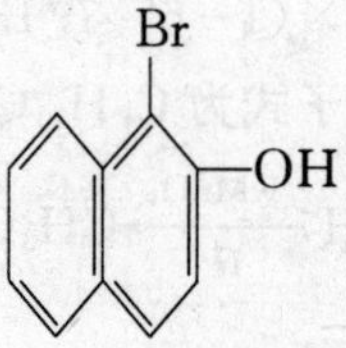 1-溴-2-萘酚结构 (6) 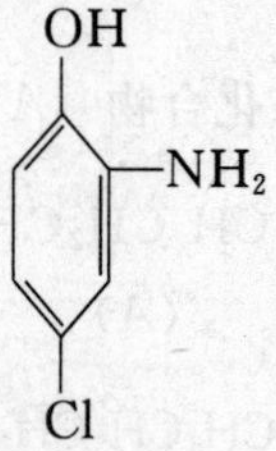 2-氨基-4-氯苯酚结构

解： (1) 3—乙基苯酚   (2) 3—甲氧基苯酚
(3) 2—乙氧基对苯二酚   (4) 4—羟基苯磺酸钠
(5) α—溴—β—萘酚   (6) 2—氨基—4—氯苯酚

13. 比较下列化合物的酸性强弱，并解释之。
(1) 苯酚   (2) 对乙基苯酚   (3) 对乙氧基苯酚
(4) 对硝基苯酚 (5) 间—硝基苯酚 (6) 2,4—二硝基苯酚
(7) 2,4,6—三硝基苯酚

解： 当酚的邻对位的氢原子被吸电子基取代则酸性增强，邻对位的氢原子被斥电子基取代则酸性减弱。

∵ —NO₂是吸电子基；—OR、—C₂H₅是斥电子基，且斥电子能力—OR > —C₂H₅

∴ 酸性强弱顺序为：(7) > (6) > (4) > (5) > (1) > (2) > (3)

14. 下列化合物中哪些能形成分子内氢键或哪些形成分子间氢键？
(1) 对硝基苯酚   (2) 邻硝基苯酚

(3) 邻乙基苯酚　　　　　　(4) 邻溴苯酚

解：(1) 分子间氢键；　　　　(2) 分子内氢键

　　(3) 分子间氢键；　　　　(4) 分子间氢键

15. 有一分子式为 C_7H_8O 的芳香族化合物（A），其与钠不反应，与氢碘酸反应生成化合物（B）和（C）。（B）溶于 NaOH，与 $FeCl_3$ 溶液作用呈紫色。（C）和硝酸银醇溶液反应，生成黄色碘化银，请写出 A、B、C 的结构式及各步反应方程式。

解：分析（A）的分子式为 C_7H_8O，（A）可能是酚：邻甲基苯酚，

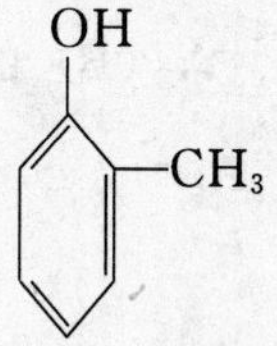

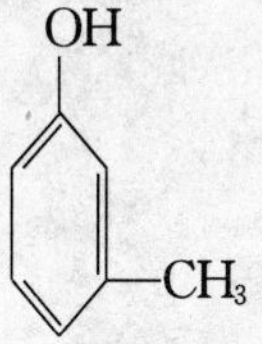

间甲基苯酚，对甲基苯酚，可能是醚 C_6H_5—O—CH_3 还可能是 C_6H_5—CH_2OH。

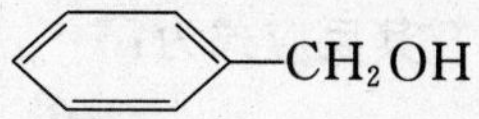

（A）不与 Na 反应，则（A）不是醇。（A）与 HI 反应生成化合物（B）和（C），（B）能与 NaOH 作用，与 $FeCl_3$ 呈紫色，则（B）为苯酚。（C）与 $AgNO_3$ 醇溶液作用生成 AgI 沉淀，则（C）为碘代烷，CH_3I。

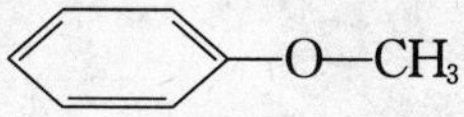

因此（A）C_6H_5—O—CH_3　　（B）C_6H_5—OH　　（C）CH_3I

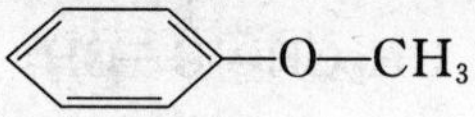

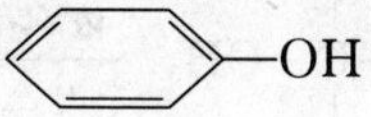

其各步反应式如下：

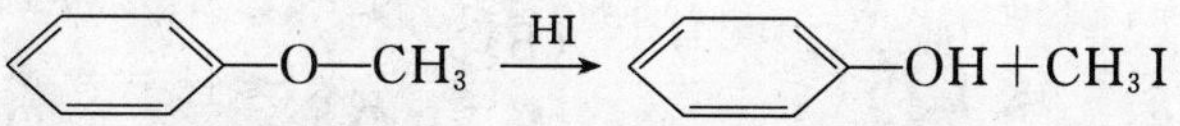

C_6H_5—O—CH_3 $\xrightarrow{HI}$ C_6H_5—OH + CH_3I

　(A)　　　　　　　　　(B)　　　　(C)

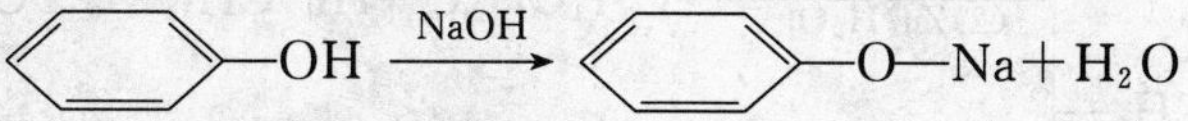

C_6H_5—OH $\xrightarrow{NaOH}$ C_6H_5—O—Na + H_2O

　(B)

$6\ C_6H_5$—OH + $FeCl_3 \longrightarrow [Fe(OC_6H_5)_6]^{3-} + 6H^+ + 3Cl^-$

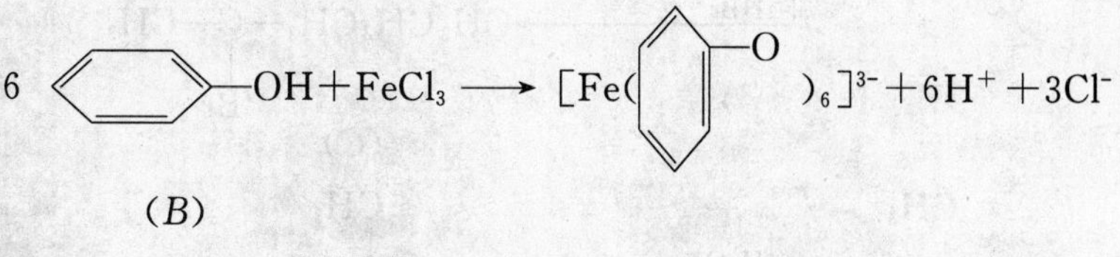

　(B)

$CH_3I + AgNO_3 \xrightarrow{C_2H_5OH} CH_3ONO_2 + AgI\downarrow$（黄色）

16. 化合物 $C_6H_{14}O$（A）与钠作用有氢气放出，与浓硫酸共热时生成烯烃 C_6H_{12}（B）。（B）经臭氧化作用水解生成丙酮及丙醛，（B）与 HBr 作用得到化

合物 $C_6H_{13}Br$ (C)。(C) 发生水解作用又可生成原来的化合物 (A)。试写出 (A) 的结构式，及各步反应式。

解：分析 (A) 分子式符合 $C_nH_{2n+2}O$，∴ (A) 可能是饱和的一元醇或醚。因为 (A) 与 Na 作用产生氢气，所以 (A) 为饱和一元醇。

$$(A) \xrightarrow[\triangle]{H_2SO_4(浓)} (B) 烯烃 \xrightarrow[②Zn/H_2O]{①O_3} CH_3CH_2\overset{O}{\overset{\|}{C}}-H + CH_3\overset{O}{\overset{\|}{C}}CH_3$$

∴ (B) 的结构式为 $CH_3CH_2CH=\underset{\underset{CH_3}{|}}{C}-CH_3$，那么 (A) 结构应为：

$$CH_3-CH_2-CH_2-\underset{\underset{OH}{|}}{\overset{\overset{CH_3}{|}}{C}}-CH_3$$

其反应式为：

$$CH_3-CH_2-CH_2-\underset{\underset{OH}{|}}{\overset{\overset{CH_3}{|}}{C}}-CH_3 \xrightarrow{Na} CH_3-CH_2-CH_2-\underset{\underset{ONa}{|}}{\overset{\overset{CH_3}{|}}{C}}-CH_3 + \frac{1}{2}H_2\uparrow$$

(A)

$$CH_3CH_2CH_2-\underset{\underset{OH}{|}}{\overset{\overset{CH_3}{|}}{C}}-CH_3 \xrightarrow[\triangle]{浓 H_2SO_4} CH_3CH_2CH=\underset{\underset{CH_3}{|}}{C}-CH_3$$

(A)   (B)

$$CH_3CH_2CH=\underset{\underset{CH_3}{|}}{\overset{\overset{CH_3}{|}}{C}}-CH_3 \begin{array}{c} \xrightarrow{(1)O_3;(2)Zn/H_2O} CH_3CH_2\overset{O}{\overset{\|}{C}}-H + CH_3\overset{O}{\overset{\|}{C}}-CH_3 \\ \\ \xrightarrow{HBr} CH_3CH_2CH_2-\underset{\underset{Br}{|}}{\overset{\overset{CH_3}{|}}{C}}-CH_3 \end{array}$$

(B)   (C)

$$CH_3CH_2CH_2-\underset{\underset{Br}{|}}{\overset{\overset{CH_3}{|}}{C}}-CH_3 \xrightarrow[NaOH]{H_2O} CH_3CH_2CH_2-\underset{\underset{OH}{|}}{\overset{\overset{CH_3}{|}}{C}}-CH_3$$

(C)   (A)

17. 分子式为 $C_4H_{10}O$ 的三种同分异构体，其中两种在室温下不与卢卡氏试剂起反应，但与重铬酸钾的酸性溶液反应得到两种羧酸。第三种则很快与卢卡氏试剂起反应生成 2—氯—2—甲基丙烷。试写出这三种化合物的结构式及反应方程式。

解：分子式符合 $C_nH_{2n+2}O$，则该物质可能是饱和一元醇或醚；

∵其中一种可与卢卡试剂反应，该物质为叔醇，其结构为：

$$CH_3-\underset{\underset{CH_3}{|}}{\overset{\overset{CH_3}{|}}{C}}-OH$$

。其中两种在室温下不与卢卡氏试剂反应，经氧化得两种酸，则为伯醇。其结构应为：$CH_3CH_2CH_2CH_2OH$，$CH_3\underset{\underset{CH_3}{|}}{CH}CH_2OH$

其反应方程式为：

$$CH_3CH_2CH_2CH_2-OH \xrightarrow[H^+]{K_2Cr_2O_7} CH_3CH_2CH_2COOH$$

$$CH_3\underset{\underset{CH_3}{|}}{CH}CH_2-OH \xrightarrow[H^+]{K_2Cr_2O_7} CH_3\underset{\underset{CH_3}{|}}{CH}COOH$$

$$CH_3-\underset{\underset{CH_3}{|}}{\overset{\overset{CH_3}{|}}{C}}-OH \xrightarrow[HCl]{ZnCl_2} CH_3-\underset{\underset{CH_3}{|}}{\overset{\overset{CH_3}{|}}{C}}-Cl \downarrow$$

立即浑浊

18. 某种晶体加少量水振荡，得到浑浊液。把浑浊液分别放入两支试管，在一支试管中滴入 NaOH 溶液，则浑浊液逐渐澄清，通入二氧化碳，则溶液又浑浊；在另一支试管中滴入 $FeCl_3$ 溶液，则立即有紫色出现。试推断这种晶体是何种化合物？写出有关的化学反应方程式。

解：分析 该晶体与少量水振荡得浑浊液，说明该晶体微溶于水。向一份浑浊液中加入 NaOH 溶液，则浑浊液逐渐变澄清，通入 CO_2，溶液又浑浊。说明该晶体具有酸性，且酸性比 H_2CO_3 弱。另一份浑浊液滴入 $FeCl_3$ 溶液显紫色，说明该晶体可能是酚或含有 $\underset{}{C}=\underset{}{\overset{OH}{C}}$ 结构的化合物。综上述，推断该晶体

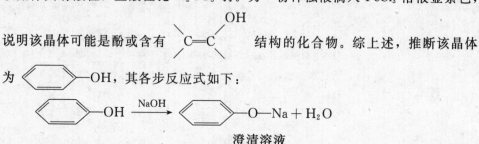

澄清溶液

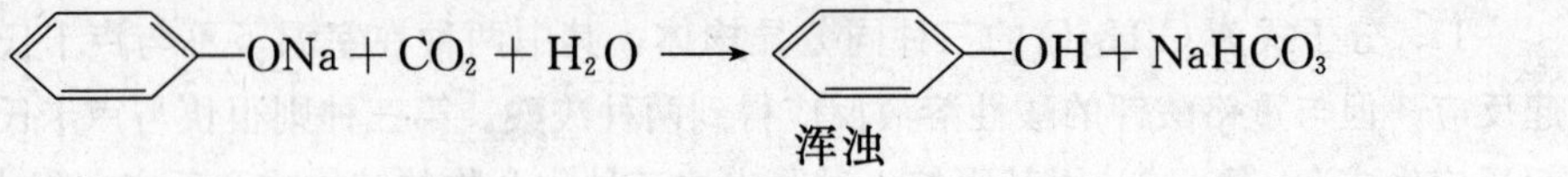

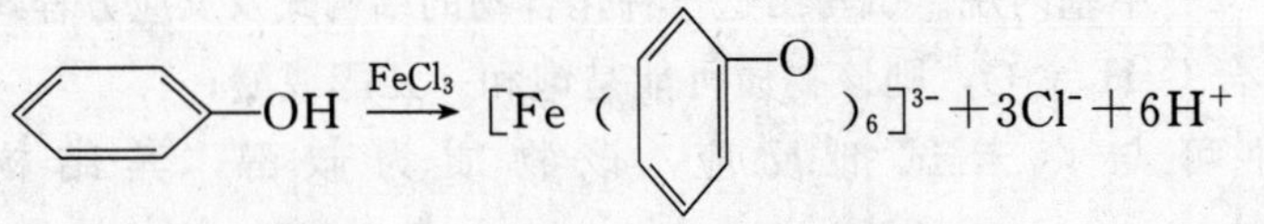

$$\text{C}_6\text{H}_5\text{—ONa} + \text{CO}_2 + \text{H}_2\text{O} \longrightarrow \underset{\text{浑浊}}{\text{C}_6\text{H}_5\text{—OH}} + \text{NaHCO}_3$$

$$\text{C}_6\text{H}_5\text{—OH} \xrightarrow{\text{FeCl}_3} [\text{Fe}(\text{OC}_6\text{H}_5)_6]^{3-} + 3\text{Cl}^- + 6\text{H}^+$$

19. 化合物 A 的分子式 $\text{C}_9\text{H}_{12}\text{O}$ 的 IR 谱图显示：$3600-3200\text{cm}^{-1}$、760cm^{-1}、700cm^{-1} 处有特征吸收峰。$^1\text{H—NMR}$ 谱图显示：$\delta=0.9$（三重峰，3H），$\delta=1.6$（多重峰，2H），$\delta=2.6$（宽单峰，1H），$\delta=4.4$（三重峰，1H），$\delta=7.20$（单峰，5H），请推测 A 的结构式。

解：A：$\text{C}_6\text{H}_5\text{—CH(OH)CH}_2\text{CH}_3$

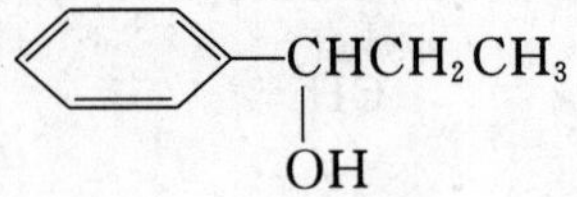

第五章 醛和酮

内 容 提 要

醛、酮分子中含有羰基（ $\diagdown$ C=O ）。

化学反应：

1. 羰基的亲核加成

$$\diagdown C=O + :Nu^- \underset{慢}{\rightleftharpoons} \left[\begin{array}{c} Nu \\ \diagdown C \diagdown \\ O^{\delta-} \end{array} \right] \rightleftharpoons \begin{array}{c} Nu \\ \diagdown C \diagdown \\ O^- \end{array}$$

$$\begin{array}{c} Nu \\ \diagdown C \diagdown \\ O^- \end{array} + E^+ \underset{快}{\rightleftharpoons} \begin{array}{c} Nu \\ \diagdown C \diagdown \\ OE \end{array}$$

(1) 与氢氰酸的加成：$\begin{array}{c} R \\ \diagup \\ R \end{array} C=O + CN^- \rightleftharpoons \begin{array}{c} R \\ \diagup \\ R \end{array} \begin{array}{c} O^- \\ C \\ CN \end{array}$

(2) 与亚硫酸氢钠的加成：$\begin{array}{c} R \\ \diagup \\ (R)H \end{array} C=O + Na^+ \underline{HSO_3^-} \longrightarrow \begin{array}{c} R \\ \diagup \\ (R)H \end{array} \begin{array}{c} OH \\ C \\ SO_3Na \end{array}$

(3) 与醇的加成：$\begin{array}{c} R \\ \diagup \\ H \end{array} C=O + \underline{R'O}-H \xrightarrow[\text{或} H_2SO_4(浓)]{\mp HCl} \begin{array}{c} R \\ \diagup \\ H \end{array} \begin{array}{c} OH \\ C \\ OR' \end{array} \xrightarrow[-H_2O]{\mp HCl \atop R'OH} \begin{array}{c} R \\ \diagup \\ H \end{array} \begin{array}{c} OR' \\ C \\ OR' \end{array}$ 保护醛

基在同样条件下，酮一般不与饱和一元醇起加成反应。

(4) 与格利雅试剂加成：$\begin{array}{c} H \\ \diagup \\ H \end{array} C=O + R-\overset{+}{Mg}X \longrightarrow \begin{array}{c} H \\ \diagup \\ H \end{array} \begin{array}{c} OMgX \\ C \\ R \end{array} \xrightarrow{H_2O} RCH_2OH + Mg \begin{array}{c} X \\ \diagdown \\ OH \end{array}$

伯醇

63

$$\underset{H}{\overset{R'}{C}}=O + \overset{+}{R-MgX} \longrightarrow \underset{H}{\overset{R'}{\underset{R}{C}}}\overset{OMgX}{\underset{R}{}} \xrightarrow{H_2O} \underset{OH}{\overset{R'}{R-CH-R}} + Mg\underset{OH}{\overset{X}{}}$$

仲醇

$$\underset{R'}{\overset{R'}{C}}=O + \overset{+}{R-MgX} \longrightarrow \underset{R'}{\overset{R'}{\underset{R}{C}}}\overset{OMgX}{\underset{R}{}} \xrightarrow{H_2O} \underset{R' \ OH}{\overset{R'}{C-R}} + Mg\underset{OH}{\overset{X}{}}$$

叔醇

(5) 与氨的衍生物加成缩合：

$$>\overset{\delta^+}{C}=\overset{\delta^-}{O} + H-NH-Y \xrightarrow{加成} >\overset{|}{\underset{OH\ H}{C-N-Y}} \xrightarrow{-H_2O}{消除} >C=N-Y$$

(Y = —OH, —NH$_2$, —NH—C$_6$H$_5$, —NH-（2,4-二硝基苯基）, —NH—$\overset{O}{\overset{\|}{C}}$—NH$_2$)

综合电子效应和空间效应羰基活性次序如下：

$$\underset{H}{\overset{H}{C}}=O > R-\overset{O}{\overset{\|}{C}}-H > CH_3-\overset{O}{\overset{\|}{C}}-CH_3 > R-\overset{O}{\overset{\|}{C}}-CH_3 > Ar-\overset{O}{\overset{\|}{C}}-CH_3 > Ar-\overset{O}{\overset{\|}{C}}-Ar$$

2. α—氢的反应

(1) 卤代反应：$CH_3\overset{O}{\overset{\|}{C}}CH_3 \xrightarrow[H^+]{Br_2} CH_3\overset{O}{\overset{\|}{C}}CH_2Br$

(2) 卤仿反应：$R-\overset{O}{\overset{\|}{C}}-CH_3 \xrightarrow[NaOH]{NaOX} CHX_3 + RCOONa$ （含 $CH_3-\overset{O}{\overset{\|}{C}}-$ 结构
卤仿

的醛、酮或含有 $CH_3-\underset{OH}{\overset{|}{C}}-$ 结构的有机物有此反应）

(3) 羟醛缩合反应：

$$CH_3-\overset{\delta^+}{\underset{O}{\overset{\|}{C}}}-H + \overset{\alpha}{CH_2}-CHO \xrightleftharpoons{稀碱} CH_3-\underset{OH}{\overset{|}{CH}}-CH_2-CHO$$

该反应能增长碳链，产生支链，在有机合成中有极其重要的作用。

3. 氧化反应

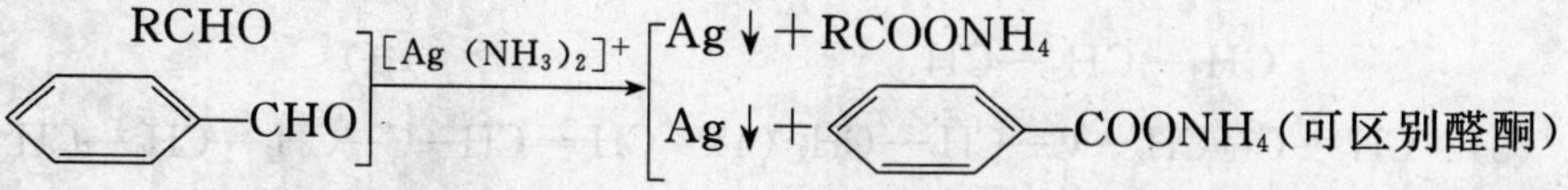

$$RCHO, \text{Ph-CHO} \xrightarrow{[Ag(NH_3)_2]^+} Ag\downarrow + RCOONH_4 \text{ 或 } Ag\downarrow + \text{Ph-COONH}_4 \text{ (可区别醛酮)}$$

$$RCHO \xrightarrow[\Delta]{Cu^{2+}+OH^-} RCOO^- + Cu_2O\downarrow \text{ (砖红)}$$

(可区别醛酮,也可区别脂肪醛和芳香醛)

4. 还原反应

(1) $\diagdown\!\!\!\!\diagup C=O \xrightarrow[\text{或 Pd·Pt}]{H_2·Ni} \diagdown\!\!\!\!\diagup CH-OH$

选择性还原 Ph-CH=CHCHO $\xrightarrow[H^+]{NaBH_4}$ Ph-CH=CHCH$_2$OH

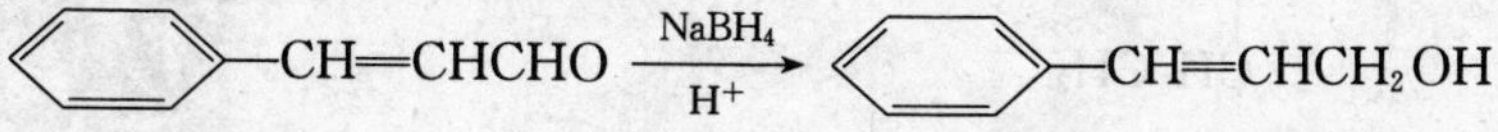

(2) $\diagdown\!\!\!\!\diagup C=O \longrightarrow \diagdown\!\!\!\!\diagup CH_2$

1) 克莱门森还原法:$\diagdown\!\!\!\!\diagup C=O \xrightarrow{Zn-Hg/\text{浓 HCl}} \diagdown\!\!\!\!\diagup CH_2$

2) 伍尔夫-吉日聂尔法:$\diagdown\!\!\!\!\diagup C=O \xrightarrow[\text{无水肼}]{NH_2-NH_2} \diagdown\!\!\!\!\diagup C=N-NH_2 \xrightarrow[\text{无水 } C_2H_5OH]{NaOC_2H_5} \diagdown\!\!\!\!\diagup CH_2 + N_2$

    腙

3) 黄鸣龙还原法:Ph-CO-CH$_2$CH$_2$CH$_3$ $\xrightarrow[(HOCH_2-CH_2)_2O,\Delta]{H_2N-NH_2,H_2O,NaOH}$ Ph-(CH$_2$)$_3$CH$_3$ + N$_2\uparrow$ + H$_2$O

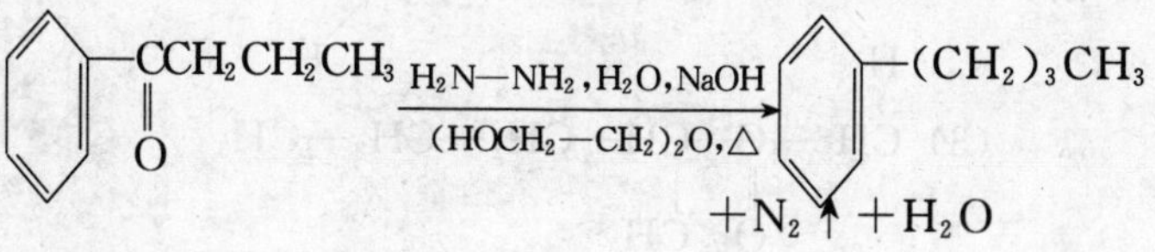

5. 歧化反应(康尼扎罗反应)

$2 \text{ Ph-CHO} \xrightarrow{\text{浓 NaOH}}$ Ph-COONa + Ph-CH$_2$OH

Ph-CHO + HCHO $\xrightarrow{\text{浓 NaOH}}$ Ph-CH$_2$OH + HCOONa

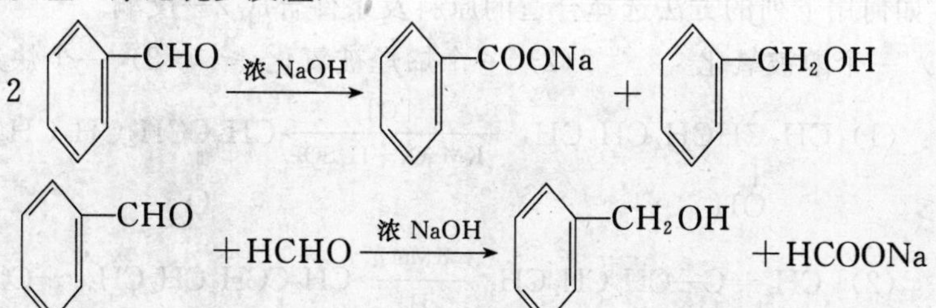

无 α—H 的醛在浓碱作用下发生歧化反应,有 α—H 的醛在稀碱下发生羟醛缩合反应。

习 题 解 析

1. 用系统命名法命名下列化合物:

(1) $CH_3-CH-CH_2-CHO$
       $|$
       $CH_2-CH_2-CH_3$

(2) $CH_3-CH_2-\underset{\underset{O}{\|}}{C}-C(CH_3)_3$

(3) $CH_3-\underset{\underset{O}{\|}}{C}-CH_2-\underset{\underset{O}{\|}}{C}-CH_2-CH_3$

(4) $CH_2=CH-\underset{\underset{O}{\|}}{C}-CH_2-CH_2-CH_3$

(5)
$$\begin{array}{c}CHO\\ \diagup\\ OH\\ \diagdown\\ CH_2CH_3\end{array}$$

(6) $CH_3-\underset{\underset{CHO}{|}}{\overset{\overset{CH_3}{|}}{C}}-CH_2-CH_2-CH_3$

解：(1) 3—甲基—己醛　　　(2) 2，2—二甲基—3—戊酮

(3) 2，4—己二酮　　　　　(4) 1—己烯—3—酮

(5) 4—乙基—2—羟基苯甲醛　(6) 2，2—二甲基—3—己醛

2. 写出下列化合物的结构式

(1) 戊二醛　　(2) 2—戊烯醛　　(3) 3—甲基—2—己酮

解：(1) $\underset{H}{\overset{O}{\|}}C-CH_2-CH_2-CH_2-\underset{H}{\overset{O}{\|}}C$　　(2) $CH_3-CH_2-CH=CH-\underset{H}{\overset{O}{\|}}C$

(3) $CH_3-\underset{\underset{O}{\|}}{C}-\underset{\underset{CH_3}{|}}{CH}-CH_2-CH_2-CH_3$

3. 如何用下列的方法选择合适的原料及条件合成 2—戊酮。

(1) 一个醇被氧化　　(2) 一个烯烃被氧化　　(3) 一个炔烃被水解

解：(1) $CH_3\underset{\underset{OH}{|}}{CH}CH_2CH_2CH_3 \xrightarrow[KMnO_4+H_2SO_4]{[O]} CH_3\underset{\underset{O}{\|}}{C}CH_2CH_2CH_3$

(2) $CH_2=\underset{\underset{CH_3}{|}}{C}-CH_2CH_2CH_3 \xrightarrow[H^+]{KMnO_4} CH_3\underset{\underset{O}{\|}}{C}CH_2CH_2CH_3 + CO_2\uparrow + H_2O$

(3) $CH\equiv CCH_2CH_2CH_3 \xrightarrow[\text{稀 }H_2SO_4]{HgSO_4} \left[CH_2=\underset{\underset{OH}{|}}{C}CH_2CH_2CH_3\right] \longrightarrow$

$CH_3\underset{\underset{O}{\|}}{C}CH_2CH_2CH_3$

4. 用卤代烷和醇为原料制备下列化合物。

(1) $CH_3-CH_2-\underset{\underset{O}{\|}}{C}-CH_2-CH_2-CH_3$

(2) $CH_3-\underset{\underset{CH_3}{|}}{\overset{\overset{CH_3}{|}}{CH}}-CH_2-\underset{\underset{CH_3}{|}}{\overset{\overset{OH}{|}}{C}}-CH_3$

(3) $CH_3-\underset{\underset{CH_3}{|}}{CH}-CHO$

(4) $CH_3-CH_2-CH=\underset{\underset{}{}}{\overset{\overset{CH_3}{|}}{C}}-CH_2OH$

解：(1) 用 $CH_3CH_2CH_2OH$ 和 $CH_3CH_2CH_2Br$ 为原料

$CH_3CH_2CH_2OH \xrightarrow[KMnO_4,\ H^+]{[O]} CH_3CH_2CHO$

$CH_3CH_2CH_2Br \xrightarrow[\text{干乙醚}]{Mg} CH_3CH_2CH_2MgBr$

$CH_3CH_2\overset{O}{\overset{\|}{C}}H + CH_3CH_2CH_2MgBr \xrightarrow[②H_2O,\ H^+]{①\text{干乙醚}} CH_3CH_2\underset{\underset{OH}{|}}{C}H CH_2CH_3$

$\xrightarrow[H^+]{KMnO_4} CH_3CH_2\underset{\underset{O}{\|}}{C}CH_2CH_2CH_3$

(2) 用 $CH_3-\underset{\underset{CH_3}{|}}{CH}-CH_2Br$ 和 $CH_3-\underset{\underset{OH}{|}}{CH}CH_3$ 为原料

$CH_3\underset{\underset{CH_3}{|}}{CH}-CH_2Br \xrightarrow[\text{干乙醚}]{Mg} CH_3\underset{\underset{CH_3}{|}}{CH}-CH_2MgBr$

$CH_3\underset{\underset{OH}{|}}{CH}CH_3 \xrightarrow[H^+]{KMnO_4} CH_3\underset{\underset{O}{\|}}{C}CH_3 \xrightarrow[②H_2O,\ H^+]{①CH_3\overset{\overset{CH_3}{|}}{CH}CH_2MgBr,\ \text{干乙醚}}$

$CH_3-\underset{\underset{OH}{|}}{\overset{\overset{CH_3}{|}}{C}}-CH_2\overset{\overset{CH_3}{|}}{CH}CH_3$

(3) 用 CH_3OH 和 $CH_3\underset{\underset{Br}{|}}{CH}CH_3$ 为原料

$CH_3OH \xrightarrow[H^+]{KMnO_4} HCHO$

67

$$\text{CH}_3\text{CHCH}_3 \xrightarrow[\text{干乙醚}]{\text{Mg}} \text{CH}_3\text{CHCH}_3 \xrightarrow[\text{②H}_2\text{O}]{\text{①H-CHO}}$$
$$\underset{\text{Br}}{|} \qquad\qquad \underset{\text{MgBr}}{|}$$

$$\text{CH}_3\text{CHCH}_2\text{OH} \xrightarrow[\text{H}^+]{\text{KMnO}_4} \text{CH}_3\text{CH-C-H}$$
$$\underset{\text{CH}_3}{|} \qquad\qquad\qquad \underset{\text{CH}_3}{|}\;\;\underset{}{\overset{\text{O}}{\|}}$$

(4) 用 $\text{CH}_3\text{CH}_2\text{CH}_2\text{OH}$ 为原料

$$\text{CH}_3\text{CH}_2\text{CH}_2\text{OH} \xrightarrow[\text{H}^+]{\text{KMnO}_4} \text{CH}_3\text{CH}_2\overset{\text{O}}{\overset{\|}{\text{C}}}\text{-H} \xrightarrow[\text{羟醛缩合}]{\text{稀 NaOH}}$$

$$\text{CH}_3\text{CH}_2\text{CHCH-C-H} \xrightarrow[-\text{H}_2\text{O}\cdot\Delta]{\text{OH}^-} \text{CH}_3\text{CH}_2\text{CH=C-C-H}$$
$$\underset{\text{OHCH}_3}{|\;\;|} \qquad\qquad\qquad\qquad \underset{\text{CH}_3}{|}$$

$$\xrightarrow[\text{选择性还原}]{\text{NaBH}_4} \text{CH}_3\text{CH}_2\text{CH=C-CH}_2\text{-OH}$$
$$\underset{\text{CH}_3}{|}$$

5. 完成下列反应。

(1) $\text{CH}_3\text{-CH-CH}_2\text{-CH}_2\text{-CH}_3 \xrightarrow{?} \text{CH}_3\text{-C-CH}_2\text{-CH}_2\text{-CH}_3 \xrightarrow{\text{HCN}} ?$
    $\quad\;\;\underset{\text{OH}}{|} \qquad\qquad\qquad\qquad\qquad \underset{\text{O}}{\|}$

(2) $\text{CH}_3\text{-C-(CH}_2)_2\text{-CH}_3 + \text{NH}_2\text{-NH-}\bigcirc\text{-NO}_2 \longrightarrow ?$
    $\quad\;\;\underset{\text{O}}{\|} \qquad\qquad\qquad\qquad\;\;\underset{\text{NO}_2}{|}$

(3) $\text{CH}_3\text{-CH}_2\text{-CHO} \xrightarrow[\text{干乙醚}]{\text{C}_2\text{H}_5\text{MgBr}} ? \xrightarrow{\text{H}_2\text{O}} ?$

(4) $\text{CH}_3(\text{CH}_3)_2\text{C-CHO} \xrightarrow{\text{浓 NaOH}} ? + ?$

(5) $\text{CH}_3\text{CHO} + (\text{CH}_3)_3\text{CMgBr} \longrightarrow ? \xrightarrow[\text{H}^+]{\text{H}_2\text{O}} ?$

(6) $\text{CH}_3\text{-CH=CH-CH}_3 \cdots \rightarrow \text{CH}_3\text{-CH}_2\text{-CH}_2\text{-CH}_2\text{OH}$

(7) $\text{CH}_3\text{-CH}_2\text{-OH} \cdots \rightarrow \text{CH}_3\text{-CH}_2\text{-CH}_2\text{-CH}_2\text{-CH-CH}_2\text{OH}$
$$\qquad\qquad\qquad\qquad\qquad\qquad\qquad\qquad\qquad \underset{\text{CH}_2\text{-CH}_3}{|}$$

(8) $\text{CH}_2\text{=C(CH}_3)_2 \cdots \rightarrow \text{CH}_3\text{-CH-C-CH}_3$
$$\qquad\qquad\qquad\qquad\qquad \underset{\text{CH}_3}{|}\;\underset{\text{OH}}{\overset{\text{CH}_3}{|}}$$

(9) $CH_3CH_2CHO \cdots\cdots \rightarrow CH_3-CH_2-CH=CH-OC_2H_5$
$\qquad\qquad\qquad\qquad\qquad\qquad\qquad\quad |$
$\qquad\qquad\qquad\qquad\qquad\qquad\qquad CH_3OC_2H_5$

(10) 由甲苯和 2—甲基—1—丁醇为原料合成 1—苯基—3—甲基—2—戊醇。

(11) 1—丁烯 $\cdots\cdots \rightarrow$ 3,5 二甲基—4—庚醇。

(12) $CH_3-CH=CH_2 \cdots\cdots \rightarrow$ 3—甲基—3—庚醇。

解：(1) $\underset{\underset{OH}{|}}{CH_3CH}-CH_2-CH_2-CH_3 \xrightarrow[H^+]{KMnO_4} CH_3\underset{\underset{O}{\|}}{C}-CH_2CH_2CH_3$

$\xrightarrow{HCN} CH_3-\underset{\underset{OH}{|}}{\overset{\overset{CN}{|}}{C}}-CH_2CH_2CH_3$

(2) $CH_3-\underset{\underset{O}{\|}}{C}-(CH_2)_2CH_3 + NH_2-NH-\underset{\underset{NO_2}{}}{\bigcirc}-NO_2 \xrightarrow{-H_2O}$

$CH_3(CH_2)_2-\underset{\underset{CH_3}{|}}{C}=N-NH-\underset{\underset{O_2N}{}}{\bigcirc}-NO_2$

(3) $CH_3CH_2\underset{\underset{O}{\|}}{C}-H \xrightarrow[\text{干乙醚}]{C_2H_5MgBr} CH_3CH_2\underset{\underset{OMgBr}{|}}{C}-CH_2CH_3 \xrightarrow{H_2O}$

$CH_3CH_2\underset{\underset{OH}{|}}{CH}-CH_2CH_3 + Mg\underset{\underset{OH}{}}{\overset{\overset{Br}{}}{\diagup}}$

(4) $CH_3-\underset{\underset{CH_3}{|}}{\overset{\overset{CH_3}{|}}{C}}-\underset{\underset{O}{\|}}{C}-H \xrightarrow[\text{(歧化反应)}]{\text{浓 NaOH}} CH_3-\underset{\underset{CH_3}{|}}{\overset{\overset{CH_3}{|}}{C}}-CH_2OH + CH_3-\underset{\underset{CH_3}{|}}{\overset{\overset{CH_3}{|}}{C}}-COONa$

(5) $CH_3CHO + (CH_3)_3CMgBr \rightarrow CH_3\underset{\underset{OMgBr}{|}}{CH}-C(CH_3)_3 \xrightarrow[H^+]{H_2O} CH_3-\underset{\underset{OH}{|}}{CH}-C(CH_3)_3$

(6) $CH_3-CH=CH-CH_3 \xrightarrow[(2)\ Zn/H_2O]{(1)\ O_3} 2CH_3\underset{\underset{O}{\|}}{C}-H$

$CH_3-\underset{\underset{O}{\|}}{C}-H + CH_2-\underset{\underset{O}{\|}}{C}-H \xrightarrow[\text{(羟醛缩合)}]{\text{稀 NaOH}} CH_3-\underset{\underset{OH}{|}}{CH}-CH_2-CHO \xrightarrow[OH^-\text{或}H^+]{\triangle}$
$\qquad\qquad\qquad\quad |$
$\qquad\qquad\qquad\ H$

$$CH_3-CH=CH-CHO \xrightarrow[\text{或 Pa, Pt}]{H_2, Ni} CH_3CH_2CH_2CH_2OH$$

(7) $CH_3CH_2OH \xrightarrow[H^+]{KMnO_4} CH_3\overset{O}{\underset{}{C}}-H \xrightarrow{\text{稀 NaOH}} CH_3\underset{OH}{\overset{}{CH}}-CH_2-\overset{O}{\underset{}{C}}-H$

$\xrightarrow[-H_2O]{OH^-, \triangle} CH_3CH=CH-CHO \xrightarrow[\text{(保护—CHO)}]{\text{干 HCl, CH}_3\text{OH}} CH_3CH=CHHC\overset{OCH_3}{\underset{OCH_3}{}}$

$\xrightarrow{H_2}{Ni} CH_3CH_2CH_2CH\overset{OCH_3}{\underset{OCH_3}{}} \xrightarrow[H^+]{H_2O} 2CH_3CH_2CH_2\overset{O}{\underset{}{C}}-H \xrightarrow[\text{(羟醛缩合)}]{\text{稀 NaOH}}$

$CH_3CH_2CH_2\underset{OH}{\overset{}{CH}}-\underset{CH_2CH_3}{\overset{}{CH}}CHO \xrightarrow[OH^-\text{或}H^+]{\triangle} CH_3CH_2CH_2CH=\underset{CH_2CH_3}{\overset{}{C}}-CHO \xrightarrow{H_2}{Ni}$

$CH_3CH_2CH_2CH_2\underset{CH_2-CH_3}{\overset{}{CH}}CH_2OH$

(8) $CH_2=C(CH_3)_2 \xrightarrow[②Zn/H_2O]{①O_3} CH_3-\underset{O}{\overset{}{C}}-CH_3 + HC\overset{O}{\underset{}{-}}H$

$CH_3-\underset{O}{\overset{}{C}}-CH_3 \xrightarrow{H_2}{Ni} CH_3\underset{OH}{\overset{}{CH}}CH_3 \xrightarrow[\text{(亲核取代)}]{HBr, -H_2O} CH_3\underset{Br}{\overset{}{CH}}CH_3 \xrightarrow[\text{无水乙醚}]{Mg}$

$CH_3\underset{CH_3}{\overset{}{CH}}-MgBr + CH_3\underset{O}{\overset{}{C}}CH_3 \longrightarrow CH_3\underset{OMgBr}{\overset{CH_3}{\overset{|}{C}}}-\overset{CH_3}{\underset{}{CH}}CH_3 \xrightarrow{H_2O}$

$CH_3-\underset{CH_3}{\overset{}{CH}}-\underset{OH}{\overset{CH_3}{\overset{|}{C}}}-CH_3 + Mg\overset{Br}{\underset{OH}{}}$

(9) $CH_3CH_2\overset{O}{\underset{}{C}}-H + H-\underset{CH_3}{\overset{}{CH}}-\overset{O}{\underset{}{C}}-H \underset{\text{(羟醛缩合)}}{\overset{\text{稀 NaOH}}{\rightleftharpoons}} CH_3CH_2\underset{OH}{\overset{}{CH}}\underset{CH_3}{\overset{}{CH}}\overset{O}{\underset{}{C}}-H$

$$\xrightarrow[\text{OH}^-\text{或 H}^+\,-\text{H}_2\text{O}]{\triangle} CH_3CH_2CH=C-C-H \xrightarrow[C_2H_5OH]{\mp HCl} CH_3CH_2CH=C-CH \begin{array}{c} OC_2H_5 \\ | \\ OH \end{array}$$
$$\begin{array}{c} | \\ CH_3 \end{array} \qquad \begin{array}{c} | \\ CH_3 \end{array}$$

$$\xrightarrow[C_2H_5OH]{\mp HCl} CH_3-CH_2-CH=CH-OC_2H_5$$
$$\begin{array}{c} | \\ CH_3-O-C_2H_5 \end{array}$$

(10) $C_6H_5-CH_3 \xrightarrow[\text{光}]{Br_2} C_6H_5-CH_2Br \xrightarrow[\text{干乙醚}]{Mg} C_6H_5-CH_2MgBr$

$$CH_3CH_2CHCH_2OH \xrightarrow[H^+]{KMnO_4} CH_3CH_2CH-C-H \xrightarrow{C_6H_5-CH_2MgBr}$$
$$\begin{array}{c} | \\ CH_3 \end{array} \qquad \begin{array}{c} | \\ CH_3 \end{array} \quad \begin{array}{c} \| \\ O \end{array}$$

$$CH_3CH_2CH-CH-CH_2-C_6H_5 \xrightarrow{H_2O} CH_3CH_2CH-CH-CH_2-C_6H_5$$
$$\begin{array}{cc} | & | \\ CH_3 & OMgBr \end{array} \qquad \begin{array}{cc} | & | \\ CH_3 & OH \end{array}$$

(11) $CH_3-CH_2-CH=CH_2 \xrightarrow{HBr} CH_3-CH_2-CH-CH_3 \xrightarrow[\text{干乙醚}]{Mg} CH_3CHCH_2CH_3$
$$\qquad\qquad\qquad\qquad\qquad\qquad\quad \begin{array}{c} | \\ Br \end{array} \qquad\qquad \begin{array}{c} | \\ MgBr \end{array}$$

$$CH_3-CH_2-CH=CH_2 \xrightarrow[(2)\ Zn/H_2O]{(1)\ O_3} CH_3CH_2C-H + HCHO$$
$$\qquad\qquad\qquad\qquad\qquad\qquad\qquad\qquad \begin{array}{c} \| \\ O \end{array}$$

$$HCHO+CH_3CHCH_2CH_3 \longrightarrow \begin{array}{c} CH_3 \\ | \\ HCHCHCH_2CH_3 \\ | \\ OMgBr \end{array} \xrightarrow{H_2O}$$
$$\qquad\qquad \begin{array}{c} | \\ MgBr \end{array}$$

$$CH_3CH_2CHCH_2OH \xrightarrow[H^+]{KMnO_4} CH_3CH_2CH-C-H \xrightarrow{CH_3CHCH_2CH_3}$$
$$\begin{array}{c} | \\ CH_3 \end{array} \qquad \begin{array}{cc} | & \| \\ CH_3 & O \end{array} \qquad \begin{array}{c} | \\ MgBr \end{array}$$

$$\begin{array}{cc} CH_3 & CH_3 \\ | & | \\ CH_3CH_2CHCHCHCH_2CH_3 \\ | \\ OMgBr \end{array} \xrightarrow{H_2O} \begin{array}{cc} CH_3 & CH_3 \\ | & | \\ CH_3CH_2CHCHCHCH_3 \\ | \\ OH \end{array}$$

(12) $CH_3CH_2CH=CH_2 \xrightarrow[\text{磷酸-硅藻土}]{H_2O,\ 250℃} CH_3CH_2-CH-CH_3 \xrightarrow[H^+]{KMnO_4} CH_3CH_2CCH_3$
$$\qquad\qquad\qquad\qquad\qquad\qquad\qquad \begin{array}{c} | \\ OH \end{array} \qquad\qquad\qquad \begin{array}{c} \| \\ O \end{array}$$

$$CH_3CH_2CH=CH_2 \xrightarrow[\text{(反马氏规则)}]{HBr\ \text{过氧化物}} CH_3CH_2CH_2CH_2 \xrightarrow[\text{干乙醚}]{Mg} CH_3CH_2CH_2CH_2$$
$$\qquad\qquad\qquad\qquad\qquad\qquad\qquad\qquad\quad \begin{array}{c} | \\ Br \end{array} \qquad\qquad \begin{array}{c} | \\ MgBr \end{array}$$

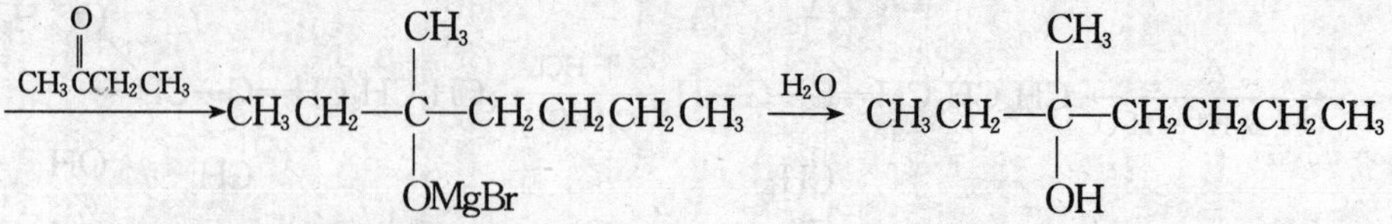

$$CH_3CH_2\overset{\overset{O}{\|}}{C}H_3 \longrightarrow CH_3CH_2-\underset{\underset{OMgBr}{|}}{\overset{\overset{CH_3}{|}}{C}}-CH_2CH_2CH_3 \xrightarrow{H_2O} CH_3CH_2-\underset{\underset{OH}{|}}{\overset{\overset{CH_3}{|}}{C}}-CH_2CH_2CH_3$$

6. 用化学方法区别下列化合物。

(1) 1—丁醇和丁酮　　(2) 丁酮和丁醛

(3) 2—己醇和3—己醇　(4) 甲醛、乙醛和丁酮、苯甲醛

解：(1) 1—丁醇、丁酮 $\xrightarrow{2,4-\text{二硝基苯肼}}$ 不反应 / 黄色↓

(2) 丁酮、丁醛 $\xrightarrow{[Ag(NH_3)_2]NO_3}$ × / Ag↓ 银镜反应

(3) 2—己醇、3—己醇 $\xrightarrow[\text{NaOH}]{\text{NaOI}}$ 碘仿反应 CHI_3 黄色↓ / ×

(4) 甲醛、乙醛、丁酮、苯甲醛 $\xrightarrow[\text{银镜反应}]{[Ag(NH_3)_2]NO_3}$ Ag↓ / Ag↓ / × / Ag↓ $\xrightarrow{Cu^{2+},OH^-}$ Cu_2O 砖红色 / Cu_2O / × $\xrightarrow{\text{冷水浴}}$ 结晶 / ×

7. 比较下列化合物中羰基对氰氢酸加成反应的活性大小。

(1) 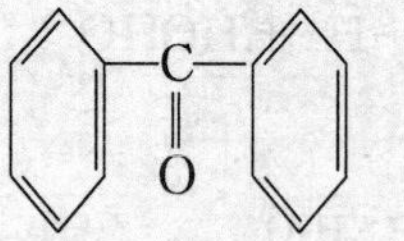 二苯甲酮　　(2) 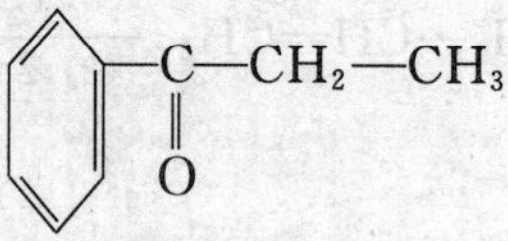 苯基乙基甲酮（苯丙酮）

(3) $CH_3-(CH_2)_2-CHO$　　(4) 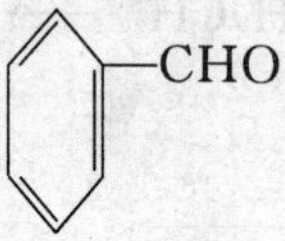 苯甲醛

(5) $\underset{\underset{Cl}{|}}{CH_2}-CH_2-CHO$　　(6) $CH_3-\underset{\underset{Cl}{|}}{CH}-CHO$

(7) $CH_3-\underset{\underset{Cl}{|}}{\overset{\overset{Cl}{|}}{C}}-CHO$

解：(7) > (6) > (5) > (3) > (4) > (2) > (1)

8. 分子式为 $C_6H_{12}O$ 的有机化合物，与 $Ag(NH_3)_2NO_3$ 不起银镜反应，但能与羟氨作用生成肟，其催化加氢得到一种醇。该醇经脱水、臭氧化、水解等一系列反应后，生成两种液体。其中一种液体可发生银镜反应，但不起碘仿反应；另一种液体可起碘仿反应，但不能使裴林试剂还原。请推导该化合物的结构式，并

写出化学反应方程式。

解： 分析 该化合物分子式 $C_6H_{12}O$，符合 $C_nH_{2n}O$，为饱和一元醛、酮。该化合物与羟氨作用成肟但不起银镜反应，说明该化合物为酮。其可能的结构有 $CH_3\underset{\underset{O}{\|}}{C}CH_2CH_2CH_2CH_3$、$CH_3CH_2\underset{\underset{O}{\|}}{C}CH_2CH_2CH_3$、$CH_3\underset{\underset{O}{\|}}{C}\underset{\underset{CH_3}{|}}{CH}CH_2CH_3$、$CH_3\underset{\underset{O}{\|}}{C}CH_2\underset{\underset{CH_3}{|}}{CH}CH_3$、

$CH_3—\underset{\underset{O}{\|}}{C}—\overset{\overset{CH_3}{|}}{\underset{\underset{CH_3}{|}}{C}}—CH_3$。其加氢得醇，醇脱水、臭氧化、水解得两种液体。一种液体起银镜反应，说明其含有醛基，但不起碘仿反应，说明其是不含 3 个 α—H 的醛，其结构式为 $CH_3CH_2C\begin{matrix}\diagup O\\ \diagdown H\end{matrix}$。另一液体起碘仿反应，但不与裴林试剂作用，说明此液体含 $CH_3—\underset{\underset{O}{\|}}{C}—$ 结构的酮，其结构式应为 $CH_3—\underset{\underset{O}{\|}}{C}—CH_3$。

∴该化合物为 $CH_3—\underset{\underset{CH_3}{|}}{CH}—\underset{\underset{O}{\|}}{C}—CH_2—CH_3$

其方程式为：

$$CH_3—\underset{\underset{CH_3}{|}}{CH}—\underset{\underset{O}{\|}}{C}—CH_2—CH_3 + H—NH—OH \longrightarrow CH_3\underset{\underset{CH_3}{|}}{CH}C\begin{matrix}=N—OH\\ \diagdown CH_2CH_3\end{matrix}$$

$$CH_3—\underset{\underset{CH_3}{|}}{CH}—\underset{\underset{O}{\|}}{C}—CH_2—CH_3 \xrightarrow[Ni]{H_2} CH_3—\underset{\underset{CH_3}{|}}{CH}—\underset{\underset{OH}{|}}{CH}—CH_2—CH_3 \xrightarrow[\triangle]{66\%H_2SO_4}$$

$$CH_3\underset{\underset{CH_3}{|}}{C}=\underset{\underset{H}{|}}{C}—CH_2—CH_3 \xrightarrow[②Zn/H_2O]{①O_3} CH_3\underset{\underset{O}{\|}}{C}CH_3 + CH_3—CH_2\overset{O}{\overset{\diagup}{C}}—H$$

$$CH_3\underset{\underset{O}{\|}}{C}CH_3 \xrightarrow[NaOH]{NaOI} \underset{(黄色)}{CHI_3\downarrow} + CH_3COONa$$

$$CH_3CH_2\overset{O}{\overset{\diagup}{C}}—H \xrightarrow{[Ag(NH_3)_2]NO_3} Ag\downarrow + CH_3CH_2COONH_4$$

9. 某化合物分子式 $C_6H_{14}O$ (*A*)，氧化后得 $C_6H_{12}O$ (*B*)，(*B*) 能和苯肼反应，并与碘的碱溶液共热时有黄色沉淀生成。(*A*) 和浓 H_2SO_4 共热得 C_6H_{12} (*C*)，(*C*) 经氧化得丁酮和乙酸，求 (*A*) 的结构式，并写出分析过程。

解：分析 $C_6H_{14}O$ 符合通式 $C_nH_{2n+2}O$，则(A)为饱和一元醇或烷基醚，(A)氧化得(B)，(B)能与苯肼反应，说明含羰基，能发生碘仿反应说明(B)含 $CH_3-\underset{\underset{O}{\|}}{C}-$ 结构。(A) $\xrightarrow[\triangle]{H_2SO_4(浓)}$ (C) C_6H_{12} 符合通式 C_nH_{2n}，(C)为烯烃。(C) $\xrightarrow{[O]}$

$CH_3CH_2\underset{\underset{O}{\|}}{C}CH_3 + CH_3\underset{\underset{O}{\|}}{C}-OH$ 说明 (C) 为 $CH_3CH_2\underset{\underset{CH_3}{|}}{C}=CHCH_3$，则 (A) 的结构式为：$CH_3CH_2-\underset{\underset{CH_3}{|}}{CH}-\underset{\underset{OH}{|}}{CH}-CH_3$，(B) 的结构式为 $CH_3CH_2-\underset{\underset{CH_3}{|}}{CH}-\underset{\underset{O}{\|}}{C}-CH_3$

其反应方程式如下：

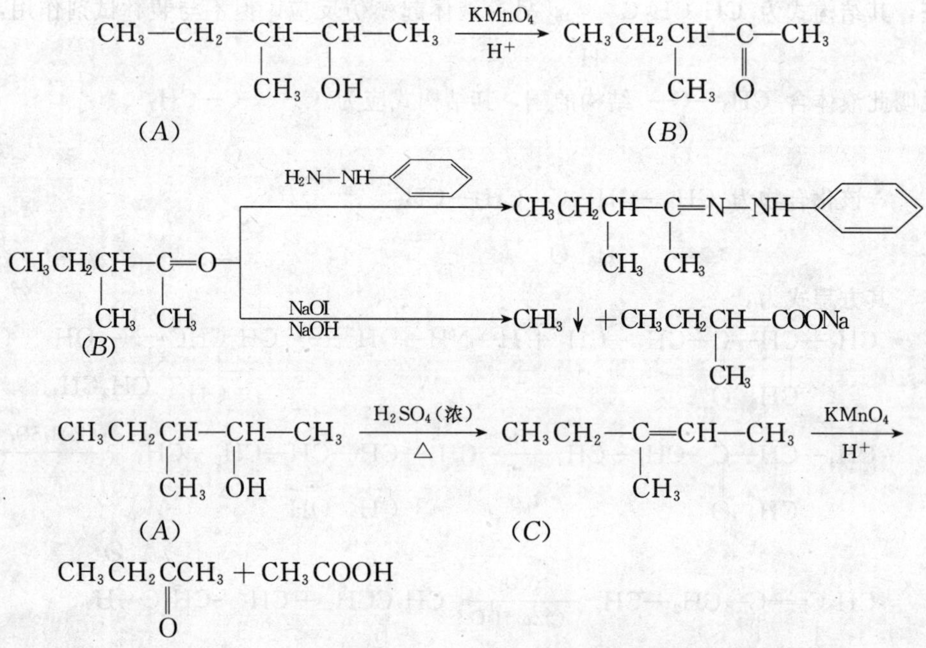

$CH_3-CH_2-\underset{\underset{CH_3}{|}}{CH}-\underset{\underset{OH}{|}}{CH}-CH_3 \xrightarrow[H^+]{KMnO_4} CH_3CH_2-\underset{\underset{CH_3}{|}}{CH}-\underset{\underset{O}{\|}}{C}-CH_3$
　　　　　(A)　　　　　　　　　　　　　　　(B)

$CH_3CH_2-\underset{\underset{CH_3}{|}}{CH}-\underset{\underset{CH_3}{|}}{C}=O$
(B)
分别反应：
$\xrightarrow{H_2N-NH-C_6H_5}$ $CH_3CH_2-\underset{\underset{CH_3}{|}}{CH}-\underset{\underset{CH_3}{|}}{C}=N-NH-C_6H_5$

$\xrightarrow[NaOH]{NaOI}$ $CHI_3\downarrow + CH_3CH_2-\underset{\underset{CH_3}{|}}{CH}-COONa$

$CH_3CH_2-\underset{\underset{CH_3}{|}}{CH}-\underset{\underset{OH}{|}}{CH}-CH_3 \xrightarrow[\triangle]{H_2SO_4(浓)} CH_3CH_2-\underset{\underset{CH_3}{|}}{C}=CH-CH_3 \xrightarrow[H^+]{KMnO_4}$
　　　　(A)　　　　　　　　　　　　　　　　(C)

$CH_3CH_2\underset{\underset{O}{\|}}{C}CH_3 + CH_3COOH$

10. 某化合物(A)，$C_7H_{12}O$，与2,4—二硝基苯肼反应生成黄色沉淀，强氧化后生成乙酸和(B)，(B)与次碘酸钠作用生成碘仿和丁二酸，试推导(A)、(B)的结构式，并写出推导过程。

解：分析 (A) $C_7H_{12}O$ 符合通式 $C_nH_{2n-2}O$，又与2,4—二硝基苯肼反应，说明(A)为不饱和醛酮，含有 $\underset{}{C}=\underset{}{C}$ 和 $C=O$。(A) $\xrightarrow{强氧化} CH_3COOH+$ (B)

(B) $\xrightarrow{NaOI} CHI_3\downarrow + HOOCCH_2CH_2COOH$。说明 (B) 中含 $CH_3\underset{\underset{O}{\|}}{C}-$ 结构，

(B) 结构 $CH_3\underset{\underset{O}{\|}}{C}CH_2CH_2COOH$,(A) $CH_3\underset{\underset{O}{\|}}{C}CH_2CH_2CH=CHCH_3$

反应方程：$CH_3\underset{\underset{O}{\|}}{C}CH_2CH_2CH=CHCH_3 \xrightarrow{H_2N-NH-\underset{}{C_6H_3(NO_2)_2}}$
(A)

$CH_3CH=CHCH_2CH_2\underset{\underset{CH_3}{|}}{C}=N-NH-C_6H_3(NO_2)_2 \downarrow$ 黄色

$CH_3\underset{\underset{O}{\|}}{C}CH_2CH_2CH=CHCH_3 \xrightarrow[H^+]{KMnO_4} CH_3\underset{\underset{O}{\|}}{C}CH_2CH_2COOH + CH_3COOH$
(B)

$CH_3\underset{\underset{O}{\|}}{C}CH_2CH_2COOH \xrightarrow[NaOH]{NaOI} CHI_3\downarrow + HOOCCH_2CH_2COOH$
(B)　　　　　　　　　　黄色

∴(A)的结构式为$CH_3\underset{\underset{O}{\|}}{C}CH_2CH_2CH=CHCH_3$，(B)的结构式为$CH_3\underset{\underset{O}{\|}}{C}CH_2CH_2COOH$。

11. 由化合物（A）$C_5H_{11}Br$所制得的格氏试剂与丙酮作用可生成2,3,4—三甲基—2—戊醇，（A）可发生消除反应，生成两种互为异构体的产物（B）和（C）。将（B）臭氧化后再在还原剂存在下水解，则得到醛（D）和酮（E），试写出（A）、（B）、（C）、（D）、（E）的结构式及分析过程。

解： 分析 $C_5H_{13}Br$ 符合 $C_nH_{2n+1}X$ ∴（A）为饱和一卤代烷。

(A) 所得的格氏试剂与 $CH_3\underset{\underset{O}{\|}}{C}CH_3$ 作用生成 $CH_3\underset{\underset{CH_3}{|}}{CH}-\underset{\underset{CH_3}{|}}{CH}-\overset{\overset{OH}{|}}{C}(CH_3)_2$，则

(A)为 $CH_3\underset{\underset{CH_3}{|}}{CH}-\underset{\underset{Br}{|}}{CH}-CH_3$ (A) $\xrightarrow{消除}$ $CH_3\underset{\underset{CH_3}{|}}{C}=CHCH_3 + CH_3\underset{\underset{CH_3}{|}}{CH}-CH=CH_2$。
　　　　　　　　　　　　　　　　　　　　　　(B)　　　　　　　　　(C)

(B) $\xrightarrow[②Zn/H_2O]{①O_3}$ $CH_3CHO +$ $CH_3\underset{\underset{O}{\|}}{C}CH_3$
　　　　　　　　(D)　　　(E)

反应方程式：

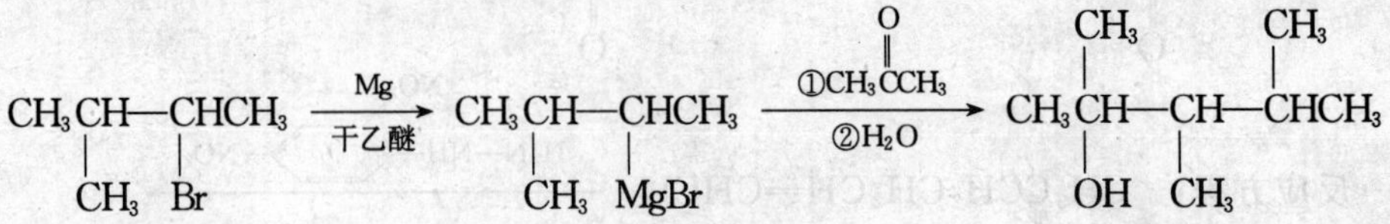
Mg
干乙醚
①CH₃CCH₃
②H₂O

(A)

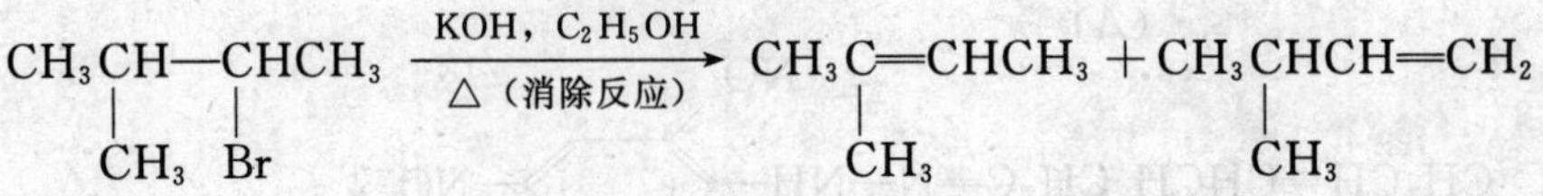
KOH，C₂H₅OH
△（消除反应）

(A)　　(B)　　(C)

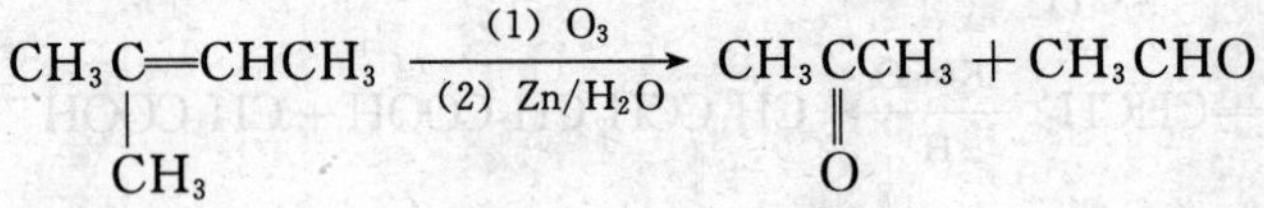
(1) O₃
(2) Zn/H₂O

(B)　　(E)　　(D)

12. 化合物 *A* 的分子式为 $C_6H_{12}O_3$，其可以起碘仿反应，但不与托伦试剂作用。化合物 *A* 经稀硫酸处理后的产物可与托伦试剂反应。化合物 *A* 的 IR 谱图显示在 $1710cm^{-1}$ 处有强吸收峰。其 ^1H—NMR 谱图显示：$\delta=2.1$（单峰，3H），$\delta=2.6$（双峰，2H），$\delta=3.2$（单峰，6H），$\delta=4.7$（三重峰，1H）。写出化合物 *A* 的结构式，并指认 ^1H—NMR 的归属。

解：化合物 *A*：

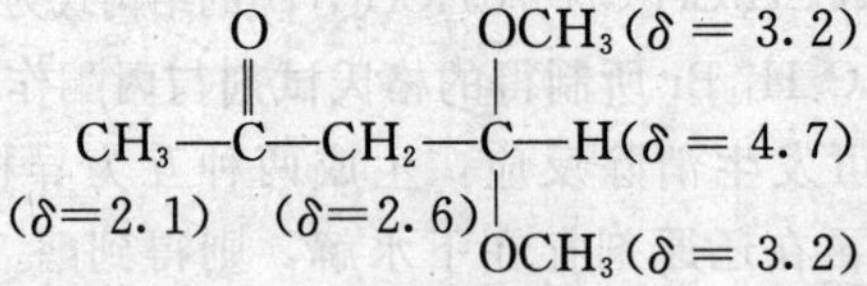
OCH₃(δ = 3.2)
H(δ = 4.7)
(δ=2.1)
(δ=2.6)
OCH₃(δ = 3.2)

第六章 羧酸及羧酸衍生物

内 容 提 要

烃分子中的氢原子被羧基(—COOH)取代所生成的化合物称为羧酸。饱和一元羧酸通式为 $C_nH_{2n}O_2$。

一、羧酸的性质

(1) 酸性：无机酸＞羧酸＞碳酸＞苯酚

羧酸分子中，烃基的氢原子被 X 取代，羧酸酸性增强；在烃基的同一位置引入卤原子越多，酸性越强；X 距羧基越近酸性越强；碳卤键的极性越大，酸性越强。若烃基上的氢被烷基取代，则酸性减弱；烷基越多，酸性越弱。

$$CH_3CH_2\underset{Cl}{C}HCOOH > CH_3\underset{Cl}{C}HCH_2COOH > \underset{Cl}{C}H_2CH_2COOH$$

$$HCOOH > CH_3COOH > CH_3\underset{CH_3}{C}HCOOH > CH_3-\underset{\underset{CH_3}{|}}{\overset{\overset{CH_3}{|}}{C}}-COOH$$

当苯环上带有吸电子基团时酸性增加；若带给电子基团时酸性减弱

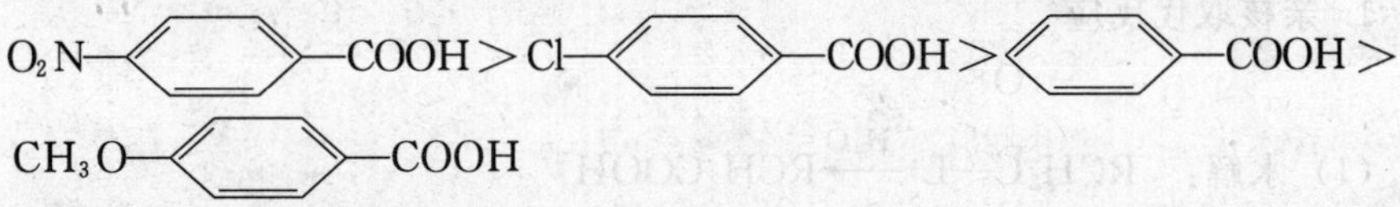

$$O_2N-\bigcirc-COOH > Cl-\bigcirc-COOH > \bigcirc-COOH >$$

$$CH_3O-\bigcirc-COOH$$

(2) 羧基中羟基被取代：

$$R-\overset{O}{\overset{\|}{C}}-OH \begin{cases} \xrightarrow{PCl_3} R-\overset{O}{\overset{\|}{C}}-Cl \\ \xrightarrow{HOR'} R-\overset{O}{\overset{\|}{C}}-OR' \\ \xrightarrow{NH_3} R-\overset{O}{\overset{\|}{C}}-ONH_4 \xrightarrow[\triangle]{-H_2O} R\overset{O}{\overset{\|}{C}}-NH_2 \end{cases}$$

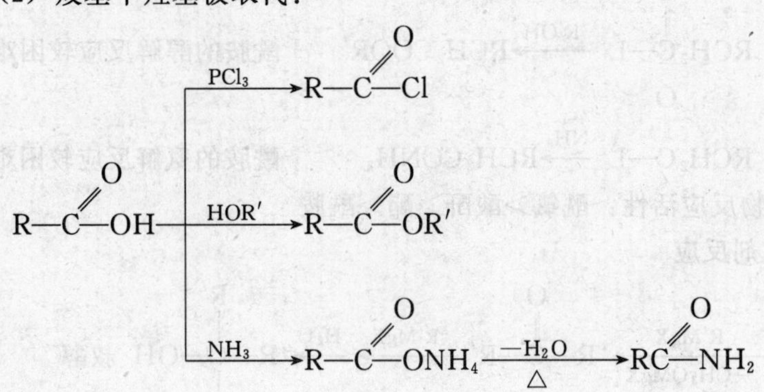

$$\begin{matrix} R-\overset{O}{\underset{\|}{C}}-OH \\ R-\underset{\|}{\overset{O}{C}}-OH \end{matrix} \xrightarrow[\text{或 } P_2O_5]{(CH_3CO)_2O} \begin{matrix} R-\overset{O}{\underset{\|}{C}} \\ \diagdown O \\ R-\underset{\|}{\overset{O}{C}} \diagup \end{matrix}$$

(3) 还原反应：$R-\overset{O}{\underset{\|}{C}}-OH \begin{matrix} \xrightarrow{LiAlH_4} RCH_2OH \\ \xrightarrow[200^\circ C \text{ 铜管内}]{HI,\text{红磷}} RCH_3 \end{matrix}$

(4) 脱羧基：$RCH_2-\overset{O}{\underset{\|}{C}}-OH \xrightarrow[CaO, \triangle]{NaOH} RCH_3 + CO_2$

(5) α—H 的取代反应：$R-CH_2COOH \xrightarrow[\text{红磷}]{Br_2} R\underset{\underset{Br}{|}}{CH}-COOH \xrightarrow{NH_3} R\underset{\underset{NH_2}{|}}{CH}COOH$

二、羧酸衍生物的化学性质

$$R-\underset{\underset{H}{|}}{CH}-\overset{O}{\underset{\|}{C}}-L$$

亲核取代 → 羰基加成或还原反应
α—H 反应 ↑

(L：X、—OCOR、OR、—NH$_2$)

1. 亲核取代反应

(1) 水解：$RCH_2\overset{O}{\underset{\|}{C}}-L \xrightarrow{H_2O} RCH_2COOH$

(2) 醇解：$RCH_2\overset{O}{\underset{\|}{C}}-L \xrightarrow{R'OH} RCH_2COOR'$ 酰胺的醇解反应较困难

(3) 氨解：$RCH_2\overset{O}{\underset{\|}{C}}-L \xrightarrow{NH_3} RCH_2CONH_2$ 酰胺的氨解反应较困难

羧酸的衍生物反应活性：酰氯＞酸酐＞酯＞酰胺

2. 与格氏试剂反应

$$RCOOCH_3 \xrightarrow[-CH_3OMgX]{R'MgX} R-\overset{O}{\underset{\|}{C}}-R' \xrightarrow{R'MgX} \xrightarrow{H_2O} R-\underset{\underset{R'}{|}}{\overset{\overset{R'}{|}}{C}}-OH \quad \text{叔醇}$$

$$HCOOC_2H_5 \xrightarrow[-C_2H_5OMgX]{R'MgX} R'-\overset{O}{\underset{}{C}}-H \xrightarrow{R'MgX} \xrightarrow{H_2O} \genfrac{}{}{0pt}{}{R'}{R'}\!\!>\!CH\!-\!OH \quad 仲醇$$

还原反应:
$$\left. \begin{array}{l} RC\overset{O}{\underset{}{-}}Cl \\ (RCO)_2O \\ RCOOR' \\ RC\overset{O}{\underset{}{-}}NH_2 \end{array} \right\} \xrightarrow[\text{或催化加氢}]{LiAlH_4} \begin{array}{l} RCH_2OH \\ 2RCH_2OH \\ RCH_2OH+R'OH \\ RCH_2NH_2 \end{array}$$

三、酰胺的特殊反应

1. 酸碱性

$$CH_3\overset{O}{\underset{}{C}}NH_2 + HCl\text{（气）} \xrightarrow{乙醚} CH_3\overset{O}{\underset{}{C}}NH_2 \cdot HCl\downarrow$$

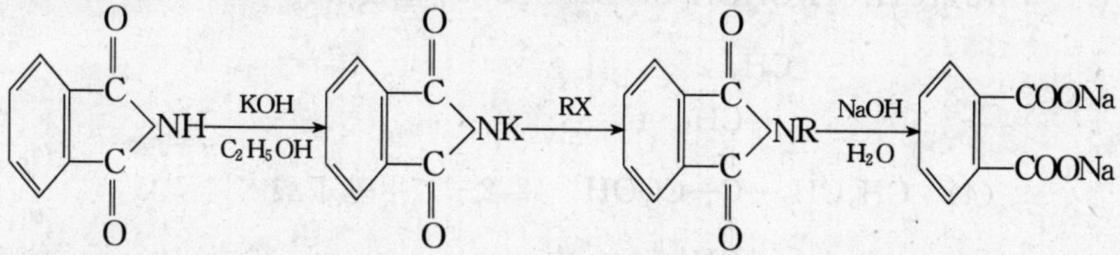

邻苯二甲酰亚胺 $\xrightarrow[C_2H_5OH]{KOH}$ 钾盐 $\xrightarrow{RX}$ N-取代物 $\xrightarrow[H_2O]{NaOH}$ 邻苯二甲酸钠 + RNH$_2$

2. 脱水反应

$$RC\overset{O}{\underset{}{N}}H_2 \xrightarrow{P_2O_5 \text{ 或 }\triangle} RCN + H_2O$$

降解反应:
$$RCONH_2 + NaOBr + 2NaOH \longrightarrow RNH_2 + Na_2CO_3 + NaBr + H_2O$$

习 题 解 析

1. 命名下列化合物或写出化合物的结构式。

(1) 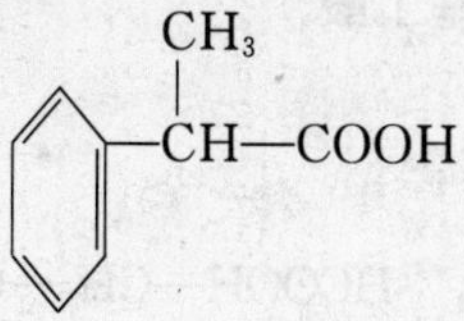 C$_6$H$_5$—CH(CH$_3$)—COOH

(2) 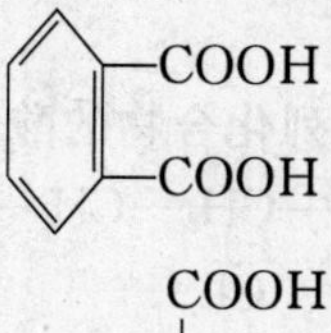 邻苯二甲酸 (苯环上邻位两个COOH)

(3) ClCH$_2$—CH$_2$—CH$_2$—CH(CH$_3$)—COOH

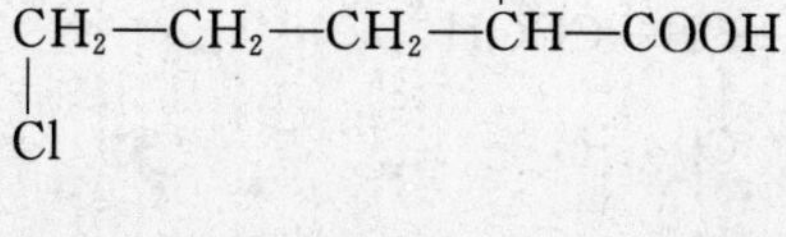

(4) 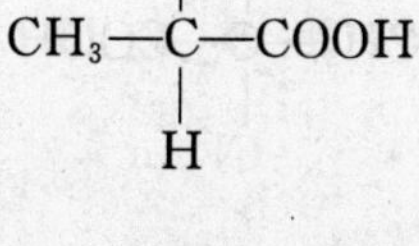 CH$_3$—C(H)(COOH)—COOH (中间碳上接 CH$_3$, H, COOH, COOH)

(5) 2,3—二甲基—2—戊烯二酸　　　(6) α—甲基丙烯酸乙酯

解：(1) 2—苯基丙酸　　　　　　(2) 邻苯二甲酸

　　　(3) 2—甲基—5—氯戊酸　　　(4) 2—甲基丙二酸

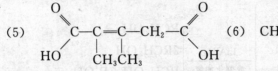

2. 写出分子式为 $C_6H_{12}O_2$ 的羧酸的同分异构体，并用系统命名法命名。

解：(1) $CH_3CH_2CH_2CH_2CH_2COOH$　　己酸

(2) $CH_3CH_2CH_2\underset{\underset{CH_3}{|}}{C}H\overset{\overset{O}{\|}}{C}—OH$　　2—甲基戊酸

(3) $CH_3CH_2\underset{\underset{CH_3}{|}}{C}HCH_2\overset{\overset{O}{\|}}{C}—OH$　　3—甲基戊酸

(4) $CH_3CH_2—\underset{\underset{CH_3}{|}}{\overset{\overset{CH_3}{|}}{C}}—COOH$　　2,2—二甲基丁酸

(5) $CH_3—\underset{\underset{CH_3}{|}}{C}H—CH_2—CH_2—COOH$　　4—甲基戊酸

(6) $CH_3—\underset{\underset{CH_3}{|}}{\overset{\overset{CH_3}{|}}{C}}—CH_2—COOH$　　3,3—二甲基丁酸

(7) $CH_3—\underset{\underset{CH_3}{|}}{C}H—\underset{\underset{CH_3}{|}}{C}H—COOH$　　2,3—二甲基丁酸

(8) $CH_3—CH_2—\underset{\underset{CH_2—CH_3}{|}}{C}H—COOH$　　2—乙基丁酸

3. 比较下列化合物的酸性强弱。

(1) $CH_3—CH_2—CH_2—OH$，CH_3CH_2COOH，$HCOOH—CH_2—COOH$

(2) $CH_3—\underset{\underset{Cl}{|}}{\overset{\overset{Cl}{|}}{C}}—COOH$，$CH_3—\underset{\underset{Cl}{|}}{C}H—COOH$

解：（1）酸性由强到弱：$HOOC-CH_2-COOH > CH_3CH_2COOH > CH_3CH_2CH_2OH$

（2）酸性由强到弱：$CH_3-\underset{\underset{Cl}{|}}{\overset{\overset{Cl}{|}}{C}}-COOH > CH_3-\underset{\underset{Cl}{|}}{CH}-COOH$

4．以 1—溴丙烷为原料，选两条路线合成丁酸。

解：（1）$CH_3CH_2CH_2Br \xrightarrow[R'OH\triangle 回流]{NaCN} CH_3CH_2CH_2CN \xrightarrow[H_2O]{H^+} CH_3CH_2CH_2COOH$

（2）$CH_3CH_2CH_2Br \xrightarrow[干乙醚]{Mg} CH_3CH_2CH_2MgBr \xrightarrow[低温,干乙醚]{O=C=O}$

$CH_3CH_2CH_2\overset{O}{\overset{\|}{C}}-OMgBr \xrightarrow[H^+]{H_2O} CH_3CH_2CH_2COOH$

5．完成下列反应。

（1）丙酸 ⋯⋯→ $CH_3OOC-\underset{\underset{CH_3}{|}}{CH}-COOCH_3$

（2）2—丙醇 ⋯⋯→ $CH_3-\underset{\underset{CH_3}{|}}{C}-\overset{O}{\overset{\|}{C}}-CH_2-CH_3$

（3）1—丙醇→丁酸乙酯

（4）1—丙醇→2—丁烯酸

（5）2—戊酮→丁酸

解：（1）$CH_3CH_2\overset{O}{\overset{\|}{C}}-OH \xrightarrow[红磷]{Br_2} CH_3\underset{\underset{Br}{|}}{CH}\overset{O}{\overset{\|}{C}}-OH \xrightarrow[CH_3OH]{NaCN} CH_3\underset{\underset{CN}{|}}{CH}\overset{O}{\overset{\|}{C}}-OCH_3$

$\xrightarrow[H^+]{H_2O} HOOC-\underset{\underset{CH_3}{|}}{CH}-COOCH_3 \xrightarrow{CH_3OH} CH_3OOC-\underset{\underset{CH_3}{|}}{CH}-COOCH_3$

（2）$CH_3\underset{\underset{OH}{|}}{CH}CH_3 \xrightarrow{HBr} CH_3\underset{\underset{Br}{|}}{CH}CH_3 \xrightarrow{NaCN} CH_3\underset{\underset{CN}{|}}{CH}CH_3 \xrightarrow[H^+]{H_2O}$

$CH_3-\underset{\underset{CH_3}{|}}{CH}\overset{O}{\overset{\|}{C}}-OH \xrightarrow{CH_3CH_2MgBr} CH_3-\underset{\underset{CH_3}{|}}{\underset{|}{CH}}-\underset{\underset{CH_2CH_3}{|}}{\overset{\overset{OMgBr}{|}}{C}}-OH \xrightarrow[H^+]{H_2O} CH_3\underset{\underset{CH_3}{|}}{CH}\underset{\underset{O}{|}}{C}CH_2CH_3$

（3）$CH_3CH_2CH_2OH \xrightarrow[C_2H_5OH]{HBr} CH_3CH_2CH_2Br \xrightarrow{NaCN} CH_3CH_2CH_2CN \xrightarrow[H^+]{H_2O}$

$$CH_3CH_2CH_2\overset{O}{\underset{}{C}}-OH \xrightarrow[H^+]{CH_3CH_2OH} CH_3CH_2CH_2COOCH_2CH_3$$

(4) $CH_3CH_2CH_2OH \xrightarrow{PBr_3} CH_3CH_2CH_2Br \xrightarrow[\text{干乙醚}]{Mg} CH_3CH_2CH_2MgBr$

$$\xrightarrow[\text{低温}]{O=C=O} \underset{CH_2CH_3}{\overset{O}{\underset{}{C}}-OMgBr} \xrightarrow[H^+]{H_2O} CH_3CH_2CH_2\overset{O}{\underset{}{C}}-OH \xrightarrow[\text{红 P}]{Br_2}$$

$$CH_3CH_2\underset{Br}{\overset{}{CH}}\overset{O}{\underset{}{C}}-OH \xrightarrow[\text{醇}]{KOH} CH_3CH=CH-\overset{O}{\underset{}{C}}-OH$$

(5) $CH_3CH_2CH_2\overset{}{\underset{\underset{O}{\|}}{C}}CH_3 \xrightarrow[(2)\ H^+]{①I_2+NaOH} CH_3CH_2CH_2COOH+CHI_3\downarrow$

6. 以甲苯或乙醇为主要原料，用丙二酸酯法合成下列物质。
(1) 3—甲基—2—乙基戊酸
(2) 3,3—二甲基戊二酸
(3) β—苯基丙酸

解：（1）

① $CH_3CH_2OH \xrightarrow{Na} CH_3CH_2ONa$

② $CH_3CH_2OH \xrightarrow[H^+]{KMnO_4} CH_3\overset{O}{\underset{}{C}}-OH \xrightarrow[\text{红磷}]{Br} \underset{Br}{\overset{}{CH_2}}-COOH \xrightarrow{NaOH}$

$\underset{Br}{\overset{}{CH_2}}-COONa \xrightarrow{NaCN} \underset{CN}{\overset{}{CH_2}}-COONa \xrightarrow[H^+]{C_2H_5OH} \underset{COOC_2H_5}{\overset{COOC_2H_5}{\underset{}{CH_2}}}$

③ $CH_3CH_2OH \xrightarrow{HBr} CH_3CH_2Br \xrightarrow[\text{干乙醚}]{Mg} CH_3CH_2MgBr$

④ $CH_3CH_2OH \xrightarrow[H^+]{KMnO_4} CH_3CHO \xrightarrow{CH_3CH_2MgBr} \underset{H}{\overset{OMgBr}{\underset{}{CH_3-C-CH_2CH_3}}} \xrightarrow{H_2O}$

$\underset{OH}{\overset{}{CH_3-CH}}-CH_2CH_3 \xrightarrow{HBr} \underset{Br}{\overset{}{CH_3-CH}}-CH_2-CH_3$

⑤ $\underset{COOC_2H_5}{\underset{|}{CH_2}}\!^{COOC_2H_5}$ $\xrightarrow{C_2H_5ONa}$ $\left[\underset{COOC_2H_5}{\underset{|}{CH}}\!\!\!\!\!\!\!\!\!\!\!\!\!\!\!^{COOC_2H_5}\right]^{-}Na^{+}$ $\xrightarrow{CH_3CH_2Br}$ $CH_3CH_2-\underset{COOC_2H_5}{\underset{|}{CH}}\!\!\!\!\!\!\!\!\!\!\!\!\!\!\!^{COOC_2H_5}$

$\xrightarrow{C_2H_5ONa}$ $\left[CH_3CH_2-\underset{COOC_2H_5}{\underset{|}{C}}\!\!\!\!\!\!\!\!\!\!\!\!\!\!\!^{COOC_2H_5}\right]^{-}Na^{+}$ $\xrightarrow[CH_3CHCH_2CH_3]{Br}$ $CH_3CH_2-\underset{COOC_2H_5}{\underset{|}{C}}\!\!\!\!\!\!\!\!\!\!\!\!\!\!\!\overset{COOC_2H_5}{\overset{|}{-}}\underset{CH_2CH_3}{\underset{|}{CH}}\!\!\!\!\!\!\!\!\!\!\!\!\!\!\!^{CH_3}$

$\xrightarrow[H_2O]{NaOH}$ $CH_3CH_2-\underset{COONa}{\underset{|}{C}}\!\!\!\!\!\!\!\!\!\!\!\!\!\!\!\overset{COONa}{\overset{|}{-}}\underset{CH_2CH_3}{\underset{|}{CH}}\!\!\!\!\!\!\!\!\!\!\!\!\!\!\!^{CH_3}$ $\xrightarrow{H^+}$ $CH_3CH_2CH-\underset{CH_3}{\underset{|}{C}}\!\!\!\!\!\!\!\!\!\!\!\!\!\!\!\overset{COOH}{\overset{|}{-}}CH_2CH_3 \atop COOH$ $\xrightarrow[\Delta]{-CO_2}$

$CH_3CH_2CHCHCOOH \atop CH_3CH_2CH_3$

(2)

① $CH_3CH_2OH \xrightarrow[170℃]{浓 H_2SO_4} CH_2=CH_2 \xrightarrow{HCN} CH_3CH_2CN \xrightarrow[H^+]{H_2O} CH_3CH_2COOH$

$\xrightarrow[Ni]{H_2} CH_3CH_2CH_3 \xrightarrow[170℃]{浓 H_2SO_4}$ ... $CH_3CH=CH_2 \xrightarrow{Br_2} CH_3-\underset{Br}{\underset{|}{CH}}-\underset{Br}{\underset{|}{CH_2}} \xrightarrow[ROH]{KOH}$

$CH_3-C\equiv CH \xrightarrow{2HBr} CH_3-\underset{Br}{\underset{|}{\overset{Br}{\overset{|}{C}}}}-CH_3$

② $CH_3CH_2OH \xrightarrow[H^+]{KMnO_4} CH_3COOH \xrightarrow[红磷]{Br_2} \underset{Br}{\underset{|}{CH_2}}-COOH \xrightarrow{NaOH}$

$\underset{Br}{\underset{|}{CH_2}}-COONa \xrightarrow{NaCN} \underset{CN}{\underset{|}{CH}}-COONa \xrightarrow[H_2SO_4]{C_2H_5OH} \underset{COOC_2H_5}{\underset{|}{CH_2}}\!\!\!\!\!\!\!\!\!\!\!\!\!\!\!^{COOC_2H_5}$

$\xrightarrow{C_2H_5ONa} \left[\underset{COOC_2H_5}{\underset{|}{CH}}\!\!\!\!\!\!\!\!\!\!\!\!\!\!\!^{COOC_2H_5}\right]^{-}Na^{+}$

$$2\left[\underset{\text{COOC}_2\text{H}_5}{\overset{\text{COOC}_2\text{H}_5}{\text{HC}}}\right]^- \text{Na}^+ \quad \xrightarrow{\underset{\text{Br}}{\overset{\text{Br}}{\underset{|}{\overset{|}{\text{C}}}}}\underset{\text{CH}_3}{\overset{\text{CH}_3}{}}} \quad \underset{\text{CH}_3}{\overset{\text{CH}_3}{\text{C}}}\underset{\text{CH}(\text{COOC}_2\text{H}_5)_2}{\overset{\text{CH}(\text{COOC}_2\text{H}_5)_2}{}}$$

$$\xrightarrow[\text{NaOH}]{\text{H}_2\text{O}} \underset{\text{CH}_3}{\overset{\text{CH}_3}{\text{C}}}\underset{\text{CH}(\text{COONa})_2}{\overset{\text{CH}(\text{COONa})_2}{}} \xrightarrow{\text{H}^+} \underset{\text{CH}_3}{\overset{\text{CH}_3}{\text{C}}}\underset{\text{CH}(\text{COOH})_2}{\overset{\text{CH}(\text{COOH})_2}{}}$$

$$\xrightarrow{\Delta,\ -\text{CO}_2} \underset{\text{CH}_3}{\overset{\text{CH}_3}{\text{C}}}\underset{\text{CH}_2\text{COOH}}{\overset{\text{CH}_2\text{COOH}}{}}$$

(3) ① 苯甲基(甲苯) $\xrightarrow[\text{光}]{\text{Br}_2}$ 苄基溴(PhCH$_2$Br)

$$\text{CH}_3\text{CH}_2\text{OH} \xrightarrow{\text{Na}} \text{CH}_3\text{CH}_2\text{ONa}$$

② 如上面两题制备 $\underset{\text{COOC}_2\text{H}_5}{\overset{\text{COOC}_2\text{H}_5}{\text{CH}_2}}$

③ $\underset{\text{COOC}_2\text{H}_5}{\overset{\text{COOC}_2\text{H}_5}{\text{CH}_2}} \xrightarrow{\text{C}_2\text{H}_5\text{ONa}} \text{Na}^+[\text{CH}(\text{COOC}_2\text{H}_5)_2]^- \xrightarrow{\text{PhCH}_2\text{Br}}$

$$\text{Ph-CH}_2\text{-CH}\underset{\text{COOC}_2\text{H}_5}{\overset{\text{COOC}_2\text{H}_5}{}} \xrightarrow[\text{NaOH}]{\text{H}_2\text{O}} \text{Ph-CH}_2\text{-CH}\underset{\text{COONa}}{\overset{\text{COONa}}{}}$$

$$\xrightarrow[\text{②}\Delta,\ -\text{CO}_2]{\text{①H}^+} \text{Ph-CH}_2\text{CH}_2\text{COOH}$$

7. 化合物 A 和 B 分子式均为 $C_5H_{10}O_2$,其中 A 容易和碳酸钠作用放出二氧化碳,B 不和碳酸钠作用,但和 NaOH 的水溶液共热生成乙醇。试推测 A 和 B 的结构式,并写出分析过程。

解:分析 $C_5H_{10}O_2$ 符合通式 $C_nH_{2n}O_2$,其可能是饱和一元酸或饱和一元酸酯。$(A) \xrightarrow{Na_2CO_3} CO_2\uparrow$，说明（A）为酸，其结构式为：

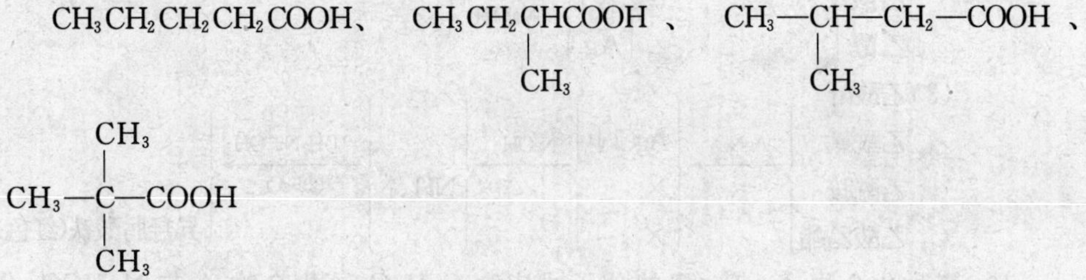

$CH_3CH_2CH_2CH_2COOH$、 $CH_3CH_2\underset{\underset{CH_3}{|}}{C}HCOOH$、 $CH_3-\underset{\underset{CH_3}{|}}{C}H-CH_2-COOH$、

$CH_3-\underset{\underset{CH_3}{|}}{\overset{\overset{CH_3}{|}}{C}}-COOH$

$(B) \xrightarrow[H_2O,\triangle]{NaOH} CH_3CH_2OH$，说明（B）为酯，其结构为：$CH_3CH_2COOC_2H_5$

其反应式：

(A)：$CH_3CH_2CH_2CH_2COOH \xrightarrow{Na_2CO_3} CH_3CH_2CH_2CH_2COONa+CO_2\uparrow+H_2O$

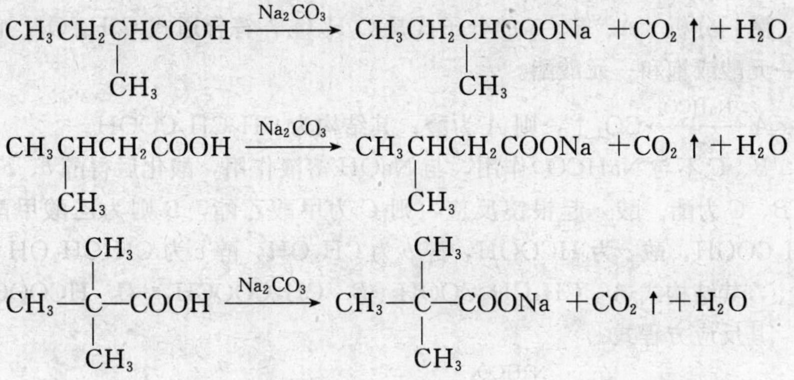

$CH_3CH_2\underset{\underset{CH_3}{|}}{C}HCOOH \xrightarrow{Na_2CO_3} CH_3CH_2\underset{\underset{CH_3}{|}}{C}HCOONa+CO_2\uparrow+H_2O$

$CH_3\underset{\underset{CH_3}{|}}{C}HCH_2COOH \xrightarrow{Na_2CO_3} CH_3\underset{\underset{CH_3}{|}}{C}HCH_2COONa+CO_2\uparrow+H_2O$

$CH_3-\underset{\underset{CH_3}{|}}{\overset{\overset{CH_3}{|}}{C}}-COOH \xrightarrow{Na_2CO_3} CH_3-\underset{\underset{CH_3}{|}}{\overset{\overset{CH_3}{|}}{C}}-COONa+CO_2\uparrow+H_2O$

(B)：$CH_3CH_2COOC_2H_5 \xrightarrow[H_2O]{NaOH} CH_3CH_2COOH+CH_3CH_2OH$

8. 用化学方法分离戊醛、戊醇、戊酸。

解：

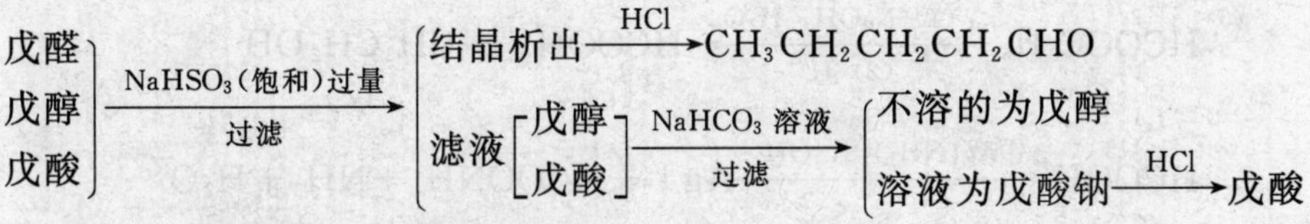

$\left.\begin{array}{l}戊醛\\戊醇\\戊酸\end{array}\right\} \xrightarrow[过滤]{NaHSO_3(饱和)过量} \left\{\begin{array}{l}结晶析出 \xrightarrow{HCl} CH_3CH_2CH_2CH_2CHO\\ 滤液\left[\begin{array}{l}戊醇\\戊酸\end{array}\right] \xrightarrow[过滤]{NaHCO_3\text{溶液}} \left\{\begin{array}{l}不溶的为戊醇\\溶液为戊酸钠 \xrightarrow{HCl} 戊酸\end{array}\right.\end{array}\right.$

9. 用化学方法区别下列各组化合物：

(1) 甲酸，丙酸，丙二酸

(2) 乙酸，乙醇，乙醛

(3) 乙酸酐，乙酰氯，乙酰胺，乙酸乙酯

解：(1) $\left.\begin{array}{l}甲酸\\丙酸\\丙二酸\end{array}\right\} \xrightarrow{Ag(NH_3)_2NO_3} \left\{\begin{array}{l}Ag\downarrow\\ \times\\ \times\end{array}\right\} \xrightarrow{\triangle} \left\{\begin{array}{l}\times\\ CO_2\uparrow\end{array}\right.$

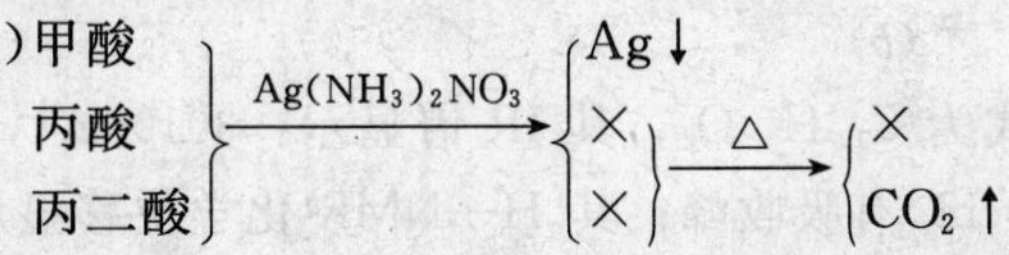

(2) 乙醇
乙酸 $\xrightarrow{Ag(NH_3)_2NO_3}$ {×, ×, Ag↓} $\xrightarrow[NaOH]{I_2}$ {CHI_3（碘仿反应）, ×}
乙醛

(3) 乙酸酐
乙酰氯
乙酰胺 $\xrightarrow{AgNO_3}$ {×, AgCl↓, ×, ×} $\xrightarrow{NaOH, \triangle}$ {×, ×, NH_3↑, ×} $\xrightarrow[②FeCl_3]{①H_2N-OH}$ {×, 异羟肟酸铁(红色)}
乙酸乙酯

10. 三种化合物 A、B、C 的分子式皆为 $C_3H_6O_2$，化合物 A 与 $NaHCO_3$ 作用放出气体，化合物 B、C 不与 $NaHCO_3$ 作用。化合物 B、C 分别与 NaOH 溶液作用，然后酸化，化合物 B 得到酸 b 和醇 b，由化合物 C 得到酸 c 和醇 c，酸 c 可发生银镜反应，而酸 b 不能。醇 b 氧化得到酸 c，醇 c 氧化得到酸 b，推测 A、B、C 的结构式，写出有关的化学方程式。

解：分析 A、B、C 的分子式是 $C_3H_6O_2$，符合通式 $C_nH_{2n}O_2$，它们是饱和的一元酸或饱和一元酸酯。

$A \xrightarrow{NaHCO_3} CO_2 \uparrow$，则 A 为酸，其结构为 CH_3CH_2COOH。

B、C 不与 $NaHCO_3$ 作用，与 NaOH 溶液作用，酸化后得醇 b、c 和酸 b、c，则 B、C 为酯。酸 c 起银镜反应，则 C 为甲酸乙酯，B 则为乙酸甲酯，酸 b 为 CH_3COOH，酸 c 为 HCOOH，醇 b 为 CH_3OH，醇 c 为 CH_3CH_2OH

∴ 其结构式 A CH_3CH_2COOH B CH_3COOCH_3 C $HCOOC_2H_5$

其反应方程式：

$CH_3CH_2COOH \xrightarrow{NaHCO_3} CH_3CH_2COONa + CO_2 \uparrow + H_2O$
　　A

$CH_3COOCH_3 \xrightarrow[(2)\ H^+]{(1)\ NaOH, H_2O} CH_3COOH + CH_3OH$
　　B　　　　　　　　　　　　　(b)　　　(b)

$HCOOC_2H_5 \xrightarrow[(2)\ H^+]{(1)\ NaOH, H_2O} HCOOH + CH_3CH_2OH$
　　C　　　　　　　　　　　　　(c)　　　(c)

$HCOOH \xrightarrow{[Ag(NH_3)_2], OH^-} Ag \downarrow + HCOONH_4 + NH_3 + H_2O$
　(c)

$CH_3OH \xrightarrow[H^+]{KMnO_4} HCOOH$
　(b)　　　　　　(c)

$CH_3CHOH \xrightarrow[H^+]{KMnO_4} CH_3COOH$
　(c)　　　　　　(b)

11. 某化合物的分子式为 $C_{10}H_{12}O_2$，其 IR 谱显示：$3010cm^{-1}$，$2900cm^{-1}$，$1735cm^{-1}$，$1600cm^{-1}$，$1500cm^{-1}$ 有吸收峰；其 ^1H-NMR 化学位移显示：$\delta = 1.3$

(3重峰，3H)，δ＝2.4（四重峰，2H），δ＝5.1（单峰，2H），δ＝7.3（单峰，5H)，写出该化合物的构造式，归属 IR 和 ^{1}H—NMR 峰。

解：

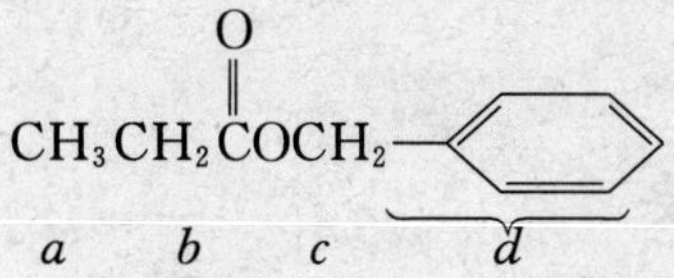

$$\underset{a\ \ \ \ b\ \ \ \ \ \ \ \ \ \ c\ \ \ \ \ \ \ \ d}{CH_3CH_2\overset{\overset{O}{\|}}{C}OCH_2-C_6H_5}$$

^{1}H—NMR δ_{Ha}＝1.3（三重峰，3H），δ_{Hb}＝2.4（四重峰，2H），

δ_{Hc}＝5.1（单峰，2H），δ_{Hd}＝7.3（单峰，5H）

IR $3010cm^{-1}$： C—H （不饱和）伸缩振动吸收；

$2900cm^{-1}$： C—H （饱和）伸缩振动吸收；

$1735cm^{-1}$： C＝O （酯）伸缩振动吸收；

1600、$1500cm^{-1}$：苯环伸缩振动吸收。

第七章 含硫有机化合物

内 容 提 要

一、硫醇

开链烃或芳烃侧链上一个或两个以上的氢原子被硫氢基（—SH 巯基）取代后的生成物叫硫醇。通式 R—SH

硫醇的化学性质与醇相似，其主要特性表现在—SH 基上。

(1) 酸性

$$R-SH \begin{cases} \xrightarrow{NaOH} R-SNa + H_2O \\ \xrightarrow{Na} R-SNa + H_2 \\ \xrightarrow{HgO} (R-S)_2Hg\downarrow + H_2O \end{cases}$$

$$R-SNa + RX \longrightarrow R-S-R + NaX \quad (硫醚)$$

（白色）

(2) 与羧酸作用

$$R'-S-\boxed{H + HO}-\underset{\underset{O}{\|}}{C}-R \longrightarrow R-\underset{\underset{O}{\|}}{C}-S-R' + H_2O$$

硫醇酯

(3) 氧化反应

$$2R-SH + I_2 \longrightarrow R-S-S-R + 2HI$$

$$2R-SH + Na_2PbO_2 + S \longrightarrow R-S-S-R + PbS + 2NaOH$$

$$R-SH \xrightarrow[\text{或 KMnO}_4]{HNO_3(浓)} R-SO_3H$$

二、磺酸

烃分子中的氢原子被磺酸基（—SO_3H）取代所生成的化合物叫磺酸。其通式为 R—SO_3H，结构式 $R-\underset{\underset{O}{\|}}{\overset{\overset{O}{\|}}{S}}-OH$。

芳香族磺酸的性质

1. 磺酸基中羟基的取代

(1) 被 X_2 取代

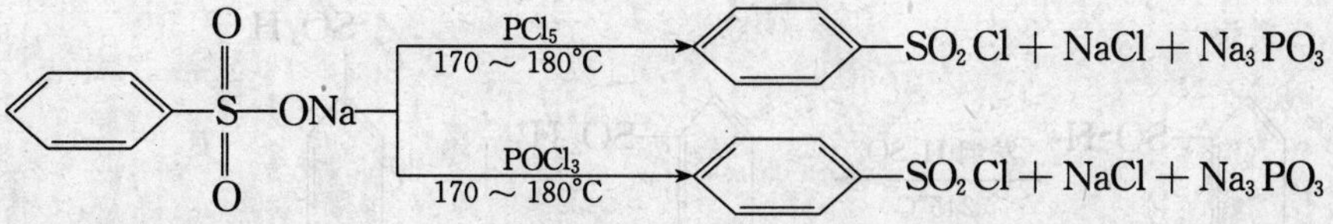

$C_6H_5SO_2ONa \xrightarrow[170\sim180°C]{PCl_5} C_6H_5\text{—}SO_2Cl + NaCl + Na_3PO_3$

$C_6H_5SO_2ONa \xrightarrow[170\sim180°C]{POCl_3} C_6H_5\text{—}SO_2Cl + NaCl + Na_3PO_3$

（2）被氨基取代

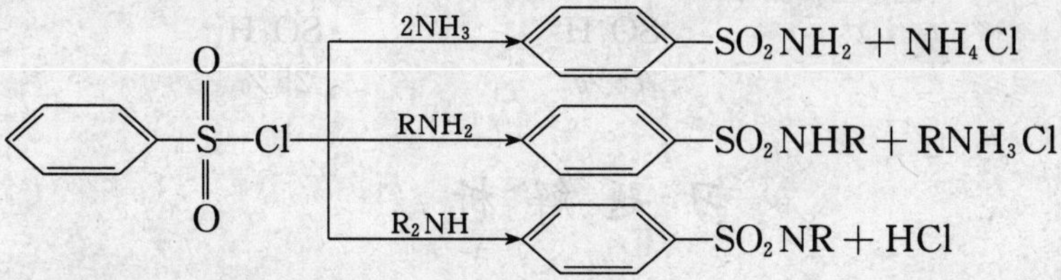

$C_6H_5SO_2Cl \xrightarrow{2NH_3} C_6H_5\text{—}SO_2NH_2 + NH_4Cl$

$C_6H_5SO_2Cl \xrightarrow{RNH_2} C_6H_5\text{—}SO_2NHR + RNH_3Cl$

$C_6H_5SO_2Cl \xrightarrow{R_2NH} C_6H_5\text{—}SO_2NR + HCl$

2. 磺酸基的取代反应

（1）水解：$C_6H_5\text{—}SO_3H \xrightarrow[\text{加压，}150°C]{H_2O,\ \text{稀}\ H_2SO_4} C_6H_6 + H_2SO_4$

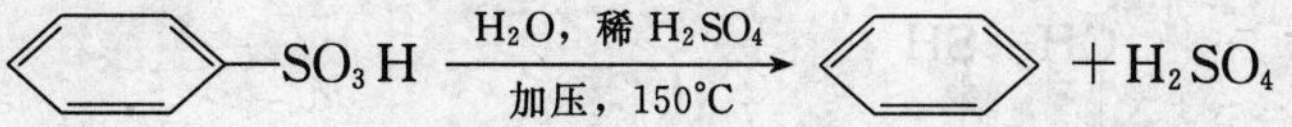

（2）碱熔：

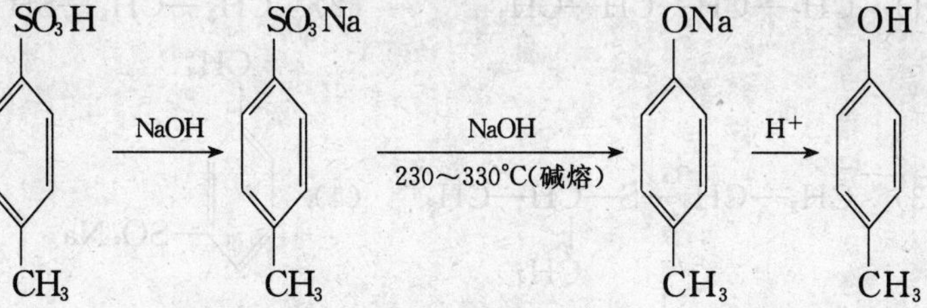

$p\text{-}CH_3C_6H_4SO_3H \xrightarrow{NaOH} p\text{-}CH_3C_6H_4SO_3Na \xrightarrow[230\sim330°C(\text{碱熔})]{NaOH} p\text{-}CH_3C_6H_4ONa \xrightarrow{H^+} p\text{-}CH_3C_6H_4OH$

（3）被氰基取代：

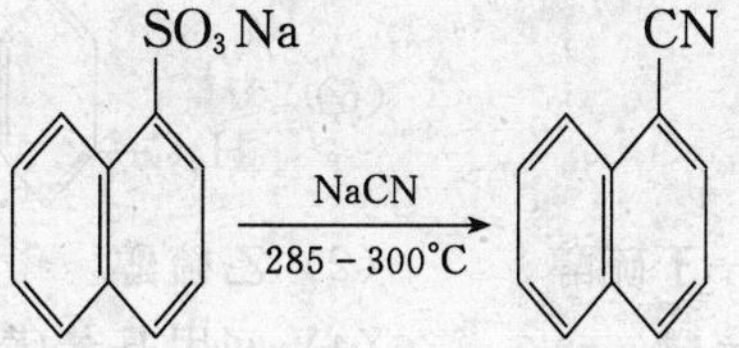

萘-1-SO_3Na $\xrightarrow[285-300°C]{NaCN}$ 萘-1-CN （萘甲腈）

（4）被硝基取代：

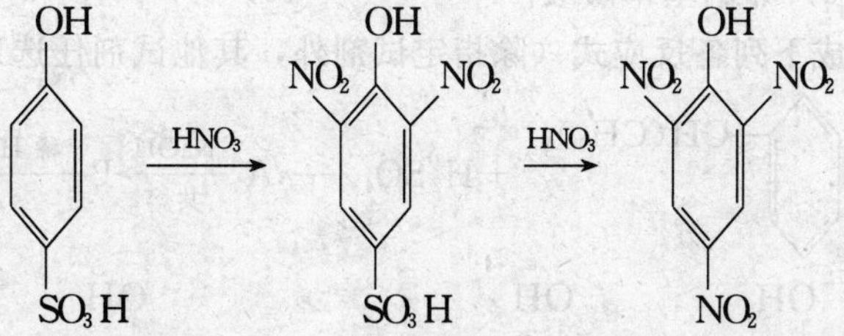

$p\text{-}HOC_6H_4SO_3H \xrightarrow{HNO_3}$ 2,3-二硝基-4-羟基苯磺酸 $\xrightarrow{HNO_3}$ 2,3,5-三硝基-4-羟基苯酚类

（5）被氨基取代：

蒽醌-2-SO_3H $\xrightarrow[H_3AsO_4]{NH_3}$ 2-氨基蒽醌

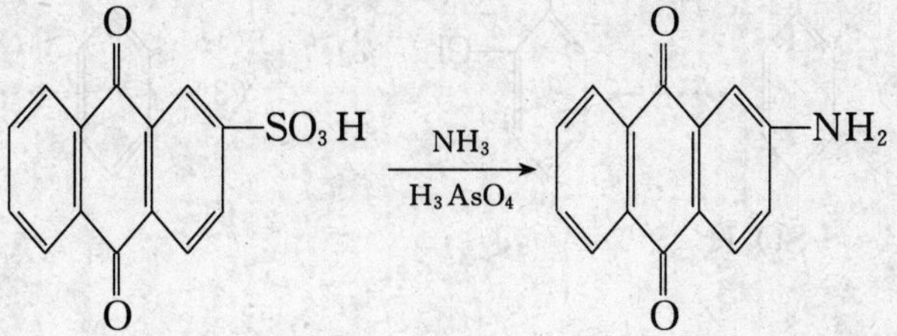

3. 芳环上的取代反应

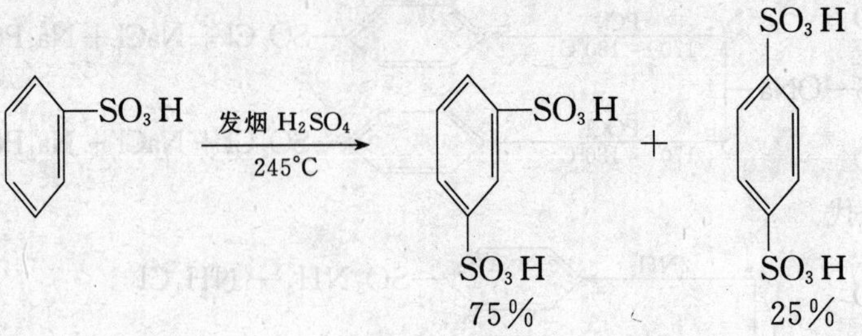

习题解析

1. 命名下列化合物。

(1) CH₃—CH(CH₃)—CH(SH)—CH₃

(2) CH₃—CH₂—SH

(3) CH₃—CH₂—S—CH(CH₃)—CH₃

(4) 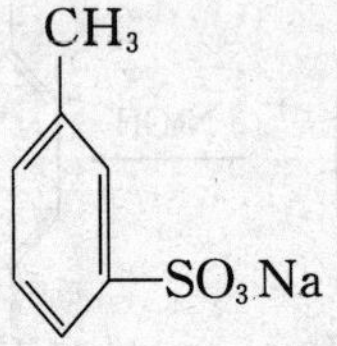 间甲基苯磺酸钠（结构式）

(5) 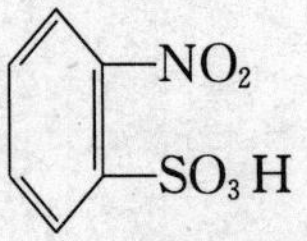 邻硝基苯磺酸（结构式）

(6) 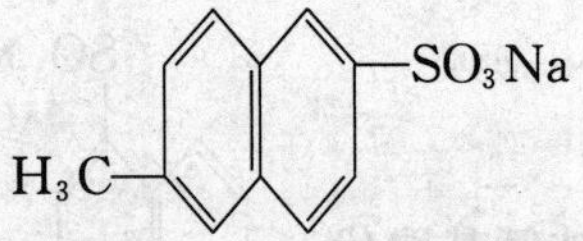 6-甲基-2-萘磺酸钠（结构式）

解：(1) 3—甲基—2—丁硫醇　　(2) 乙硫醇
　　　(3) 乙基异丙基硫醚　　　(4) 间甲基苯磺酸钠
　　　(5) 邻硝基苯磺酸　　　　(6) 6—甲基—2—萘磺酸钠

2. 完成下列各反应式（除指定试剂外，其他试剂任选）。

(1) 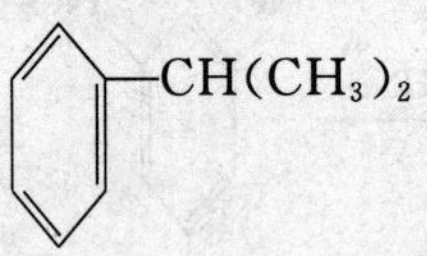 异丙苯 $+H_2SO_4 \longrightarrow A \xrightarrow[\text{共熔}]{\text{NaOH}} B \xrightarrow{\text{稀 } H^+} C$

(2) 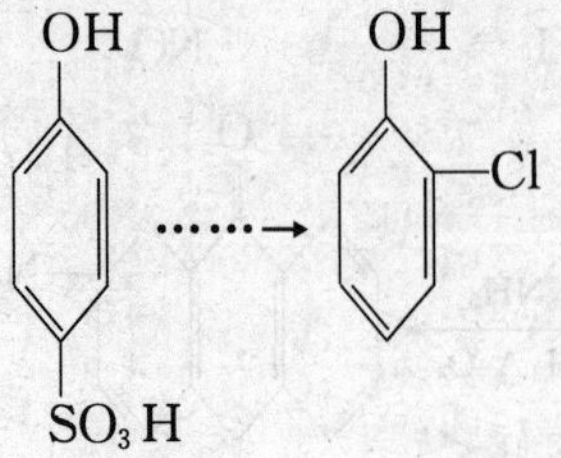 对羟基苯磺酸 ⋯⋯→ 邻氯苯酚

(3) 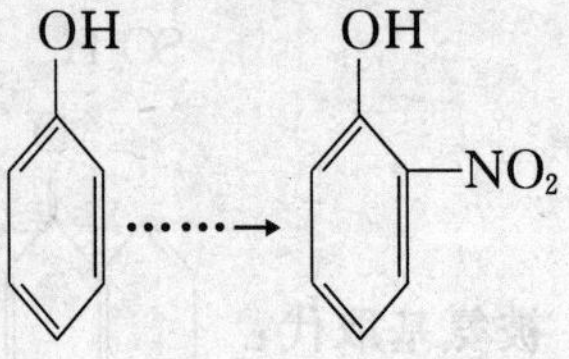 苯酚 ⋯⋯→ 邻硝基苯酚

解：

(1) 异丙苯 →[H_2SO_4] 对异丙苯磺酸 →[NaOH 共熔] 对异丙苯酚钠 →[H^+ 稀] 对异丙苯酚

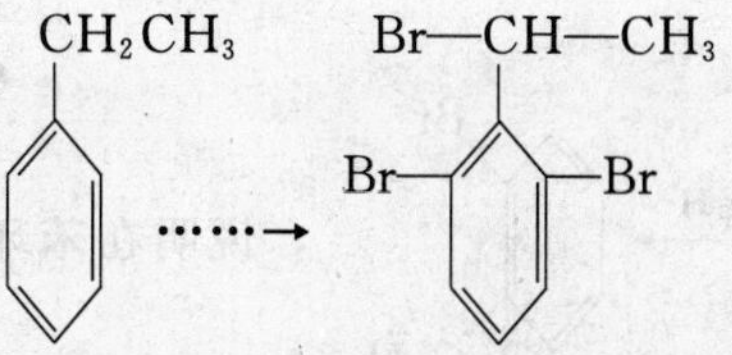

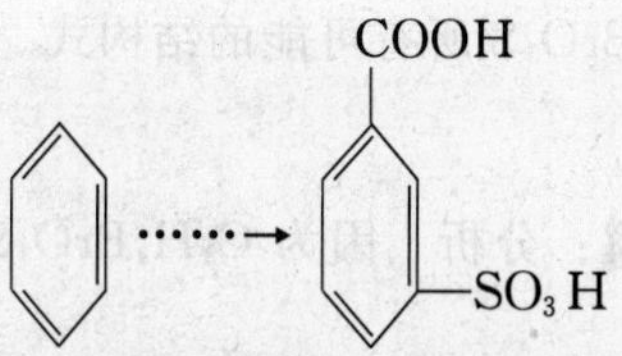

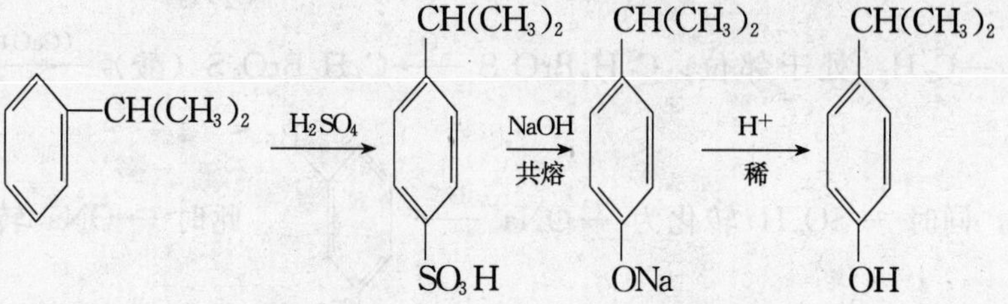

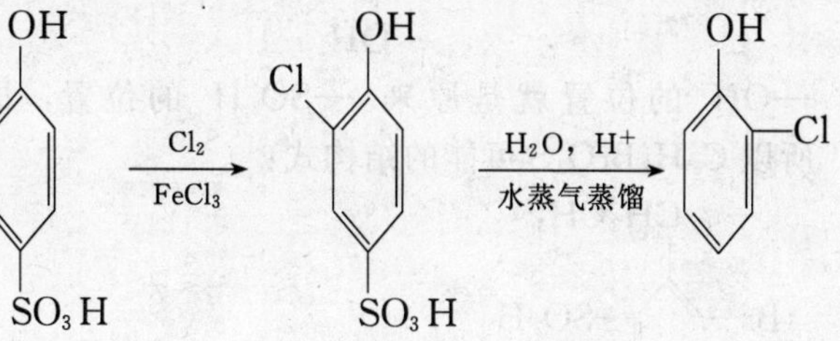

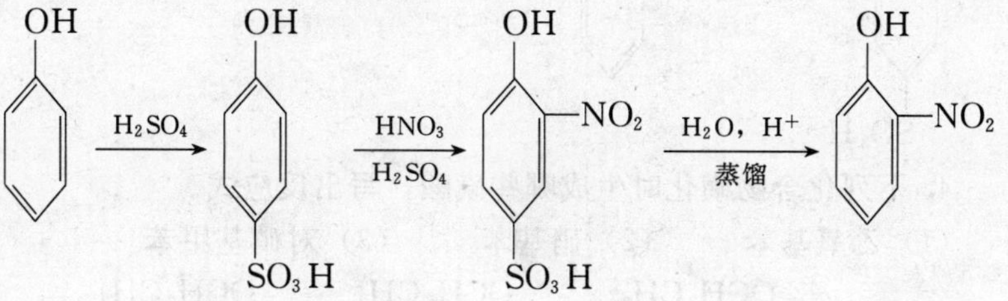

(2) 对羟基苯磺酸 →[Cl_2 / $FeCl_3$] 3-氯-4-羟基苯磺酸 →[H_2O, H^+ 水蒸气蒸馏] 邻氯苯酚

(3) 苯酚 →[H_2SO_4] 对羟基苯磺酸 →[HNO_3 / H_2SO_4] 3-硝基-4-羟基苯磺酸 →[H_2O, H^+ 蒸馏] 邻硝基苯酚

(4) 乙苯 →[H_2SO_4] 对乙基苯磺酸 →[Br_2 / $FeBr_3$] 2,6-二溴-4-乙基苯磺酸 →[H_2O, H^+ Δ] 2,6-二溴乙苯 →[Br_2 光] α-溴代产物

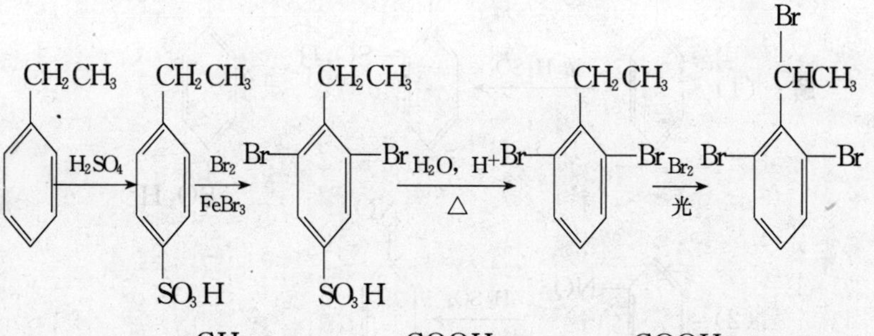

(5) 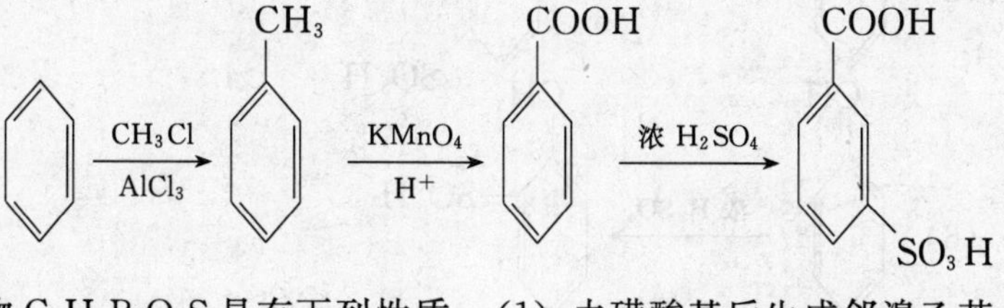 苯 →[CH_3Cl / $AlCl_3$] 甲苯 →[$KMnO_4$ / H^+] 苯甲酸 →[浓 H_2SO_4] 间磺酸基苯甲酸

3. 化合物 $C_8H_9BrO_3S$ 具有下列性质：(1) 去磺酸基后生成邻溴乙苯；(2) 氧化生成一个酸。$C_7H_5BrO_5S$。后者与碱石灰共热再酸化得到间溴苯酚。写出

$C_8H_9BrO_3S$ 所有可能的结构式。

解：分析 因为 $C_8H_9BrO_3S \xrightarrow{-SO_3H}$ 邻溴乙苯结构，说明在苯环上 —Br 与 —C_2H_5 处于邻位；$C_8H_9BrO_3S \xrightarrow{[O]} C_7H_5BrO_5S$（酸）$\xrightarrow[\triangle]{(CaO)NaOH}$ 脱去羧基，同时 —SO_3H 转化为 —ONa $\xrightarrow{H^+}$ 间溴苯酚结构 此时 —ONa 转化为酚羟基，也就是说现在酚 —OH 的位置就是原来 —SO_3H 的位置，即 —SO_3H 与 —Br 处于间位。所以 $C_8H_9BrO_3S$ 可能的结构式：

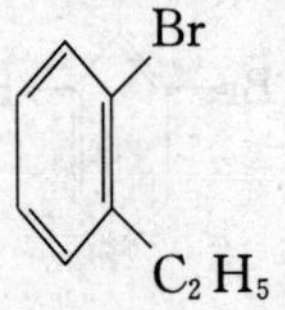

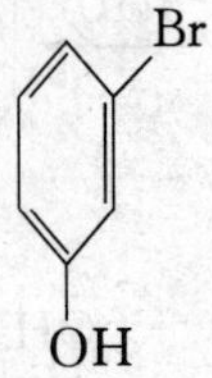

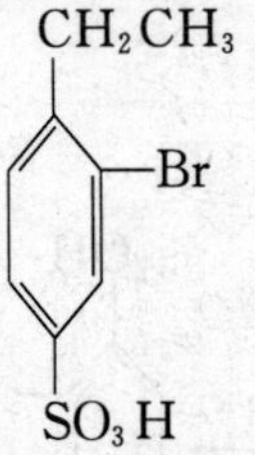

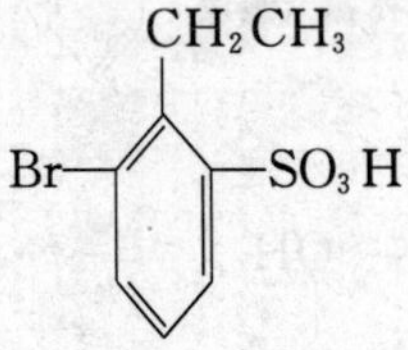

（结构式：邻乙基对磺酸基溴苯 和 邻乙基间磺酸基溴苯）

4. 下列化合物磺化时生成哪些磺酸，写出反应式。

(1) 乙氧基苯　　(2) 硝基苯　　(3) 对硝基甲苯

解：(1) 乙氧基苯 $\xrightarrow{\text{浓 } H_2SO_4}$ 邻位磺酸产物 + 对位磺酸产物

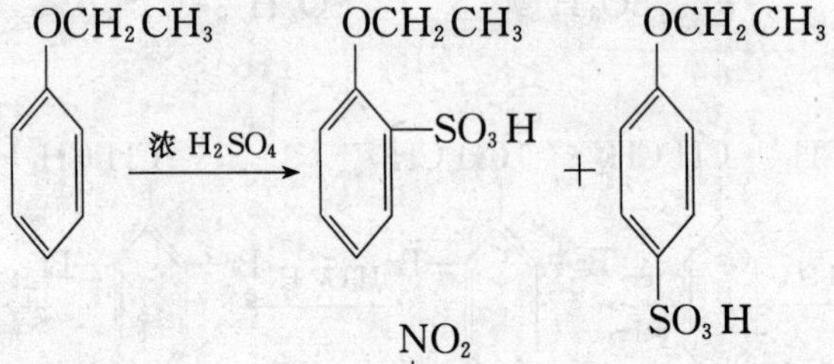

(2) 硝基苯 $\xrightarrow{H_2SO_4}$ 间硝基苯磺酸

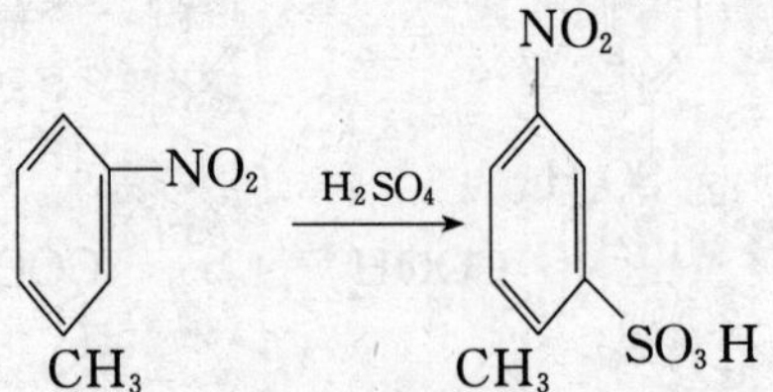

(3) 对硝基甲苯 $\xrightarrow{\text{浓 } H_2SO_4}$ 2-磺酸基-4-硝基甲苯

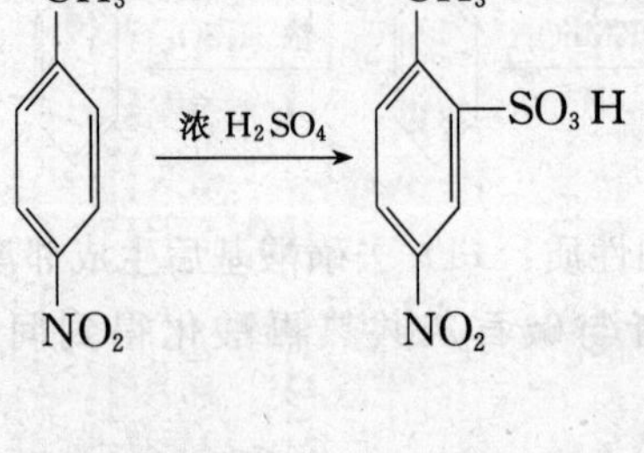

第八章 含氮有机化合物

内 容 提 要

烃分子中的一个或几个氢原子被各种含有氮原子的官能团取代后，形成的有机化合物叫含氮有机化合物。

一、硝基化合物

(1) 酸性：$RCH_2NO_2 \xrightarrow{NaOH} (RCHNO_2)^- Na^+$

$$\begin{array}{c} R \\ | \\ R \end{array}\!\!CHNO_2 \xrightarrow{NaOH} \left(\begin{array}{c}R\\|\\R\end{array}\!\!CNO_2\right)^- Na^+$$

(2) 还原性：

酸性介质中还原：

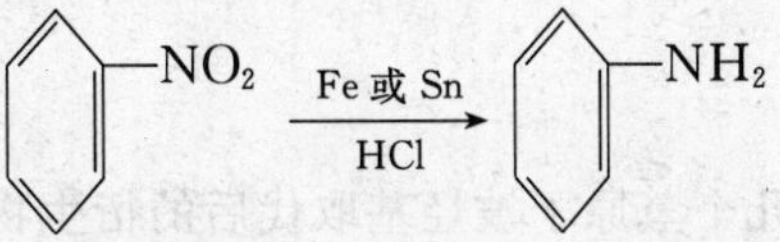

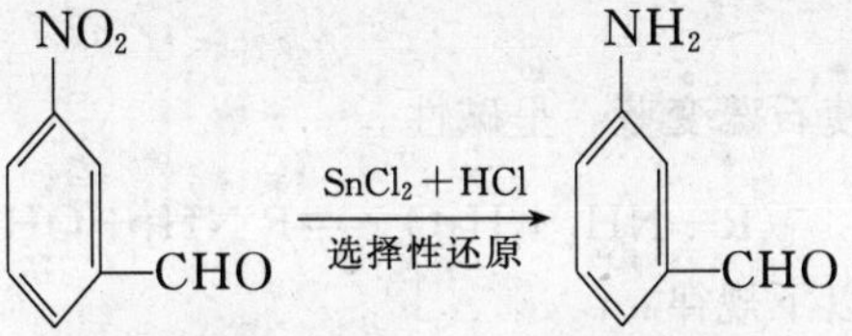

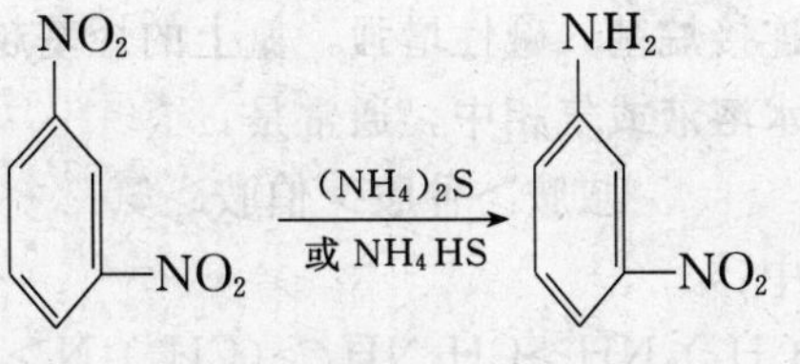

$$C_6H_5NO_2 \xrightarrow[HCl]{Fe \text{ 或 } Sn} C_6H_5NH_2$$

$$\text{间-}O_2N\text{-}C_6H_4\text{-}CHO \xrightarrow[\text{选择性还原}]{SnCl_2 + HCl} \text{间-}H_2N\text{-}C_6H_4\text{-}CHO$$

$$\text{间-}O_2N\text{-}C_6H_4\text{-}NO_2 \xrightarrow[\text{或 }NH_4HS]{(NH_4)_2S} \text{间-}H_2N\text{-}C_6H_4\text{-}NO_2$$

中性介质中还原：

$$C_6H_5NO_2 \xrightarrow[H_2O, 60^\circ C]{Zn+NH_4Cl} C_6H_5NHOH + H_2O$$

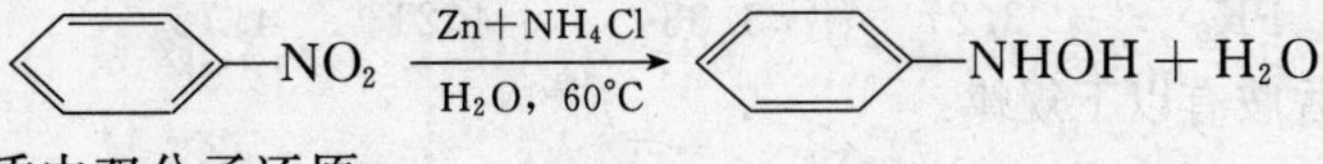

碱性介质中双分子还原：

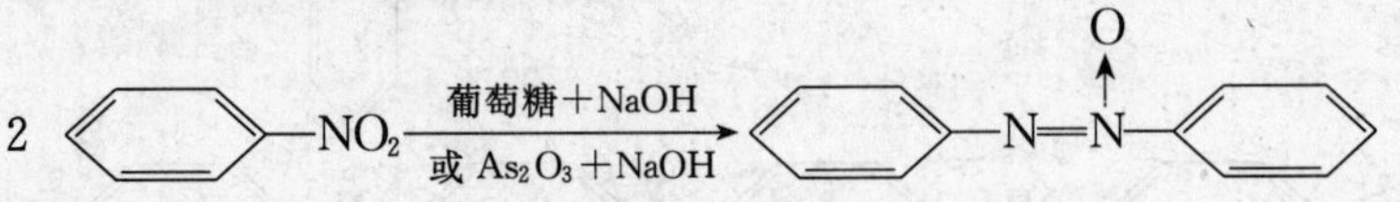

$$2\,C_6H_5NO_2 \xrightarrow[\text{或 }As_2O_3+NaOH]{\text{葡萄糖}+NaOH} C_6H_5\text{-}N\!\!=\!\!\overset{\overset{O}{\uparrow}}{N}\text{-}C_6H_5 \quad \text{氧化偶氮苯}$$

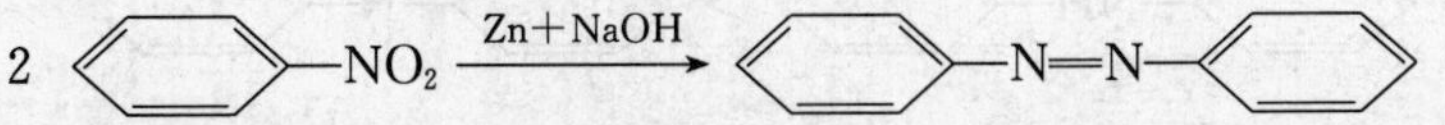

$$2\,C_6H_5NO_2 \xrightarrow{Zn+NaOH} C_6H_5\text{-}N\!\!=\!\!N\text{-}C_6H_5 \quad \text{偶氮苯}$$

$$2 \text{ C}_6\text{H}_5\text{-NO}_2 \xrightarrow{\text{Zn(过量)+NaOH}} \text{C}_6\text{H}_5\text{-NH-NH-C}_6\text{H}_5} \quad \text{氢化偶氮苯}$$

上述反应可以归纳如下：

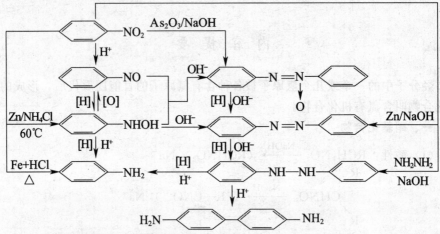

(3) 芳香族硝基化合物环上的取代反应：

硝基是强吸电子基，使苯环钝化，不利于亲电取代，使苯环上的亲核取代反应活性增强。

二、胺

氨分子中的一个或几个氢原子被烃基取代后的衍生物叫胺。

1. 弱碱性

胺的水溶液可使石蕊变蓝，呈碱性。

$$R-NH_2 + H_2O \rightleftharpoons R\overset{+}{N}H_3 + OH^-$$

胺类的碱性有以下规律：

脂胺分子中氮上连接烷基，碱性增强，氮上的烃基越多，则碱性越强。

(1) 脂肪胺在非水溶液或气相中，通常是：

$$\text{叔胺} > \text{仲胺} > \text{伯胺} > \text{氨}$$

脂肪胺在水溶液中：

$$(CH_3)_2NH > CH_3NH_2 > (CH_3)_3N > NH_3$$

PK_b 3.27   3.38   4.21   4.76

(2) 芳香胺有以下规律：

$$C_6H_5NH_2 > (C_6H_5)_2NH > (C_6H_5)_3N$$

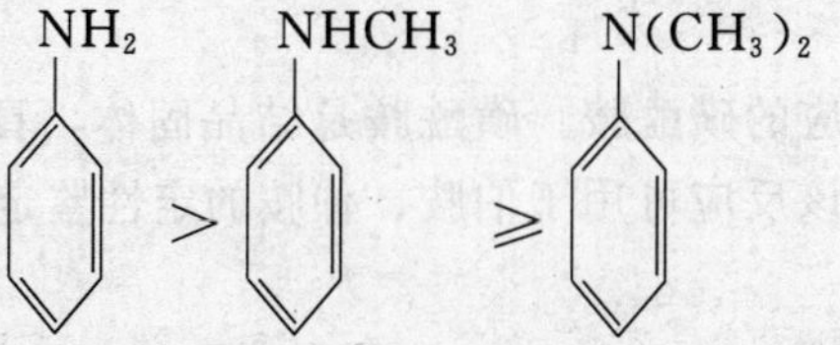

$\underset{\text{NH}_2}{\bigcirc} > \underset{\text{NHCH}_3}{\bigcirc} \geqslant \underset{\text{N(CH}_3)_2}{\bigcirc}$

芳香胺在苯环中导入吸电子基团，芳胺的碱性减弱；导入给电子基团，芳胺的碱性增强。

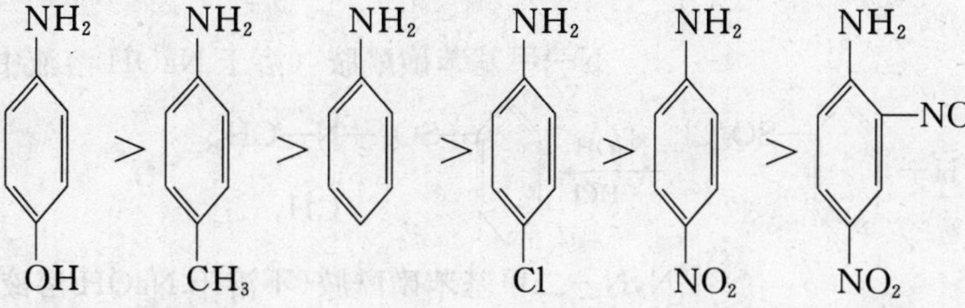

对-OH-苯胺 > 对-CH₃-苯胺 > 苯胺 > 对-Cl-苯胺 > 对-NO₂-苯胺 > 邻,对-二NO₂-苯胺

PK_b　8.50　　8.90　　9.30　　10.02　　13.0　　13.82

2. 烃基化反应

烷基化试剂（如卤代烃）与胺反应，氨基上的氢原子被烃基取代。

$$RNH_2 + R'X \longrightarrow \underset{R'}{\overset{R}{>}}\overset{+}{NH_2}X^- \xrightarrow{NaOH} \underset{R'}{\overset{R}{>}}NH \xrightarrow{R'X}$$

$$\underset{R'}{\overset{R}{\underset{R'}{>}}}\overset{+}{N}HX^- \xrightarrow{NaOH} \underset{R'}{\overset{R}{\underset{R'}{>}}}N \xrightarrow{R'X} R-\overset{+}{N}R'_3X^-$$

3. 酰基化

伯胺、仲胺易与酰氯或酸酐作用生成酰胺。酰胺水解变为原来的胺，可以用做氨基的保护。叔胺分子中氮原子上没有氢原子，它不发生酰基化反应。

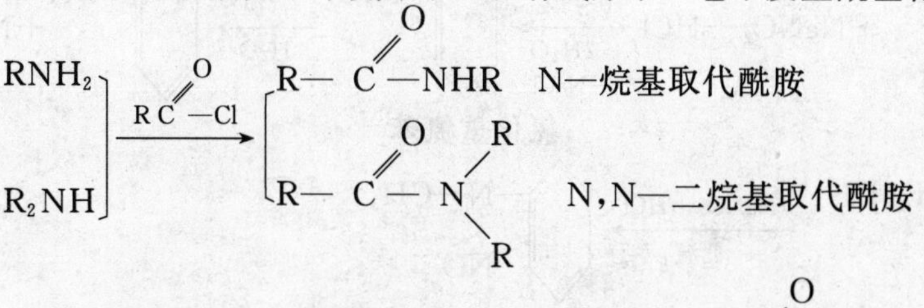

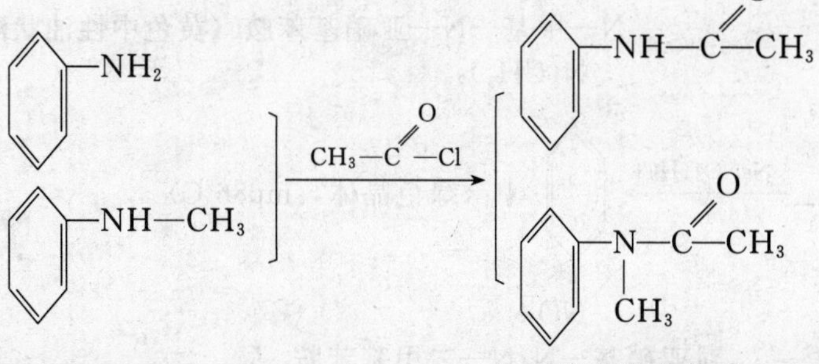

$$\left.\begin{array}{l}RNH_2\\R_2NH\end{array}\right] \xrightarrow{RC\overset{O}{-}Cl} \left[\begin{array}{l}R-\overset{O}{C}-NHR \quad N-烷基取代酰胺\\R-\overset{O}{C}-\underset{R}{N} N,N-二烷基取代酰胺\end{array}\right.$$

$$\left.\begin{array}{l}C_6H_5-NH_2\\C_6H_5-NH-CH_3\end{array}\right] \xrightarrow{CH_3-\overset{O}{C}-Cl} \begin{array}{l}C_6H_5-NH-\overset{O}{C}-CH_3\\C_6H_5-\underset{CH_3}{N}-\overset{O}{C}-CH_3\end{array}$$

N—甲基乙酰苯胺　　保护氨基

4. 磺酰化反应

伯胺和仲胺与磺酰氯反应，生成相应的磺酰胺。磺酰胺是结晶固体，具有一定熔点，测其熔点可推测出原来的胺，该反应可用于伯胺、仲胺的定性鉴定。

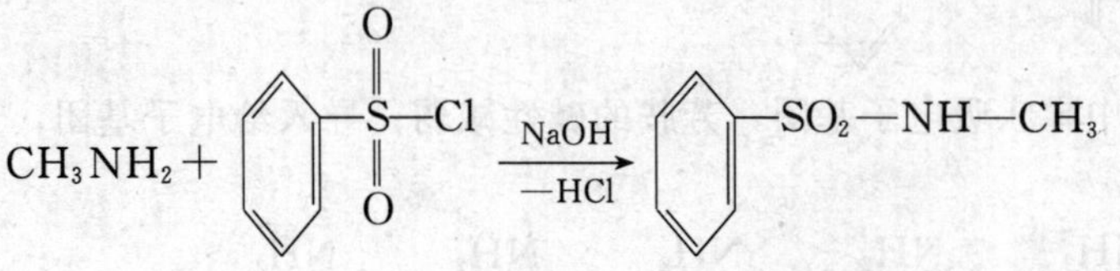

$CH_3NH_2 + C_6H_5SO_2Cl \xrightarrow[-HCl]{NaOH} C_6H_5-SO_2-NH-CH_3$

N—甲基苯磺酰胺（溶于 NaOH 溶液中）

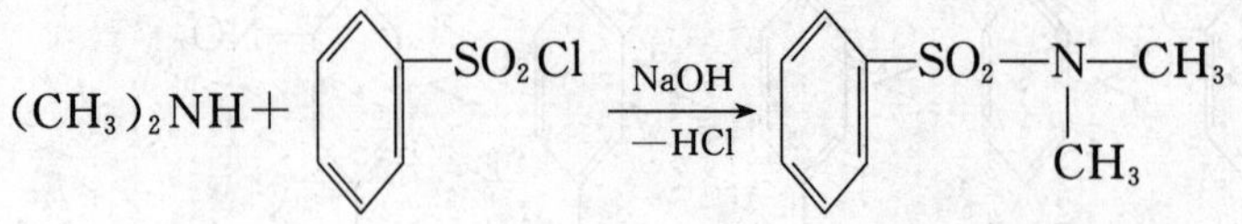

$(CH_3)_2NH + C_6H_5SO_2Cl \xrightarrow[-HCl]{NaOH} C_6H_5-SO_2-N(CH_3)_2$

N,N—二甲基苯磺酰胺（不溶于 NaOH 溶液中）

叔胺分子中氮原子上没有氢原子，它不发生磺酰化反应。

5. 与 HNO_2 反应

$RNH_2 \xrightarrow{NaNO_2, HCl} R-\overset{+}{N}\equiv NCl^- \longrightarrow R^+ - Cl^- + N_2$ （可用于定量定性分析）

$\left[R^+ \begin{array}{l} \xrightarrow{H_2O} ROH \\ \xrightarrow{-H_2} 烯烃 \end{array} \right]$

$(CH_3-CH_2)_2NH \xrightarrow{NaNO_2, HCl} (CH_3-CH_2)_2N-N=O$

N—亚硝基二乙胺

$R_3N \xrightarrow{NaNO_2, HCl} R_3\overset{+}{N}H\overset{-}{N}O_2$ （不稳定，该盐会水解生成叔胺）

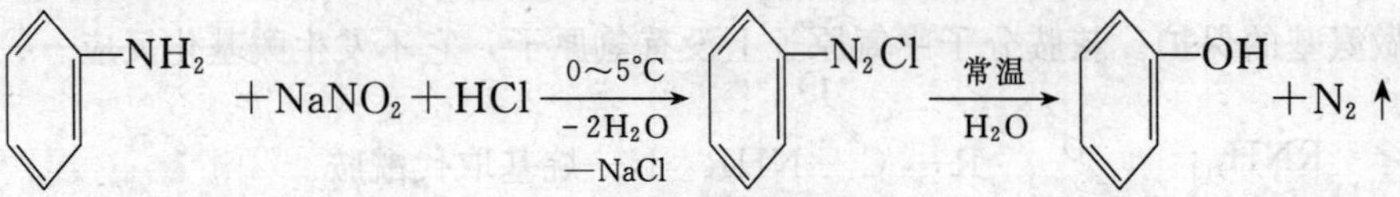

$C_6H_5NH_2 + NaNO_2 + HCl \xrightarrow[-2H_2O, -NaCl]{0\sim5°C} C_6H_5N_2Cl \xrightarrow[H_2O]{常温} C_6H_5OH + N_2\uparrow$

氯化重氮苯

$C_6H_5NHCH_3 \xrightarrow[低温]{NaNO_2+HCl} C_6H_5N(CH_3)(NO)$

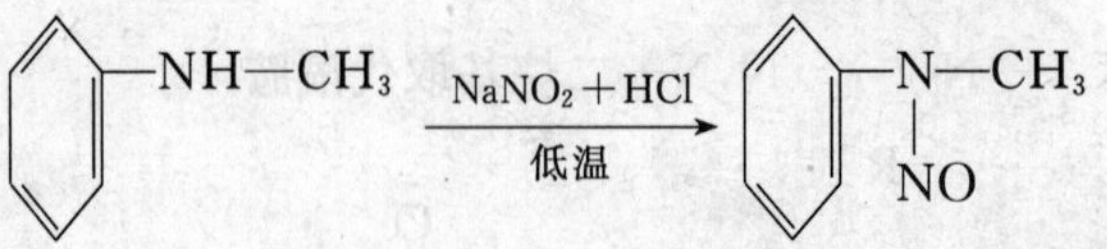

N—甲基—N—亚硝基苯胺（黄色中性油状液体）

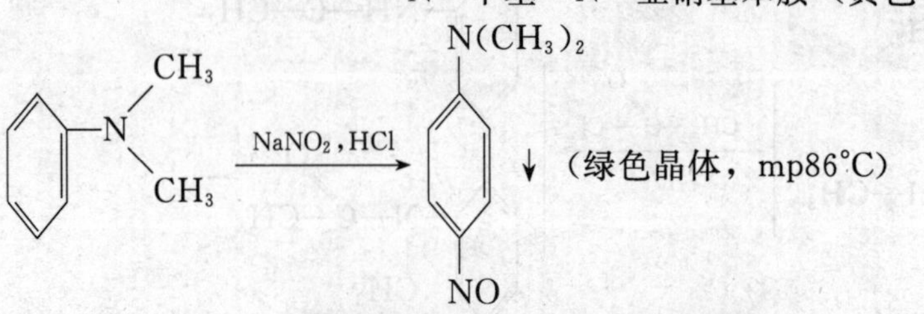

$C_6H_5N(CH_3)_2 \xrightarrow{NaNO_2, HCl}$ 对位-$ON-C_6H_4-N(CH_3)_2$ ↓（绿色晶体，mp 86°C）

对亚硝基—N,N—二甲基苯胺

6. 芳胺苯环上的取代反应

A 卤化： C₆H₅NH₂ + Br₂ → 2,4,6-三溴苯胺 ↓（白色）

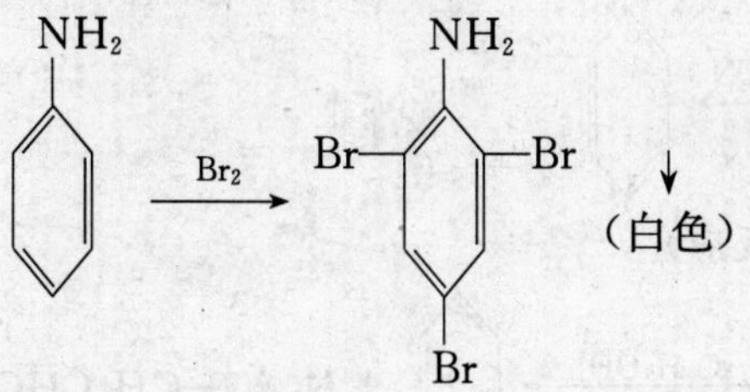

B 硝化： C₆H₅NH₂ →(H₂SO₄)→ C₆H₅NH₃⁺SO₄H →(HNO₃(浓))→ 间位-NO₂-C₆H₄-NH₃⁺SO₄H →(H₂O/OH⁻)→ 间硝基苯胺

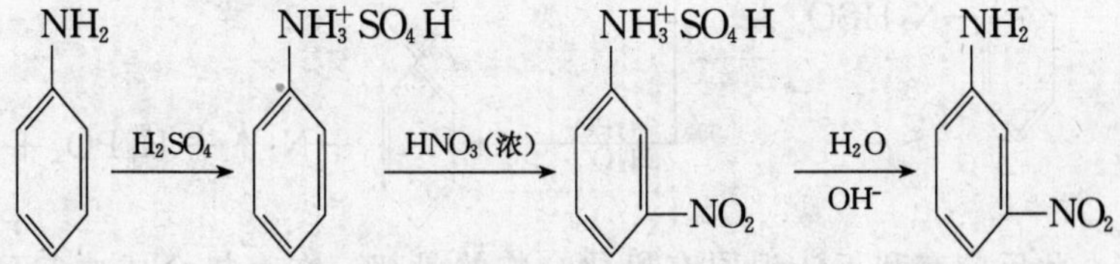

C 磺化： C₆H₅NH₂ →(H₂SO₄)→ C₆H₅NH₂·H₂SO₄ →(−H₂O, Δ)→ C₆H₅NHSO₃H →(180～190°C)→ 对氨基苯磺酸（对位-NH₂,SO₃H）

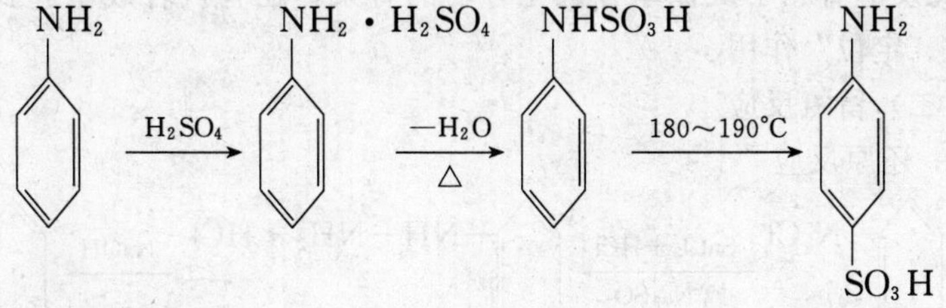

三、芳香族重氮盐的反应

（一）放氮反应

1. 重氮基被取代

（1）被羟基取代：

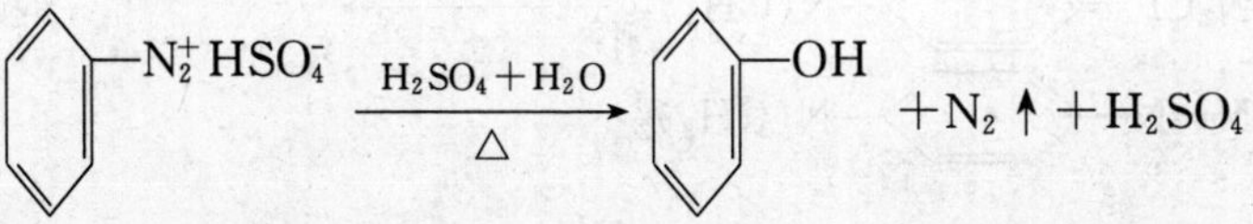

C₆H₅N₂⁺HSO₄⁻ →(H₂SO₄ + H₂O, Δ)→ C₆H₅OH + N₂↑ + H₂SO₄

（2）被卤素取代：

C₆H₅N₂⁺Cl⁻ →(CuCl/HCl)→ C₆H₅Cl + N₂↑

C₆H₅N₂⁺Cl⁻ →(CuBr/HBr)→ C₆H₅Br + N₂↑

C₆H₅N₂⁺HSO₄⁻ →(KI, Δ)→ C₆H₅I + N₂↑ + KHSO₄

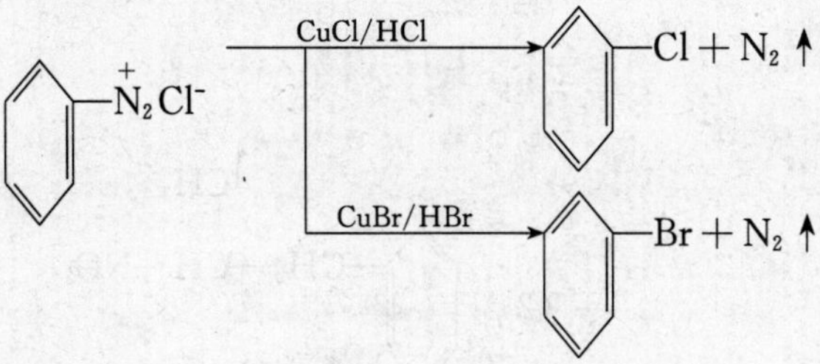

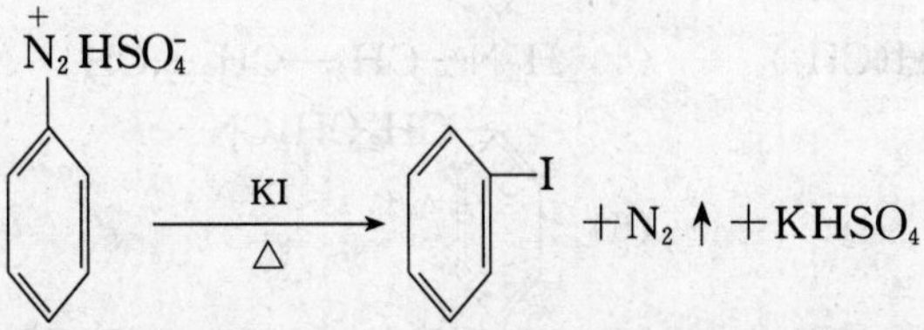

(3) 被氰基取代

$$\text{C}_6\text{H}_5\text{N}_2^+\text{Cl}^- \xrightarrow[\Delta]{\text{CuCN/KCN}} \text{C}_6\text{H}_5\text{CN} + \text{N}_2\uparrow$$

2. 还原反应（去氨基反应）

$$\text{C}_6\text{H}_5\text{N}_2\text{HSO}_4 \xrightarrow{\text{C}_2\text{H}_5\text{OH}} \text{C}_6\text{H}_6 + \text{N}_2\uparrow + \text{CH}_3\text{CHO} + \text{H}_2\text{SO}_4$$

$$\text{C}_6\text{H}_5\text{N}_2\text{HSO}_4 \xrightarrow[\text{H}_2\text{O}]{\text{H}_3\text{PO}_2} \text{C}_6\text{H}_6 + \text{N}_2\uparrow + \text{H}_3\text{PO}_3 + \text{H}_2\text{SO}_4$$

此反应有利于认识原有机化合物的骨架，在有机合成中起到对特定位置的"占位、定位"作用。

（二）留氮反应

1. 还原反应

$$\text{C}_6\text{H}_5\text{N}_2^+\text{Cl}^- \xrightarrow[\text{或 Na}_2\text{SO}_3]{\text{SnCl}_2+\text{HCl}} \text{C}_6\text{H}_5\text{NH}-\text{NH}_2 \cdot \text{HCl} \xrightarrow{\text{NaOH}} \text{C}_6\text{H}_5\text{NH}-\text{NH}_2$$

2. 偶联反应

$$\text{C}_6\text{H}_5\text{N}_2^+\text{Cl}^- + \text{HO}-\text{C}_6\text{H}_4-\text{OH} \xrightarrow[0°C]{\text{弱碱}} \text{C}_6\text{H}_5-\text{N}=\text{N}-\text{C}_6\text{H}_4-\text{OH}$$

$$\text{C}_6\text{H}_5\text{N}_2^+\text{Cl}^- + (\text{CH}_3)_2\text{N}-\text{C}_6\text{H}_4 \xrightarrow{\text{弱酸性或中性}}$$

$$\text{C}_6\text{H}_5-\text{N}=\text{N}-\text{C}_6\text{H}_4-\text{N}(\text{CH}_3)_2$$

习 题 解 析

1. 命名下列化合物。

(1) 邻氯硝基苯 (NO$_2$, Cl on benzene)

(2) $\text{C}_6\text{H}_5-\text{CH}_2-\text{CH}(\text{CH}_3)-\text{NO}_2$

(3) $\text{CH}_3-\text{CH}_2-\text{NH}-\text{CH}(\text{CH}_3)_2$

(4) $\text{H}_2\text{N}-\text{CH}_2-\text{CH}_2-\text{CH}_2-\text{NH}_2$

(5) $\text{C}_6\text{H}_5-\text{N}(\text{CH}_3)_2$

(6) $\text{C}_6\text{H}_5-\text{CH}_2\text{CH}_2\text{CN}$

(7)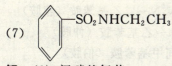

解：(1) 间硝基氯苯　　　　　(2) 1—苯基—2—硝基丙烷
　　(3) 乙基异丙基胺　　　　(4) 1,3—丙二胺
　　(5) N,N—二甲基苯胺　　 (6) 苯丙腈
　　(7) N—乙基苯磺酰胺

2. 写出下列各化合物的结构式。
(1) N,N—二甲基苄胺　　　　(2) 对甲氧基对氨基偶氮苯
(3) 重氮氨基苯　　　　　　　(4) 氢氧化四正丙铵

解：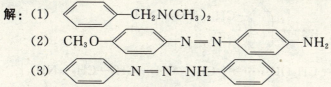

(4) $[(CH_3CH_2CH_2)_4N]^+OH^-$

3. 写出分子式 $C_4H_{11}N$ 脂肪胺的同分异构体，按伯、仲、叔胺分类并命名。
解：$C_4H_{11}N$ 共八种同分异构体。

伯胺：$CH_3CH_2CH_2CH_2NH_2$　丁胺　　仲胺：$CH_3CH_2CH_2NHCH_3$　甲丙胺

$\underset{\underset{NH_2}{|}}{CH_3CH_2CHCH_3}$　仲丁胺　　$\underset{\underset{CH_3}{|}}{CH_3CHNHCH_3}$　甲异丙胺

$\underset{\underset{CH_3}{|}}{CH_3CHCHNH_2}$　异丁胺　　$CH_3CH_2NHCH_2CH_3$　二乙胺

$\underset{\underset{CH_3}{|}}{\overset{\overset{CH_3}{|}}{CH_3-C-NH_2}}$　叔丁胺　　叔胺：$\underset{\underset{CH_3}{|}}{CH_3CH_2NCH_3}$　二甲乙胺

4. 将下列化合物按伯，仲，叔胺分类命名。

(1) 二苯基-N-甲基胺结构　　　(2) 苯基-N,N-二乙基胺结构

(3) 苯基-NHCOCH₃　　　　　　(4) $C_6H_5-NH-CH_2-CH_3$

(5) $H_3C-C_6H_4-CH_2NH_2$　　(6) 邻甲基苯胺结构

解：(1) N—乙基二苯胺（叔胺）　　(2) N,N—二乙基苯胺（叔胺）
　　　(3) N—乙酰基苯胺（仲胺）　　(4) N—乙基苯胺（仲胺）
　　　(5) 对甲基苄胺（伯胺）　　　　(6) 间甲基苯胺（伯胺）

5. 完成下列反应。

(1) 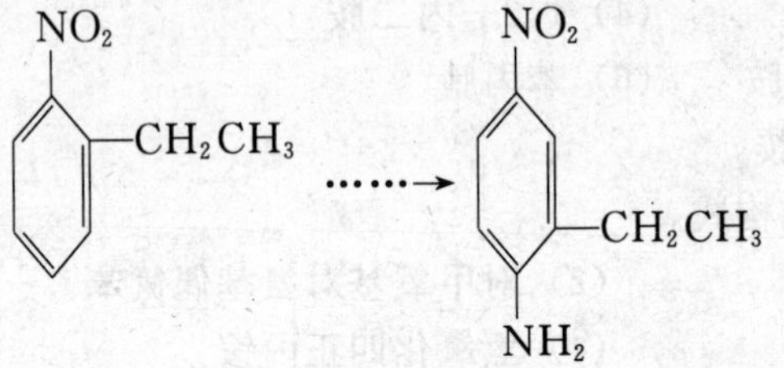 邻硝基乙苯 ……→ 2-硝基-4-氨基乙苯（NO$_2$、CH$_2$CH$_3$、NH$_2$ 取代苯）

(2) 甲苯 ……→ 苯乙胺 (C$_6$H$_5$—CH$_2$—CH$_2$—NH$_2$)

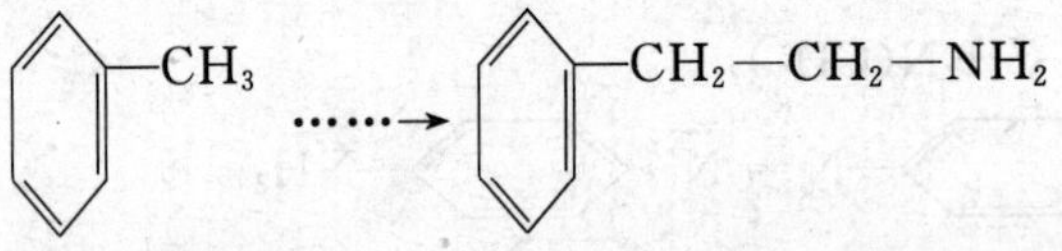

(3) $CH_3-CH_2-CH_2OH$ ……→ $CH_3-CH_2-CH_2-CH_2-NH_2$

(4) 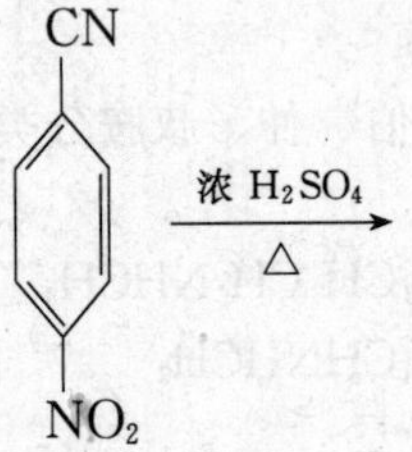 对硝基苯甲腈 $\xrightarrow[\triangle]{浓 H_2SO_4}$

(5) $C_6H_5-NR_2 \xrightarrow{RX}$?

(6) 乙苯 ($C_6H_5-CH_2CH_3$) ……→ 对氨基苯甲酸乙酯（NH$_2$、COOC$_2$H$_5$ 取代苯）

(7) 苯甲醚 (OCH$_3$) ……→ 2-溴-4-氨基苯甲醚（OCH$_3$、Br、NH$_2$ 取代苯）

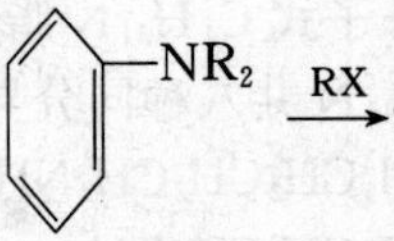

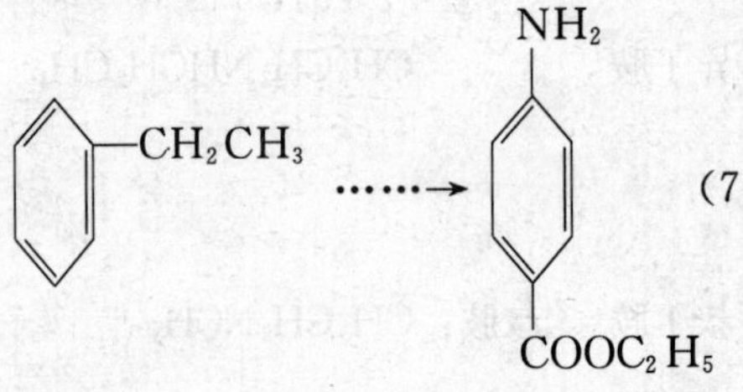

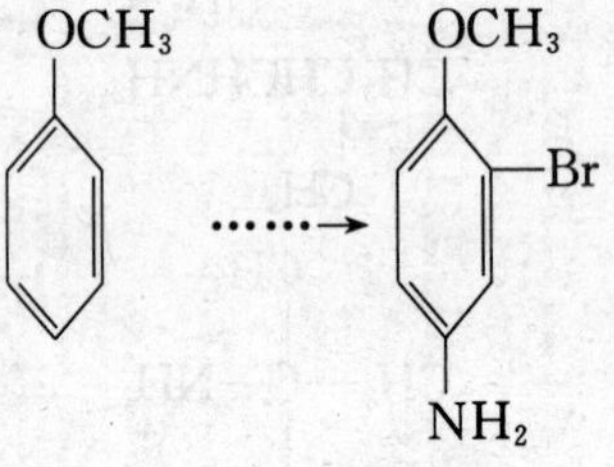

(8) $C_6H_5-N_2Cl$ + 1-萘胺 $\xrightarrow{中性}$?

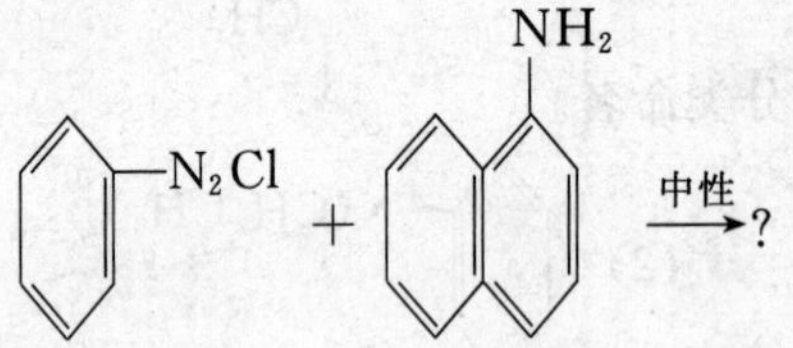

(9) $CH_3(CH_2)_2NH_2 \xrightarrow{过量 CH_3I}$? $\xrightarrow[H_2O]{Ag_2O}$? $\xrightarrow{\triangle}$?

(10) 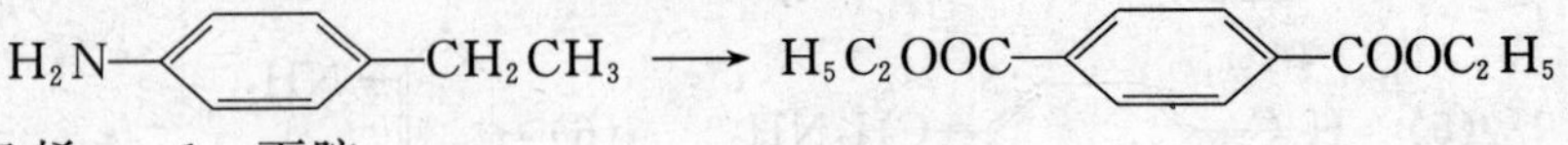 $H_2N-\!\!\!\!\bigcirc\!\!\!\!-CH_2CH_3 \longrightarrow H_5C_2OOC-\!\!\!\!\bigcirc\!\!\!\!-COOC_2H_5$

(11) 乙烯 —→ 1—丙胺

(12) 苯胺 —→ 2,4,6—三溴苯胺

(13) 乙烯 —→ 三乙醇胺

解：(1) 邻硝基乙苯 $\xrightarrow{Sn+HCl}$ 邻氨基乙苯 $\xrightarrow{(CH_3CO)_2O}$

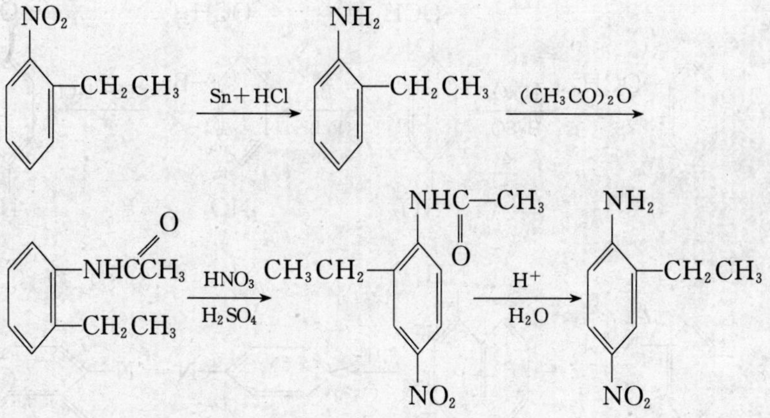

邻-NHCOCH$_3$-乙苯 $\xrightarrow[H_2SO_4]{HNO_3}$ 2-NHCOCH$_3$-4-NO$_2$-乙苯 $\xrightarrow[H_2O]{H^+}$ 2-NH$_2$-4-NO$_2$-乙苯

(2) C$_6$H$_5$CH$_3$ $\xrightarrow[\text{光}]{Cl_2}$ C$_6$H$_5$CH$_2$Cl $\xrightarrow{NaCN}$ C$_6$H$_5$CH$_2$CN $\xrightarrow{H_2/Ni}$ C$_6$H$_5$CH$_2$CH$_2$NH$_2$

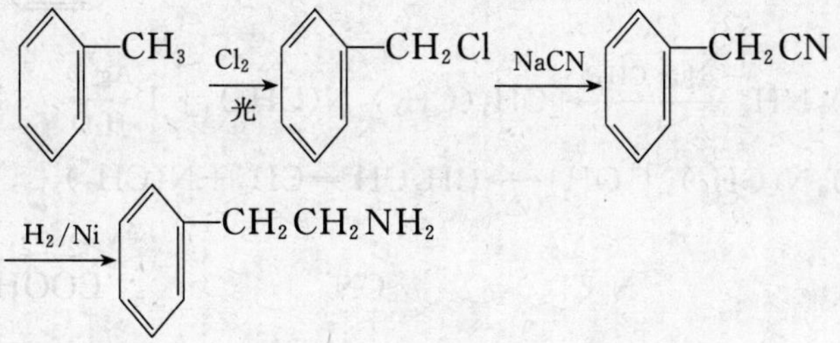

(3) $CH_3(CH_2)_2OH \xrightarrow{PCl_3} CH_3(CH_2)_2Cl \xrightarrow{NaCN} CH_3(CH_2)_2CN \xrightarrow{H_2, Ni}$
$CH_3CH_2CH_2CH_2NH_2$

(4) 4-NO$_2$-苯腈 $\xrightarrow[\triangle]{\text{浓}H_2SO_4}$ 2-SO$_3$H-4-NO$_2$-苯腈

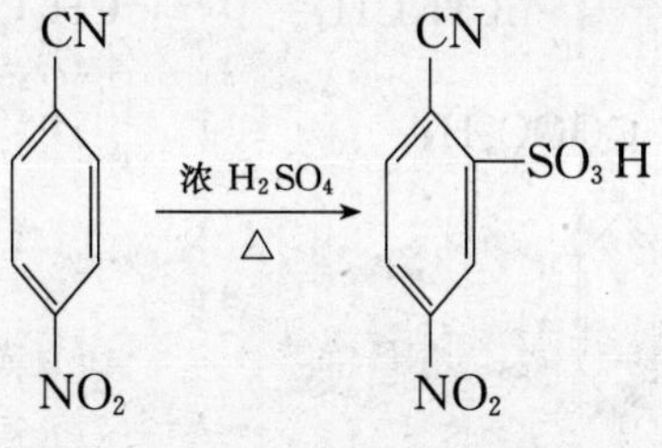

(5) C$_6$H$_5$NR$_2$ $\xrightarrow{RX}$ [C$_6$H$_5$NR$_3$]$^+$ X$^-$

(6) C$_6$H$_5$CH$_2$CH$_3$ $\xrightarrow[H_2SO_4]{HNO_3}$ 对-NO$_2$-C$_6$H$_4$-CH$_2$CH$_3$ $\xrightarrow[H^+]{KMnO_4}$ 对-NO$_2$-C$_6$H$_4$-COOH $\xrightarrow{C_2H_5OH}$ 对-NO$_2$-C$_6$H$_4$-COOC$_2$H$_5$ $\xrightarrow{Sn+HCl}$ 对-NH$_2$-C$_6$H$_4$-COOC$_2$H$_5$

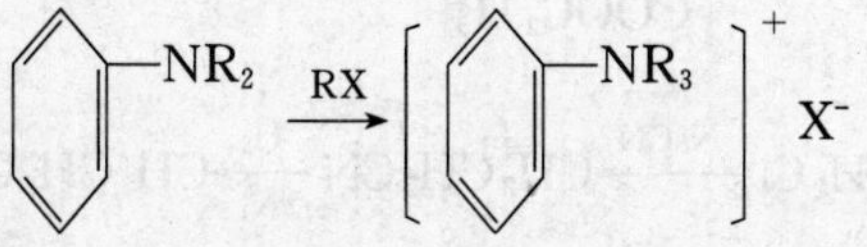

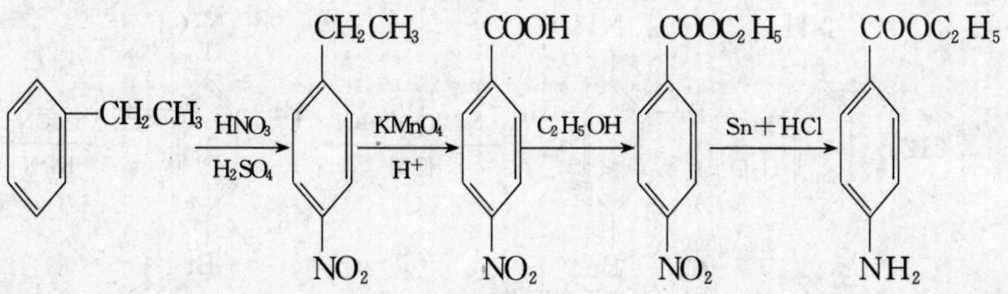

(7) PhOCH₃ $\xrightarrow{\text{HNO}_3 / \text{H}_2\text{SO}_4}$ 4-O₂N-C₆H₄-OCH₃ $\xrightarrow{\text{Br}_2 / \text{FeBr}_3}$ 2-Br-4-O₂N-C₆H₃-OCH₃ $\xrightarrow{\text{Fe}+\text{HCl}}$ 2-Br-4-H₂N-C₆H₃-OCH₃

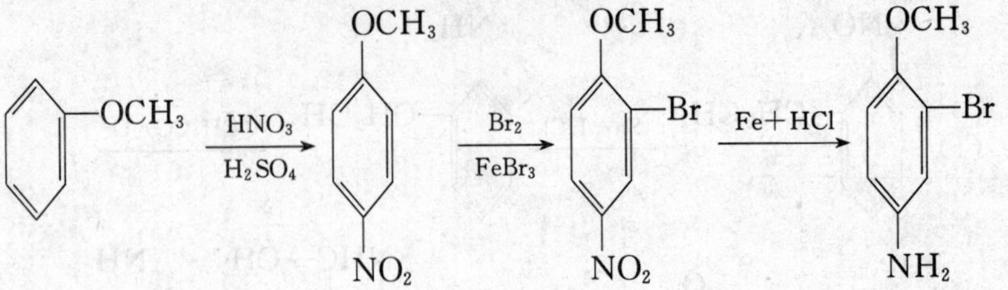

(8) C₆H₅-N₂Cl + 1-氨基萘 $\xrightarrow{\text{中性}}$ C₆H₅-N=N-(4-氨基萘-1-基)

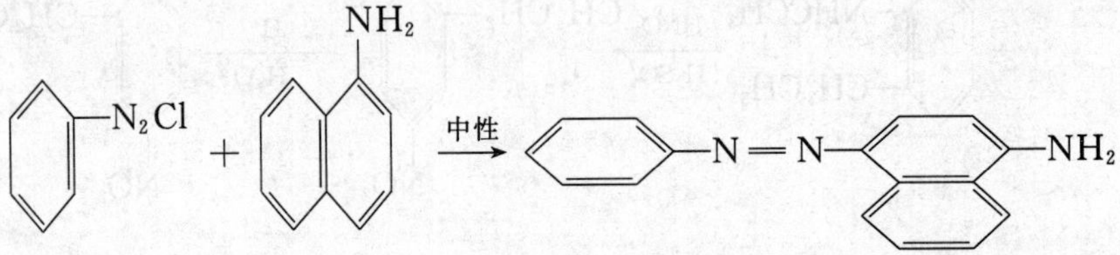

(9) CH₃(CH₂)₂NH₂ $\xrightarrow{\text{过量 CH}_3\text{I}}$ [CH₃(CH₂)₂N(CH₃)₃]⁺I⁻ $\xrightarrow{\text{Ag}_2\text{O} / \text{H}_2\text{O}}$ [CH₃(CH₂)₂N(CH₃)₃]⁺OH⁻ $\xrightarrow{\triangle}$ CH₃CH=CH₂ + N(CH₃)₃

(10) 4-H₂N-C₆H₄-CH₂CH₃ $\xrightarrow{\text{NaNO}_2+\text{HCl} / 0°\text{C}}$ 4-ClN₂-C₆H₄-CH₂CH₃ $\xrightarrow{\text{CuCN} / \text{KCN}\triangle}$ 4-NC-C₆H₄-CH₂CH₃ $\xrightarrow{\text{H}_2\text{O, H}^+}$ 4-HOOC-C₆H₄-CH₂CH₃ $\xrightarrow{\text{KMnO}_4 / \text{H}^+}$ 1,4-(HOOC)₂C₆H₄ $\xrightarrow{\text{C}_2\text{H}_5\text{OH}}$ 1,4-(C₂H₅OOC)₂C₆H₄

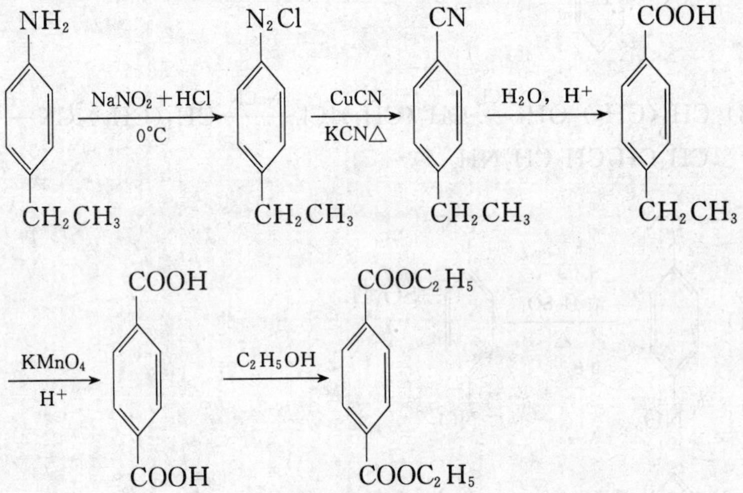

(11) CH₂=CH₂ $\xrightarrow{\text{HCl}}$ CH₃-CH₂Cl $\xrightarrow{\text{NaCN}}$ CH₃CH₂CN $\xrightarrow{\text{H}_2 / \text{Ni}}$ CH₃CH₂CH₂NH₂

(12) C₆H₅NH₂ $\xrightarrow{\text{Br}_2 / \text{H}_2\text{O}}$ 2,4,6-Br₃-C₆H₂-NH₂ $\xrightarrow{\text{NaNO}_2+\text{HCl} / 低温}$ 2,4,6-Br₃-C₆H₂-N₂Cl $\xrightarrow{\text{CuCN} / \text{KCN}}$

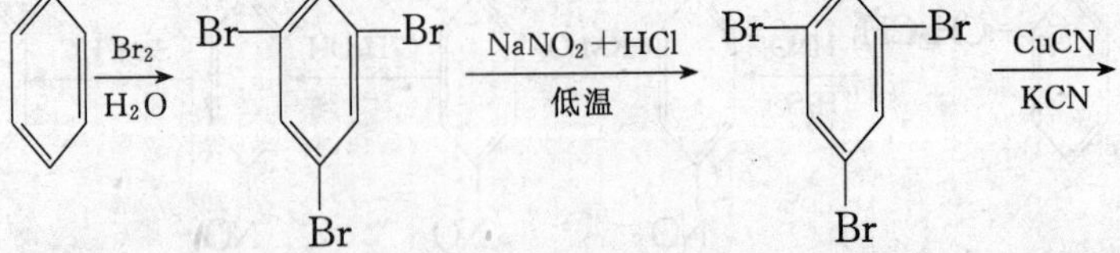

$$\begin{array}{c}\text{CN}\\ \text{Br}\diagup\!\!\!\!\!\bigcirc\!\!\!\!\!\diagdown\text{Br}\\ \text{Br}\end{array} \xrightarrow{\text{H}_2}{\text{Ni}} \begin{array}{c}\text{CH}_2\text{NH}_2\\ \text{Br}\diagup\!\!\!\!\!\bigcirc\!\!\!\!\!\diagdown\text{Br}\\ \text{Br}\end{array}$$

(13) $CH_2=CH_2 \xrightarrow[250°C]{Ag_2O} CH_2-CH_2 \xrightarrow[30\sim50°C]{NH_3} HO-CH_2-CH_2-NH_2$
                                                                    $\underset{O}{\diagdown\diagup}$

$\xrightarrow{\underset{O}{CH_2-CH_2}} (HOCH_2-CH_2)_2N \xrightarrow{\underset{O}{CH_2-CH_2}} (HOCH_2CH_2)_3N$

6. A、B、C 三个化合物的分子式为 $C_5H_{13}N$，当与亚硝酸作用时，A 和 B 生成含有五个碳原子的醇，而 C 则与亚硝酸结合成不稳定的盐。用强氧化剂氧化，由 A 所得的醇生成 2—甲基丁酸。由 B 所得的醇生成 2—戊酮。试写出 A、B、C 的构造式及各步反应方程式。

解：分析

$$C_5H_{13}N\ A、B、C \begin{cases} (A)\ HNO_2 \to \text{五碳醇} \xrightarrow{\text{强氧化剂}} 2-\text{甲基丁酸（推知}A\text{为一级胺）}\\ (B)\ HNO_2 \to \text{五碳醇} \xrightarrow{\text{强氧化剂}} 2-\text{戊酮（推知}B\text{为一级胺）}\\ (C)\ HNO_2 \to \text{不稳定盐（推知}C\text{为三级胺）} \end{cases}$$

A、B、C 的结构式分别为 $CH_3CH_2\underset{\underset{CH_3}{|}}{C}HCH_2NH_2$，$CH_3\underset{\underset{NH_2}{|}}{C}HCH_2CH_2CH_3$，

$\underset{\underset{CH_3}{|}}{\overset{\overset{CH_3}{|}}{N}}-\underset{\underset{CH_3}{|}}{C}HCH_3$ 或 $CH_3-CH_2-\underset{\underset{CH_2CH_3}{|}}{\overset{\overset{CH_3}{|}}{N}}-CH_2CH_3$。

其反应方程式如下：

(A) $CH_3CH\underset{\underset{CH_3}{|}}{}CHCH_2NH_2 \xrightarrow{HNO_2} CH_3CH_2\underset{\underset{CH_3}{|}}{C}HCH_2OH + N_2\uparrow + H_2O$

$\xrightarrow{[O]} CH_3CH_2\underset{\underset{CH_3}{|}}{C}HCOOH$

$$(B)\ CH_3\underset{NH_2}{CH}CH_2CH_2CH_3 \xrightarrow{HNO_2} CH_3\underset{OH}{CH}CH_2CH_2CH_3 + N_2\uparrow + H_2O$$

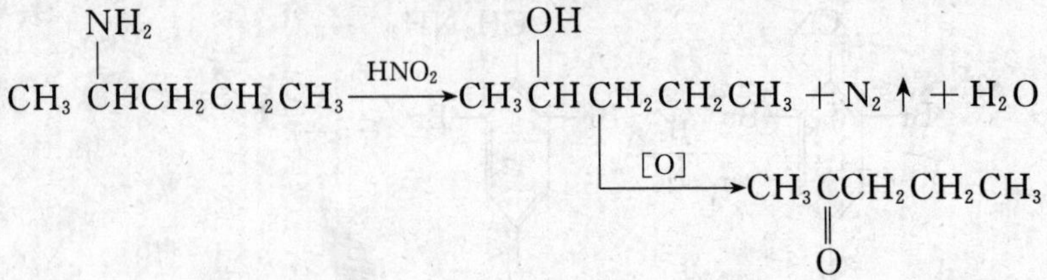

$$\xrightarrow{[O]} CH_3\underset{O}{C}CH_2CH_2CH_3$$

$$(C)\ CH_3-\underset{CH_3CH_3}{\overset{|}{N}}-\underset{|}{CH}CH_3 \xrightarrow{HNO_2} [CH_3-\underset{CH_3}{\overset{|}{N}}-CHCH_3]^+ HNO_2^-$$

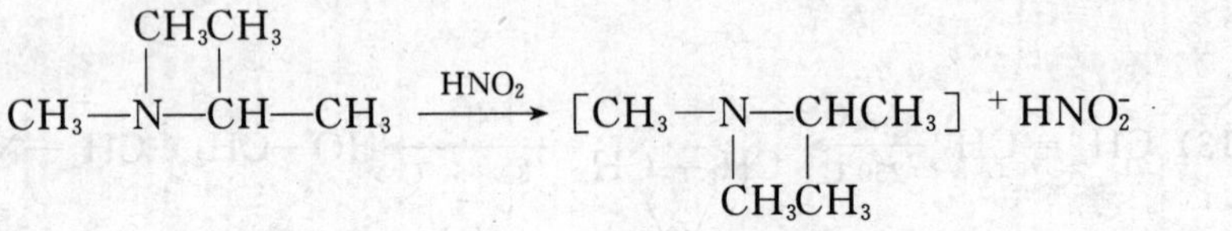

不稳定盐

$$CH_3-\underset{CH_2-CH_3}{\overset{|}{N}}-CH_2CH_3 \xrightarrow{HNO_2} [CH_3-\underset{CH_2CH_3}{\overset{|}{N}}-CH_2CH_3]^+ HNO_2^-$$

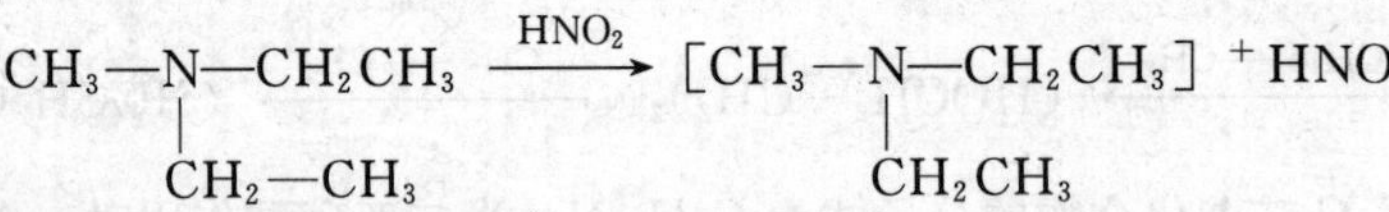

7. 用化学方法区别下列各组化合物。

(1) 乙醇，乙醛，乙酸，乙胺，乙烷。

(2) 对甲基苯胺，N—甲基苯胺，苯甲酸、邻羟基苯甲酸。

解：(1)
乙烷 ×
乙醇 × ×
乙醛 石蕊 × $\xrightarrow{Ag(NH_3)_2NO_3}$ × $\xrightarrow[NaOH]{NaOI}$ CHI$_3$（碘仿反应）
乙酸 变红
乙胺 变蓝

Ag↓（银镜反应）

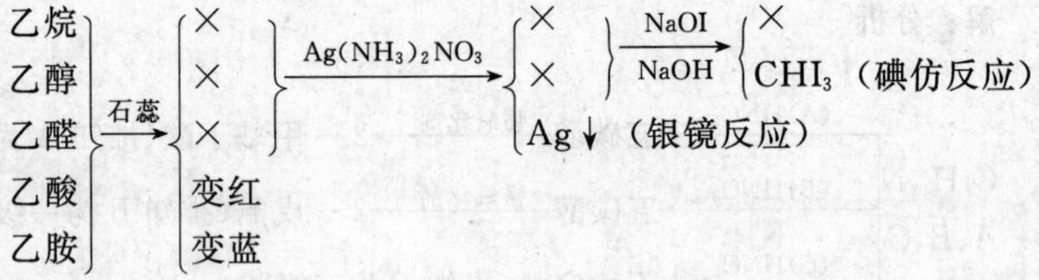

(2) 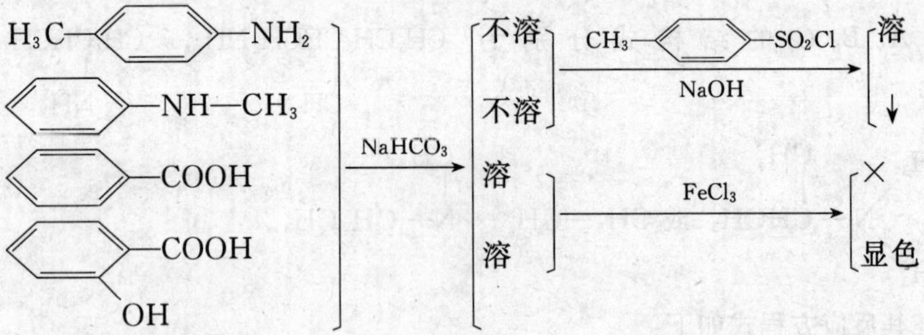
$H_3C-\langle\rangle-NH_2$ 不溶
$\langle\rangle-NH-CH_3$ 不溶 $\xrightarrow{CH_3-\langle\rangle-SO_2Cl}$ 溶 ↓
$\langle\rangle-COOH$ $\xrightarrow{NaHCO_3}$ 溶 $\xrightarrow{NaOH}$
$\langle\rangle-COOH$ 溶 $\xrightarrow{FeCl_3}$ × 显色
　　OH

8. 用化学方法分离下列各组混合物溶液：

(1) 苯胺，对甲基苯酚，苯甲酸和硝基苯。

(2) 苯胺，对氨基苯甲酸和苯酚。

(3) N—乙酰基苯胺和邻甲基苯胺。

解：（1）

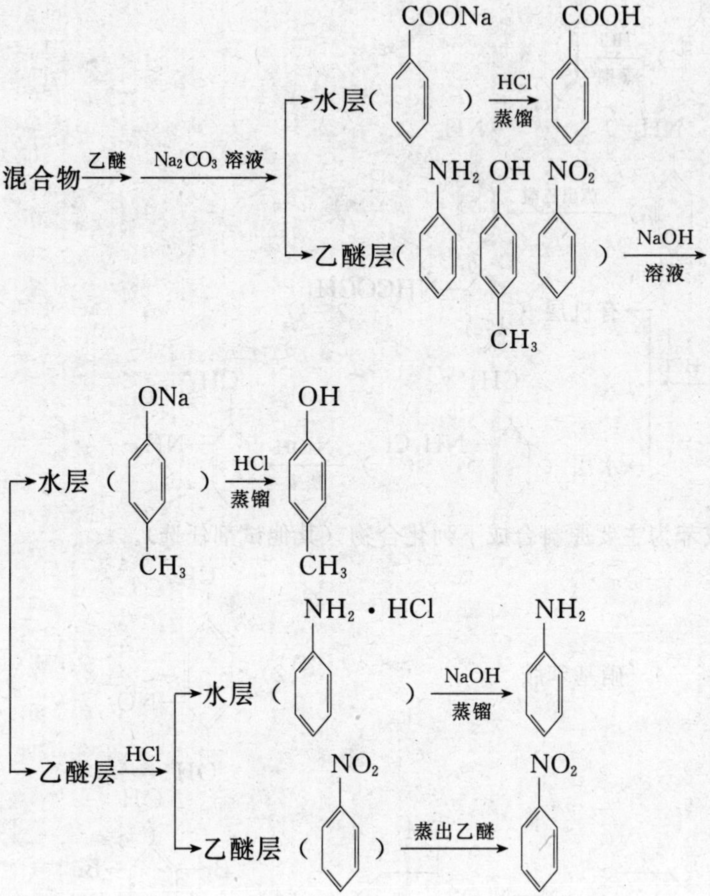

混合物 →(乙醚)(Na₂CO₃ 溶液)→
- 水层（对甲基苯甲酸钠 COONa-C₆H₄-）→(HCl 蒸馏)→ 对甲基苯甲酸 COOH-C₆H₄-
- 乙醚层（苯胺 NH₂-C₆H₅、对甲酚 CH₃-C₆H₄-OH、硝基苯 NO₂-C₆H₅）→(NaOH 溶液)→
  - 水层（对甲酚钠 ONa-C₆H₄-CH₃）→(HCl 蒸馏)→ 对甲酚 OH-C₆H₄-CH₃
  - 乙醚层 →(HCl)→
    - 水层（苯胺盐酸盐 NH₂·HCl-C₆H₅）→(NaOH 蒸馏)→ 苯胺 NH₂-C₆H₅
    - 乙醚层（硝基苯 NO₂-C₆H₅）→(蒸出乙醚)→ 硝基苯 NO₂-C₆H₅

（2）

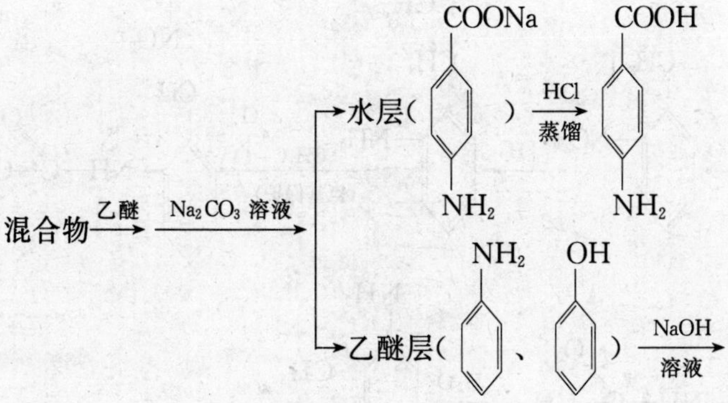

混合物 →(乙醚)(Na₂CO₃ 溶液)→
- 水层（对氨基苯甲酸钠：COONa 上、NH₂ 下）→(HCl 蒸馏)→ 对氨基苯甲酸（COOH 上、NH₂ 下）
- 乙醚层（苯胺 NH₂-C₆H₅、苯酚 OH-C₆H₅）→(NaOH 溶液)→……

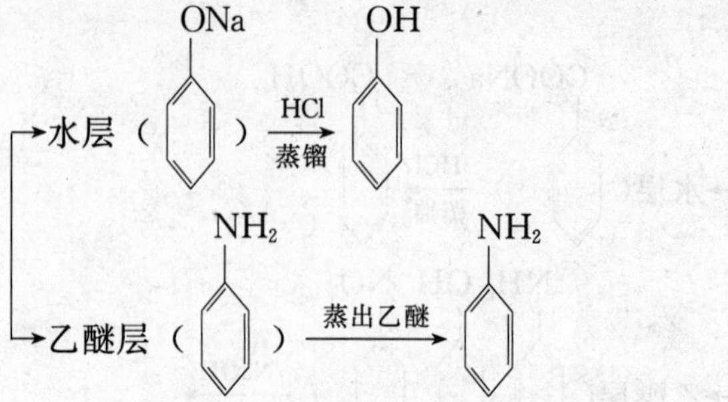

→ 水层（ ⌬-ONa ） $\xrightarrow[\text{蒸馏}]{\text{HCl}}$ ⌬-OH

→ 乙醚层（ ⌬-NH$_2$ ） $\xrightarrow{\text{蒸出乙醚}}$ ⌬-NH$_2$

(3) 混合物 $\xrightarrow{\text{HCl}}$

→ 有机层（ ⌬-NHCOCH$_3$ ）

→ 水层（ 邻-CH$_3$,NH$_3$Cl-苯 ） $\xrightarrow[\text{蒸馏}]{\text{NaOH}}$ 邻-CH$_3$,NH$_2$-苯

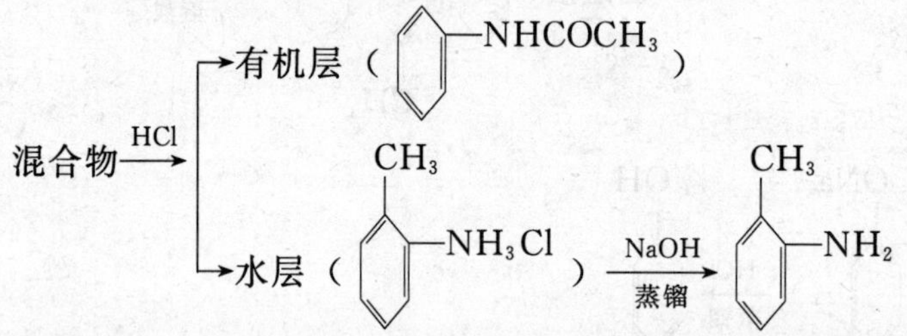

9. 以甲苯或苯为主要原料合成下列化合物（其他试剂任选）。

(1) 2—甲基—4—硝基苯胺

(2) 2-甲基-4-硝基-酚 (结构式: 甲基对位, NO$_2$ 邻位于OH)

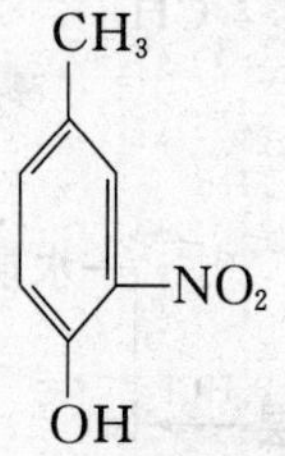

(3) CH$_3$-⌬-N=N-⌬(OH, CH$_3$)

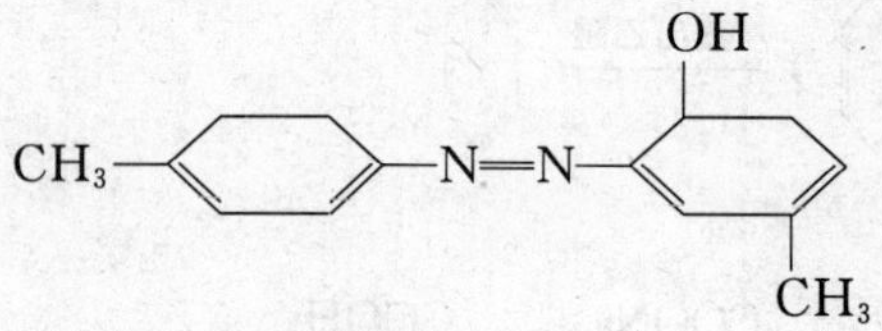

(4) 2,6-二溴-4-硝基苯酚

解：(1) 甲苯 $\xrightarrow{\text{HNO}_3}$ 邻硝基甲苯 $\xrightarrow{\text{[H]}}$ 邻甲基苯胺 $\xrightarrow[\text{(氨基保护)}]{\text{CH}_3\text{COCl}}$ 邻甲基乙酰苯胺

$\xrightarrow[\text{乙酸}]{\text{混酸}}$ 2-甲基-4-硝基乙酰苯胺 $\xrightarrow[\text{H}^+]{\text{H}_2\text{O}}$ 2-甲基-4-硝基苯胺

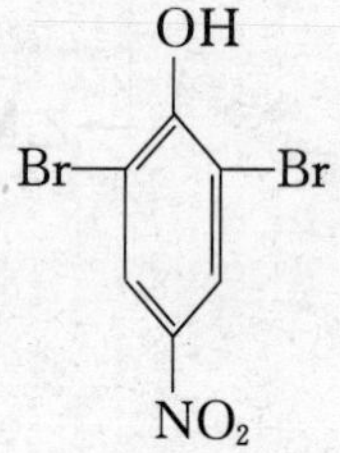

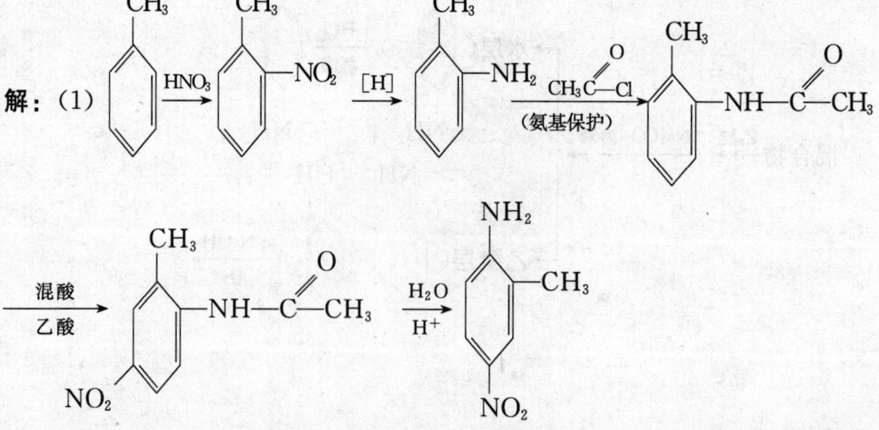

(2) $\underset{\text{甲苯}}{\text{C}_6\text{H}_5\text{CH}_3} \xrightarrow{\text{HNO}_3} \text{对硝基甲苯} \xrightarrow{[H]} \text{对甲基苯胺} \xrightarrow{\text{CH}_3\text{COCl}} \text{对甲基乙酰苯胺} \xrightarrow{\text{HNO}_3} \text{2-硝基-4-甲基乙酰苯胺}$

$\xrightarrow[\text{H}^+]{\text{H}_2\text{O}} \text{2-硝基-4-甲基苯胺} \xrightarrow[0\sim5^\circ\text{C}]{\text{NaNO}_2+\text{HCl}} \text{重氮盐} \xrightarrow[\text{H}^+]{\text{H}_2\text{O}} \text{2-硝基-4-甲基苯酚}$

(3) A, $\underset{\text{甲苯}}{\text{C}_6\text{H}_5\text{CH}_3} \xrightarrow[\text{H}_2\text{SO}_4]{\text{HNO}_3} \text{对硝基甲苯} \xrightarrow{[H]} \text{对甲基苯胺} \xrightarrow[0\sim5^\circ\text{C}]{\text{NaNO}_2+\text{HCl}} \text{重氮盐} \xrightarrow[\triangle]{\text{H}_2\text{O, H}^+} \text{对甲基苯酚}$

B, $\text{C}_6\text{H}_5\text{CH}_3 \xrightarrow{\text{HNO}_3} \text{对硝基甲苯} \xrightarrow{[H]} \text{对甲基苯胺} \xrightarrow[0\sim5^\circ\text{C}]{\text{NaNO}_2+\text{HCl}} \text{重氮盐}$

$\text{CH}_3\text{-C}_6\text{H}_4\text{-OH} + \text{CH}_3\text{-C}_6\text{H}_4\text{-N}_2\text{Cl} \xrightarrow[0^\circ\text{C}]{\text{弱 OH}^-} \text{CH}_3\text{-C}_6\text{H}_4\text{-N=N-}(2\text{-羟基-5-甲基苯基})$

(4) $\text{C}_6\text{H}_6 \xrightarrow{\text{HNO}_3} \text{C}_6\text{H}_5\text{NO}_2 \xrightarrow{[H]} \text{C}_6\text{H}_5\text{NH}_2 \xrightarrow{\text{CH}_3\text{COCl}}$

107

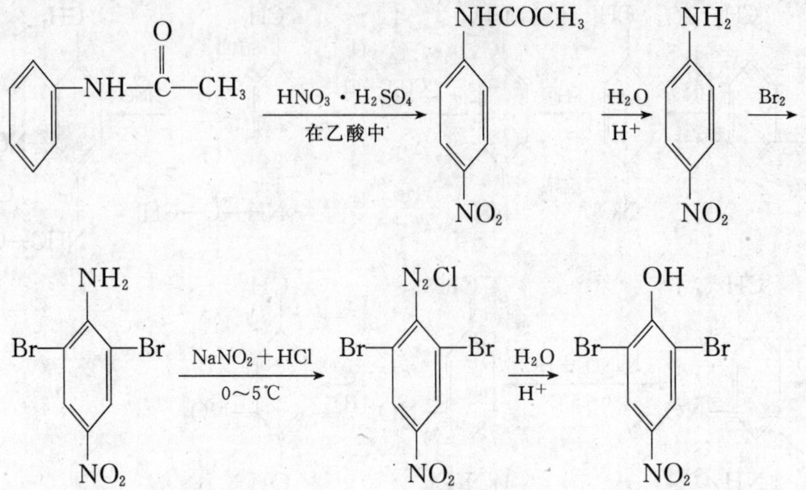

[反应式图略]

10. 化合物 A 的分子式为 $C_{10}H_{15}N$，能与 HNO_2 反应生成 $C_{10}H_{14}N_2O$，但不与苯磺酰氯作用，其核磁共振谱图显示：$\delta=1.1$（三重峰，6H），$\delta=3.3$（四重峰，4H），$\delta=6.8$（多重峰，5H），请写出 A 的构造式。

解：化合物 A 的构造式为

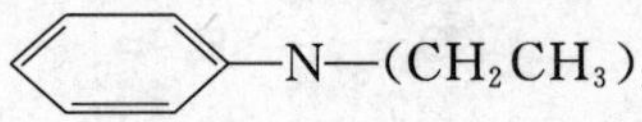

$$\text{C}_6\text{H}_5-\text{N}(\text{CH}_2\text{CH}_3)_2$$

第九章 杂环化合物

内 容 提 要

由碳原子和杂原子（O、S、N）组成的环状化合物叫杂环化合物。

一、呋喃、噻吩、吡咯的性质

杂环化合物的芳香性是相对于苯而言，从化学角度来说，是指环状共轭体系对亲电取代、加成反应的难易程度以及对氧化剂的敏感性。

1. 取代反应

其亲电取代一般发生在 α 位上，其活泼顺序是：吡咯＞呋喃＞噻吩＞苯。

（1）卤代反应

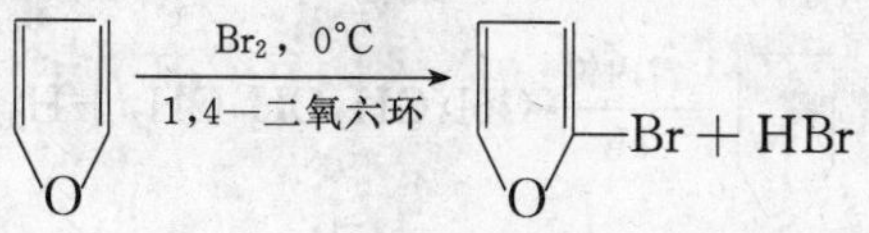

$$\text{呋喃} \xrightarrow[\text{1,4-二氧六环}]{Br_2, 0°C} \alpha\text{-溴代呋喃} + HBr$$

$$\text{噻吩} \xrightarrow{Br_2/CH_3COOH} \alpha\text{-溴代噻吩} + HBr$$

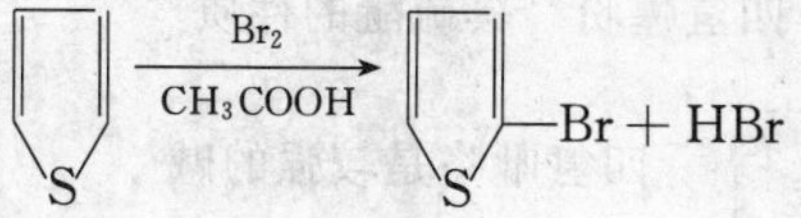

$$\text{吡咯} \xrightarrow{KI} 2,3,4,5\text{-四碘代吡咯}$$

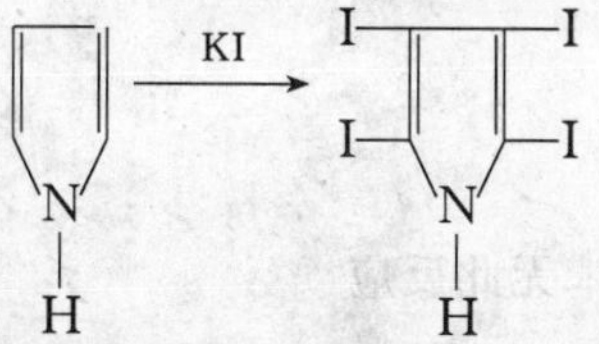

（2）磺化和硝化

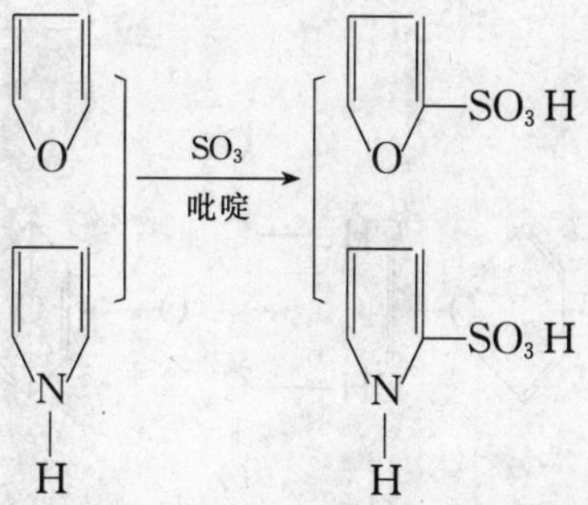

$$\text{呋喃/吡咯} \xrightarrow[\text{吡啶}]{SO_3} \text{-}SO_3H \text{ 产物}$$

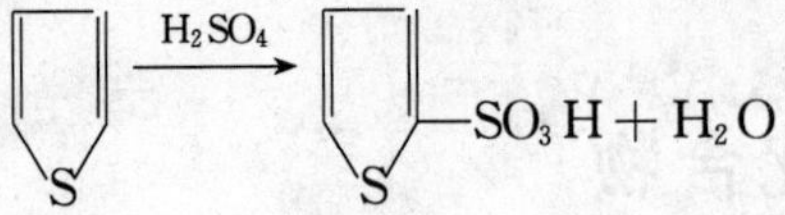

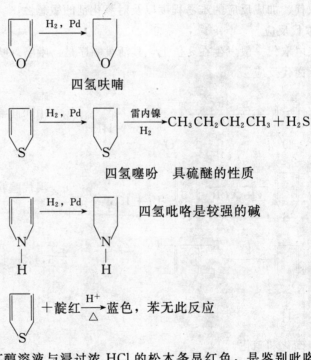

α—磺酸噻吩溶于 H_2SO_4，除去粗苯中的噻吩。

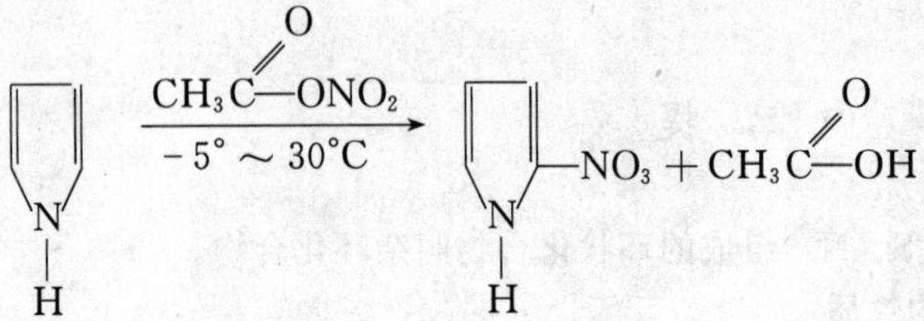

2. 加成反应

(1) 催化加氢

四氢呋喃

四氢噻吩 具硫醚的性质

四氢吡咯是较强的碱

吡咯的蒸气或其醇溶液与浸过浓 HCl 的松木条显红色，是鉴别吡咯及低级同系物的定性方法。

(2) 双烯合成

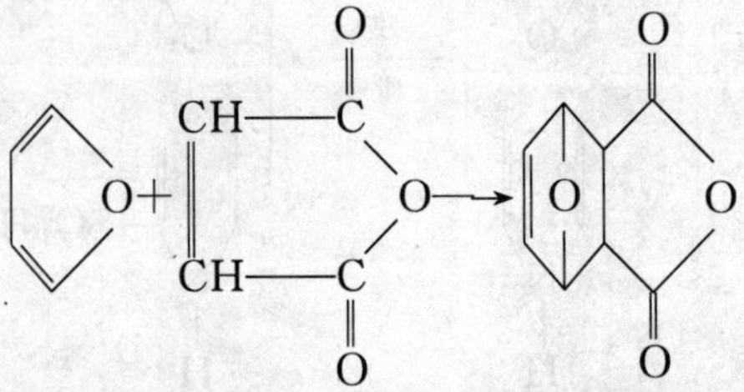

3. 吡咯的酸碱性

碱性：—NH₂ > N—H，吡咯不能与酸生成稳定的盐

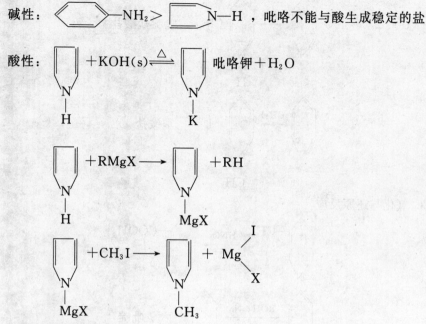

酸性：反应式如图所示

二、吡啶的性质

吡啶性质与硝基苯相似。

1. 取代反应

(1) 亲电取代一般发生在 β 位上：

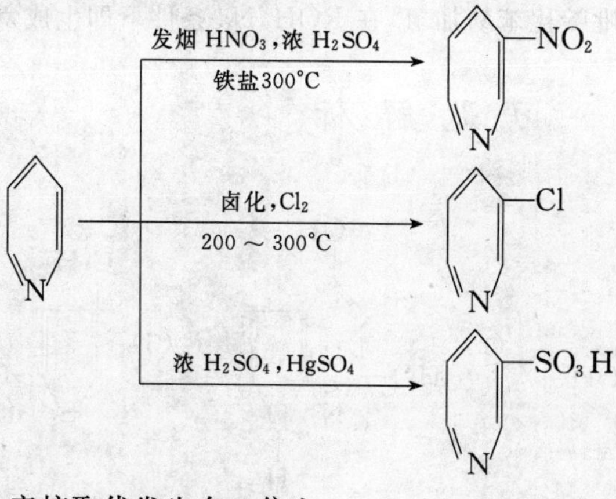

- 发烟 HNO_3，浓 H_2SO_4，铁盐 300°C → β—硝基吡啶
- 卤化，Cl_2，200～300°C → β—氯吡啶
- 浓 H_2SO_4，$HgSO_4$ → β—吡啶磺酸

(2) 亲核取代发生在 α 位上：

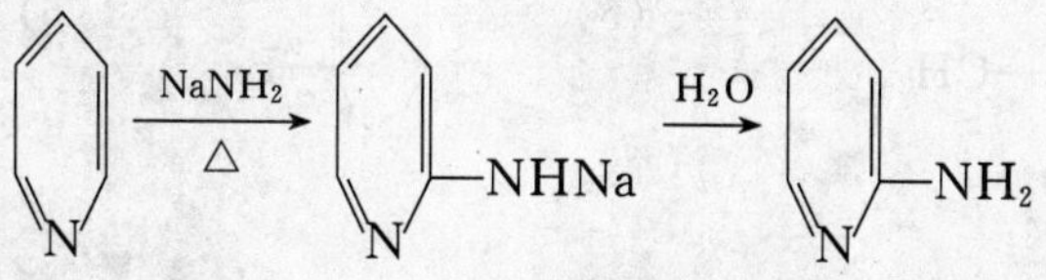

吡啶 $\xrightarrow[\Delta]{NaNH_2}$ 2-NHNa 吡啶 $\xrightarrow{H_2O}$ 2-氨基吡啶

2. 弱碱性

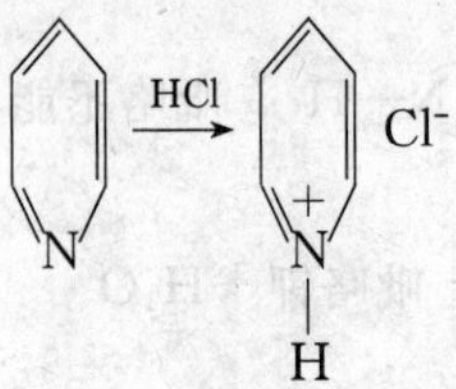

$$\text{吡啶} \xrightarrow{HCl} \text{吡啶鎓}^+ \cdot Cl^- \quad \text{吡啶盐酸盐}$$

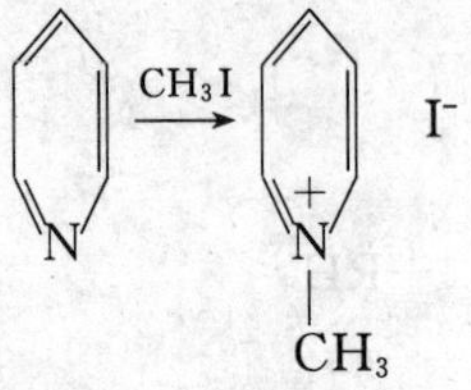

$$\text{吡啶} \xrightarrow{CH_3I} \text{N-甲基吡啶鎓}^+ \cdot I^- \quad \text{季铵盐}$$

3. 氧化与还原反应

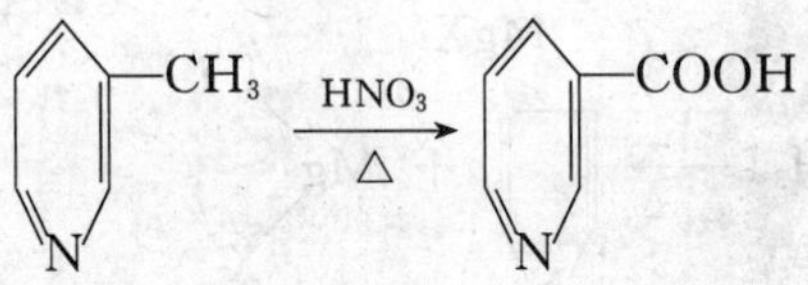

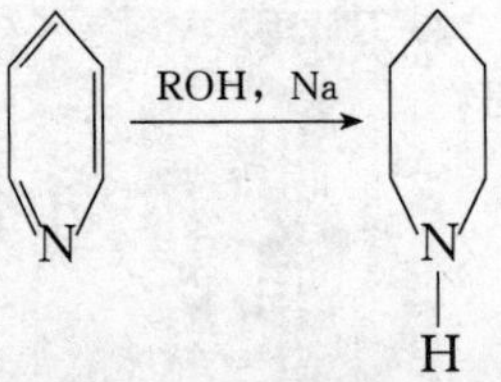

$$\text{3-甲基吡啶} \xrightarrow[\Delta]{HNO_3} \text{烟酸 (3-吡啶甲酸)}$$

$$\text{吡啶} \xrightarrow{ROH, Na} \text{六氢吡啶}$$

吡啶比苯难氧化，在强氧化剂（浓 HNO_3 或 $K_2Cr_2O_7 + H^+$）加热不被氧化。同样条件下支链被氧化，但吡啶比苯易加氢，在 ROH，Na 条件下即生成六氢吡啶。

习 题 解 析

1. 命名下列化合物。

(1)  5-乙基-2-呋喃甲酸 (H_5C_2—呋喃—COOH)

(2) (嘌呤类稠环化合物，含 OH、N、O、H)

(3) 2-甲基-4-乙基噻吩 (C_2H_5、CH_3、S)

(4) 2-乙酰基呋喃 (呋喃—C(=O)—CH_3)

(5) 2,4-二溴吡咯 (Br、Br、N-H)

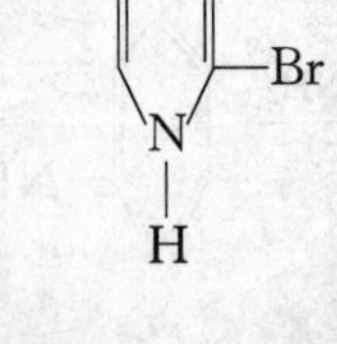

(6)  3-吡啶甲酰胺 (烟酰胺) ($CONH_2$、N)

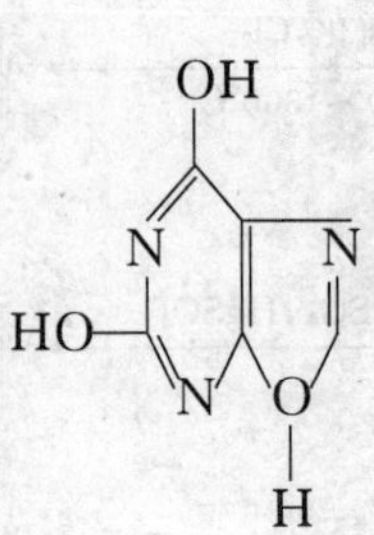

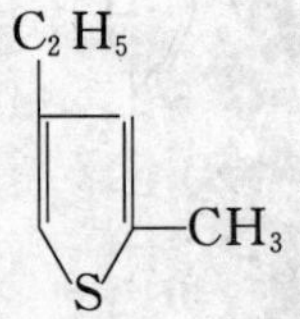

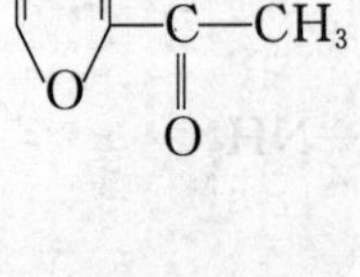

112

解：(1) 5—乙基呋喃甲酸 (2) 2,6—二羟基嘌呤
(3) 2—甲基—4—乙基噻吩 (4) 2—乙酰基呋喃
(5) 2,4—二溴吡咯 (6) β—吡啶甲酰胺

2. 写出下列化合物的结构式。
(1) 2,5—二氯呋喃 (2) 3—甲基六氢吡啶 (3) N—苯基吡咯
(4) 2,4—二甲氧基噻吩 (5) 8—甲基喹啉

解：(1) ![structure] (2) ![structure] (3) ![structure]

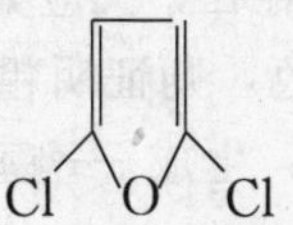

(4) ![structure] (5) ![structure]

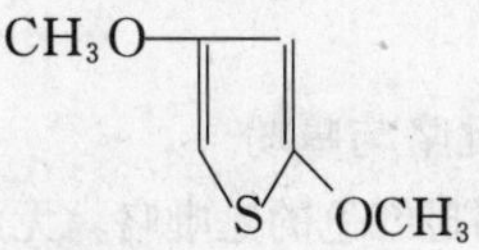

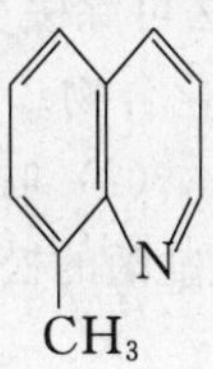

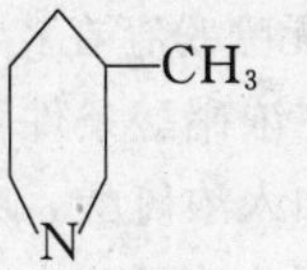

3. 完成下列反应式。
(1) γ—甲基吡啶 ——→ γ—吡啶甲酰胺
(2) 吡啶＋1—碘丙烷 ——→
(3) γ—甲基吡啶 $\xrightarrow{KMnO_4}$? $\xrightarrow{SOCl_2}$? $\xrightarrow{NH_3}$?

解：(1)

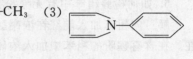

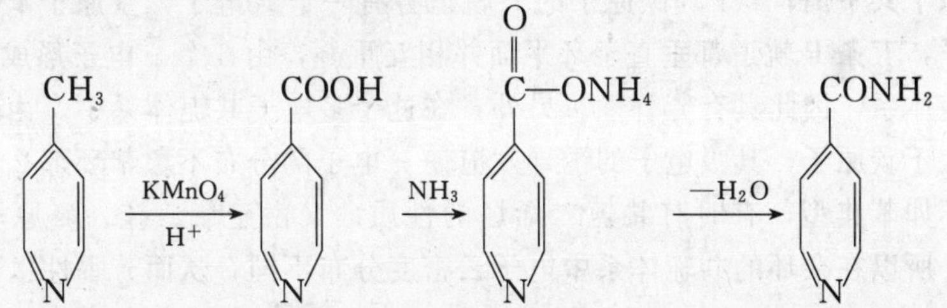

(2)

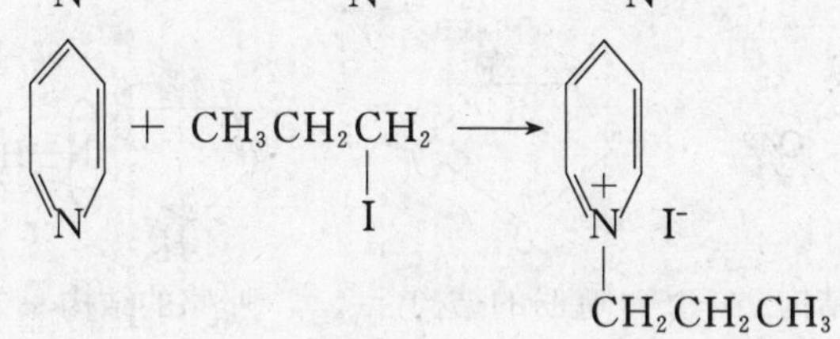

(3)

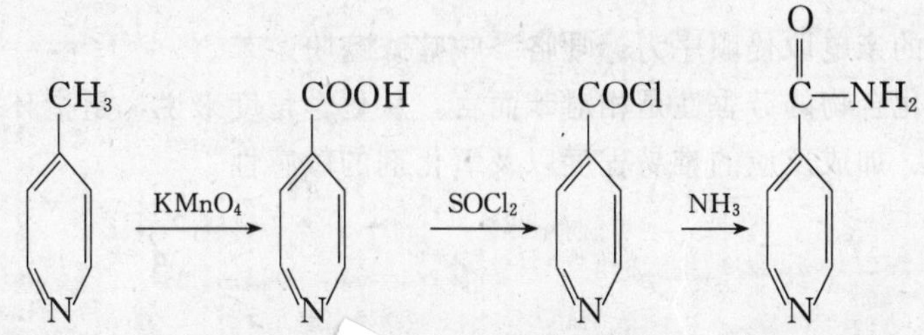

4. 比较下列化合物的碱性强弱？

二甲胺、苯胺、氨、吡咯、吡啶

解：二甲胺＞氨＞吡啶＞苯胺＞吡咯

5. 少量的吡啶混在甲苯中，如何分离除去？

解：加 HCl，吡啶与之生成吡啶的盐溶于水，而甲苯不与之反应，所以可将吡啶从甲苯中除去。

6. 如何检验粗苯中有无噻吩存在？若有少量噻吩存在，又应如何除去？

解：向粗苯加入靛红在浓硝酸条件下加热若呈蓝色，则证明粗苯中有噻吩存在。在含有噻吩的粗苯中加入浓硫酸，噻吩容易磺化，生成 α—噻吩磺酸而溶于硫酸，而苯不溶于硫酸，用此法可除去少量噻吩。

7. 用化学方法区别下列各化合物。

(1) 吡咯与吡啶　　(2) 呋喃、吡咯与噻吩

解：(1) 其醇溶液与浸渍过盐酸的松木作用显红色的是吡咯，无此现象为吡啶。

(2) 呋喃、吡咯、噻吩 $\xrightarrow[\text{浓 } H_2SO_4,\ \triangle]{\text{靛红}}$ 呋喃：×；吡咯：×；噻吩：蓝色

呋喃、吡咯 $\xrightarrow{\text{浸过 HCl 的松木}}$ 呋喃：绿色；吡咯：红色

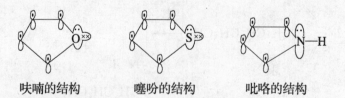

8. 比较呋喃、吡咯、噻吩的芳香性，并说明之。

解：它们结构有共同之处，环上五个原子分别以 SP^2 杂化轨道形成 σ 键，五个原子共平面；4 个环碳原子的 P 轨道各有一个 P 电子，杂原子 P 轨道有两个 P 电子，五条 P 轨道都垂直于环平面并相互重叠，由 6 个 π 电子形成多电子闭合的共轭体系，因此具有芳香性。另外，在这个多电子共轭体系中，由于杂原子电负性大于碳原子，其吸电子的诱导效应使 π 电子的分布不象苯环那么均匀，其芳香性不如苯典型，有时有共轭二烯烃的性质。又由于氧、硫、氮原子的电负性不同，所以在杂环的共轭体系中电子云密度分布不同，从而芳香性也不同。

呋喃的结构

噻吩的结构

吡咯的结构

它们的亲电取代顺序为：吡咯＞呋喃＞噻吩＞苯。

杂环化合物的芳香性是相对苯而言，从化学角度来说，是指环状共轭体系对亲电取代、加成反应的难易程度以及氧化剂的敏感性。

第十章 碳水化合物

内容提要

碳水化合物是多羟基醛或多羟基酮以及它们的缩合物的总称。

单糖：不能水解的最简单的多羟基醛或多羟基酮。如葡萄糖、果糖、核糖等。

二糖：由两个单糖缩合而成的糖类，其水解后产生两分子单糖。如蔗糖、麦芽糖、纤维二糖、乳糖等。

多糖：水解后产生多分子单糖，如淀粉、纤维素等。

一、单糖

（1）旋光异构现象：分子中含有手性碳原子，有旋光异构现象。分子中有 n 个手性碳原子，则异构体数为 2^n。

（2）结构：有开链结构与环状结构，在溶液中两结构存在着动态平衡，开链结构在平衡混合物中含量很少。

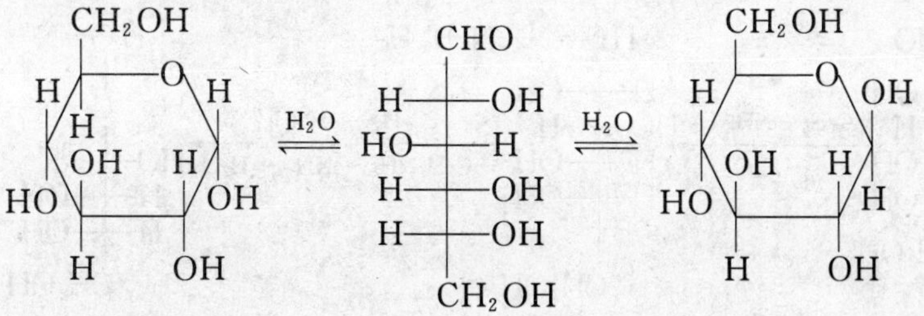

α-D-(+)-葡萄糖　　D-(+)-葡萄糖　　β-D-(+)葡萄糖

（3）变旋光现象：旋光化合物溶液的比旋光度随时间逐渐变化，最终达到一个定值的现象，叫做变旋光现象。

（4）化学反应：介绍单糖的特殊性质。

1）氧化反应：

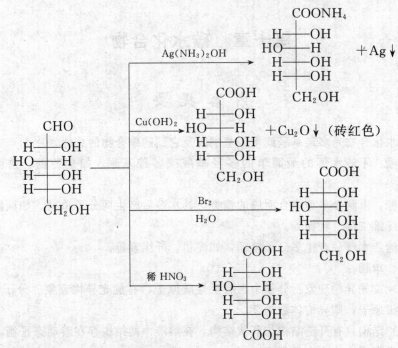

酮糖也能被托伦试剂和裴林试剂所氧化。

2) 脎的生成

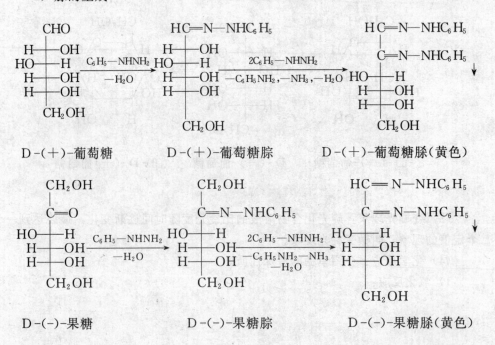

3) 苷的生成

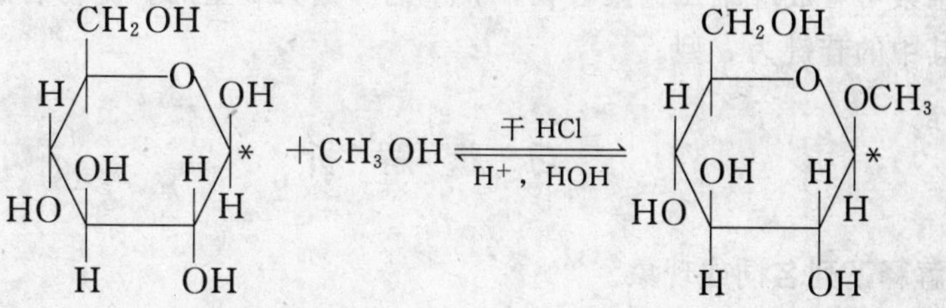

$$\text{β-D-(+)-葡萄糖} + CH_3OH \underset{H^+, HOH}{\overset{\mp HCl}{\rightleftharpoons}} \text{β-D-(+)-甲基葡萄糖苷}$$

二、二糖

麦芽糖和纤维二糖是二分子葡萄糖脱水形成的，是还原性糖。前者是 α—D—1,4—葡萄糖苷，后前为 β—D—1,4—葡萄糖苷。蔗糖是非还原糖，由葡萄糖和果糖脱水形成。它是 α—D—葡萄糖苷，又是 β—D—果糖苷。

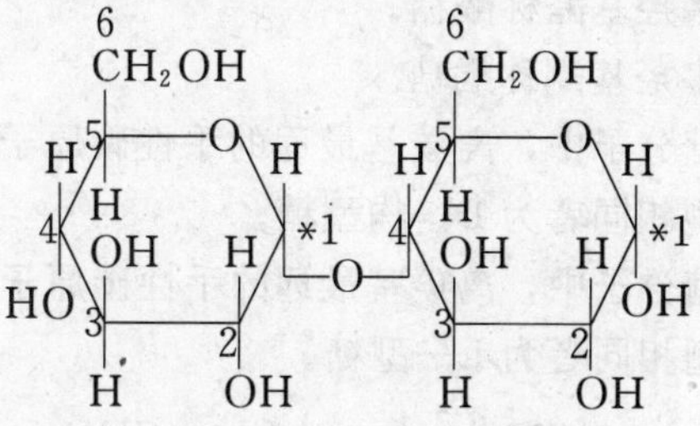

麦芽糖 α—1,4—苷键

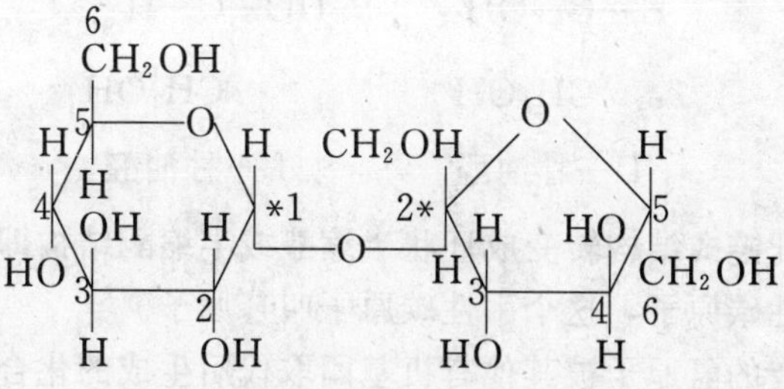

蔗糖 1,2—苷键

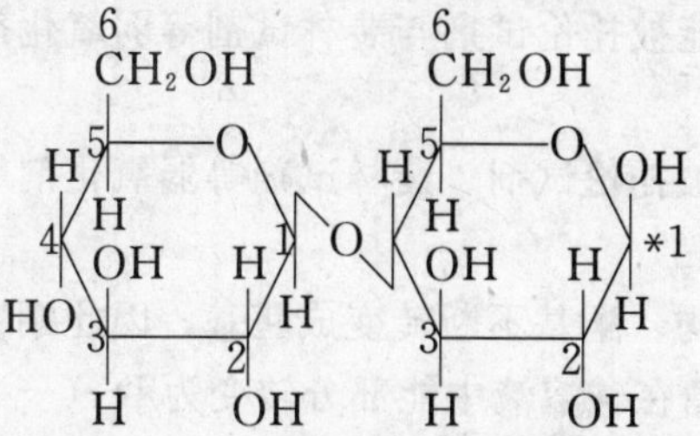

纤维二糖 β—1,4—苷键

三、多糖

纤维素可看成纤维二糖聚合物，其中的苷键为 β 型的。淀粉看成麦芽糖的聚合物，其中的苷键为 α 型。

习 题 解 析

1. 解释下列名词或现象。

(1) 醛糖，酮糖

(2) D—型糖，L—型糖

(3) 苷，苷羟基

(4) 还原糖，非还原糖

(5) 果糖是酮糖，为什么也能像醛糖一样与托伦试剂、裴林试剂反应？

(6) 葡萄糖是醛糖，为什么不能与饱和亚硫酸氢钠溶液生成沉淀？

解： (1) 醛糖：多羟基醛称醛糖。

酮糖：多羟基酮称酮糖。

(2) D 型糖：单糖分子中，离羰基最远的手性碳原子的构型与 D—甘油醛的构型相同者为 D—构型糖。

L 型糖：单糖分子中，离羰基最远的手性碳原子的构型与 L—甘油醛的构型相同者为 L—型糖。

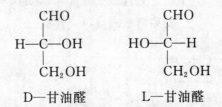

(3) 单糖由开链式结构转变成环状半缩醛或半缩酮结构即氧环式结构时，形成了一个新的手性碳原子，这个手性碳原子叫苷原子。

苷：苷羟基上的氢原子被其他有机基团取代后生成的化合物叫苷或糖苷。

苷羟基：苷原子所连接的羟基叫苷羟基。

(4) 还原性糖：能被托伦试剂与裴林试剂等弱氧化剂氧化的碳水化合物都是还原糖。

非还原糖：不能被托伦试剂、裴林试剂等弱氧化剂氧化的碳水化合物是非还原糖。

(5) 由于互变异构，酮基不断转变成醛基，因此酮糖可与托伦试剂、裴林试剂反应。D-(—)-果糖在碱溶液中能部分转变为 D-(＋)-甘露糖和 D-(＋)-葡萄糖。所以果糖能像醛糖一样与托伦试剂、裴林试剂反应。

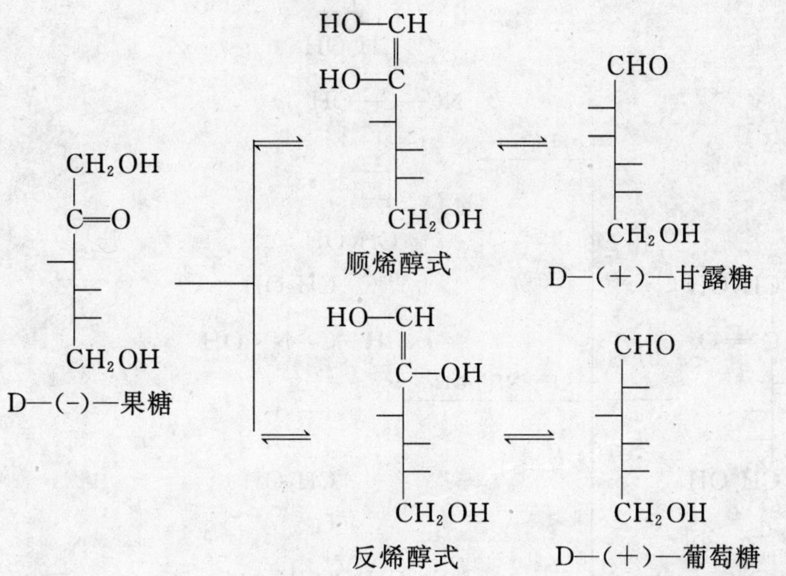
CH2OH
C=O
CH2OH
D—(-)—果糖
HO—CH
HO—C
CH2OH
顺烯醇式
CHO
CH2OH
D—(+)—甘露糖
HO—CH
C—OH
CH2OH
反烯醇式
CHO
CH2OH
D—(+)—葡萄糖

(6) 葡萄糖有开链式结构和氧环式结构，在其平衡混合物中开链式结构不足0.5%，主要以氧环式结构存在，所以它不与饱和亚硫酸亚钠溶液生成沉淀。

2. 写出D—葡萄糖和D—果糖与HCN，NH_2—OH，醋酸反应的产物。

解：

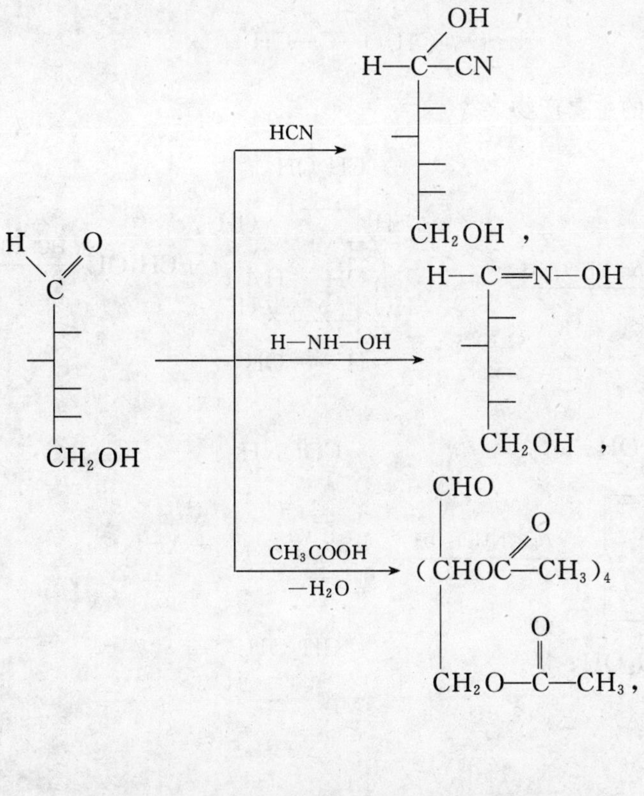
H
O
C
CH2OH
HCN
OH
H—C—CN
CH2OH ,
H—NH—OH
H—C=N—OH
CH2OH ,
CH3COOH
—H2O
CHO
O
(CHOC—CH3)4
O
CH2O—C—CH3,

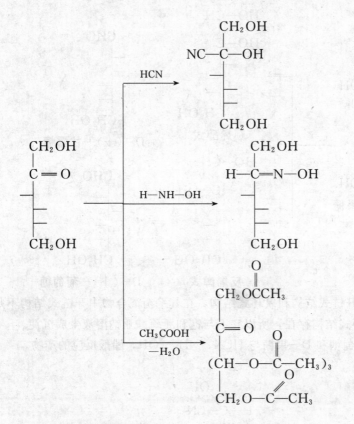

3. 写出下列反应的主要产物

(1) 结构式 $\xrightarrow{Ag(NH_3)_2OH}$

(2) 结构式 $+CH_3OH \xrightarrow{HCl(干燥)}$

解：(1) 结构式 $\xrightarrow{Ag(NH_3)_2OH}$ 产物（COONH₄ 端基）$+Ag\downarrow$

(2)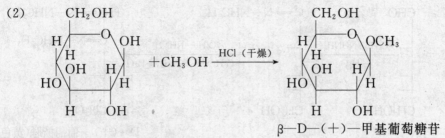

β—D—(+)—甲基葡萄糖苷

4. 如何鉴别下列各组糖类。
(1) D—葡萄糖与 D—果糖　　　　(2) 蔗糖与麦芽糖
(3) 果糖与麦芽糖　　　　　　　　(4) 淀粉和纤维素

解：(1) D—葡萄糖 $\xrightarrow{Br_2}$ 褪色
　　　D—果糖　　　　×

(2) 蔗糖 $\xrightarrow{Ag(CH_3)_2OH}$ ×
　　麦芽糖　　　　　　Ag↓ 银镜反应

(3) 果糖 $\xrightarrow[水溶\triangle]{\text{OH—}\text{—OH HCl 溶液,}}$ 红色
　　麦芽糖　　　　　　　　　　×

(4) 淀粉 $\xrightarrow{碘}$ 蓝色
　　纤维素　　×

5. 如果把蔗糖与稀硫酸共热后，所得产物再和过量的苯肼作用，生成什么化合物？写出反应简式。

解：

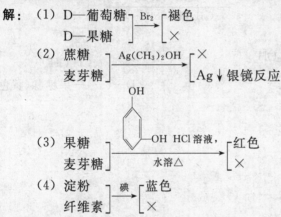

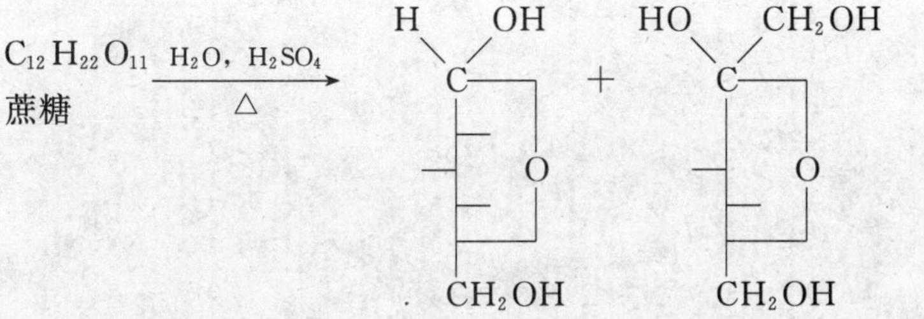

α—D—(+) 葡萄糖　　　β—D—(-)—果糖

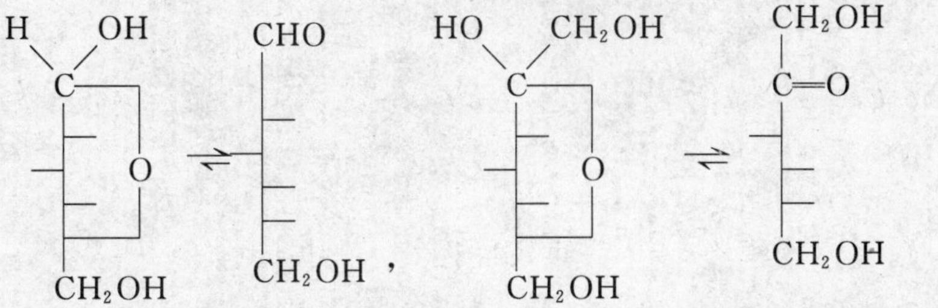

D—(+)—葡萄糖　　　　D—(-)—果糖

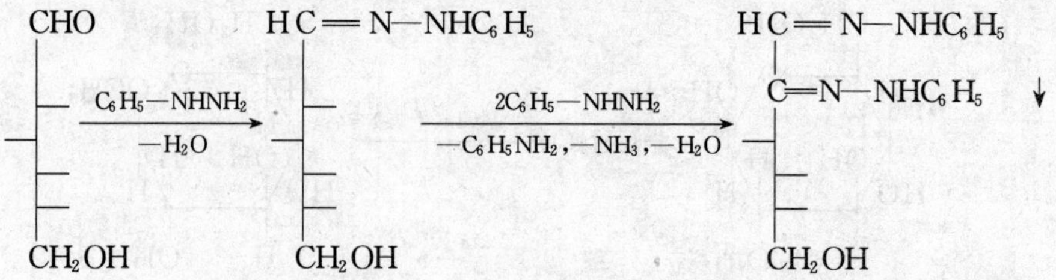

$$\underset{\text{CH}_2\text{OH}}{\overset{\text{CHO}}{|}}\xrightarrow[-\text{H}_2\text{O}]{\text{C}_6\text{H}_5-\text{NHNH}_2}\underset{\text{CH}_2\text{OH}}{\overset{\text{HC}=\text{N}-\text{NHC}_6\text{H}_5}{|}}\xrightarrow[-\text{C}_6\text{H}_5\text{NH}_2,\,-\text{NH}_3,\,-\text{H}_2\text{O}]{2\text{C}_6\text{H}_5-\text{NHNH}_2}\underset{\text{CH}_2\text{OH}}{\overset{\begin{array}{c}\text{HC}=\text{N}-\text{NHC}_6\text{H}_5\\ \text{C}=\text{N}-\text{NHC}_6\text{H}_5\end{array}}{|}}\downarrow$$

D—(+)—葡萄糖脎(黄色)

$$\underset{\text{CH}_2\text{OH}}{\overset{\begin{array}{c}\text{CH}_2\text{OH}\\ \text{C}=\text{O}\end{array}}{|}}\xrightarrow[-\text{H}_2\text{O}]{\text{C}_6\text{H}_5-\text{NHNH}_2}\underset{\text{CH}_2\text{OH}}{\overset{\begin{array}{c}\text{CH}_2\text{OH}\\ \text{C}=\text{N}-\text{NHC}_6\text{H}_5\end{array}}{|}}\xrightarrow[-\text{C}_6\text{H}_5\text{NH}_2,\,-\text{NH}_3,\,-\text{H}_2\text{O}]{2\text{C}_6\text{H}_5-\text{NHNH}_2}\underset{\text{CH}_2\text{OH}}{\overset{\begin{array}{c}\text{HC}=\text{N}-\text{NHC}_6\text{H}_5\\ \text{C}=\text{N}-\text{NHC}_6\text{H}_5\end{array}}{|}}\downarrow$$

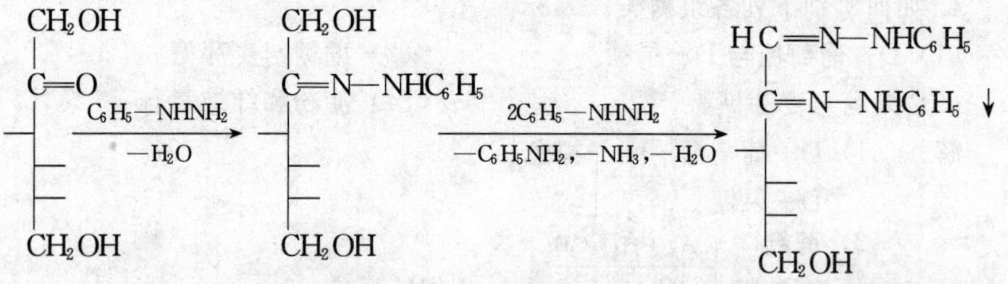

D—(−)—果糖脎(黄色)

第十一章 氨基酸 蛋白质

内 容 提 要

一、氨基酸

羧酸分子中的烃基上的氢原子被氨基（—NH_2）取代后的生成物叫氨基酸

化学性质：

1. 成盐作用

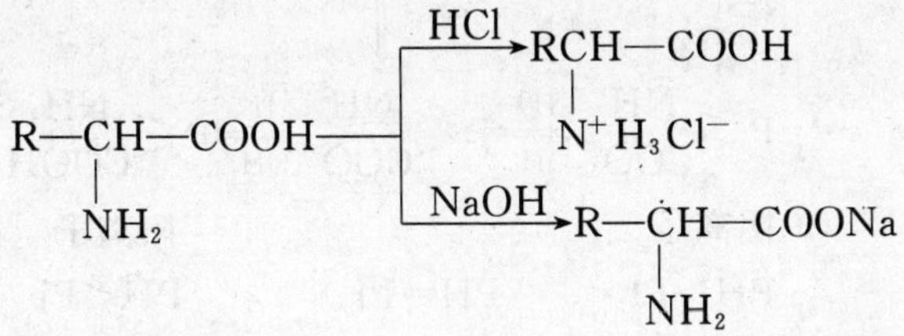

$$R-CH(NH_2)-COOH \xrightarrow{HCl} R-CH(N^+H_3Cl^-)-COOH$$
$$R-CH(NH_2)-COOH \xrightarrow{NaOH} R-CH(NH_2)-COONa$$

2. 两性电离和等电点

$$R-CH(NH_2)-COO^- \underset{OH^-}{\overset{H^+}{\rightleftharpoons}} R-CH(N^+H_3)-COO^- \underset{OH^-}{\overset{H^+}{\rightleftharpoons}} R-CH(N^+H_3)-COOH$$

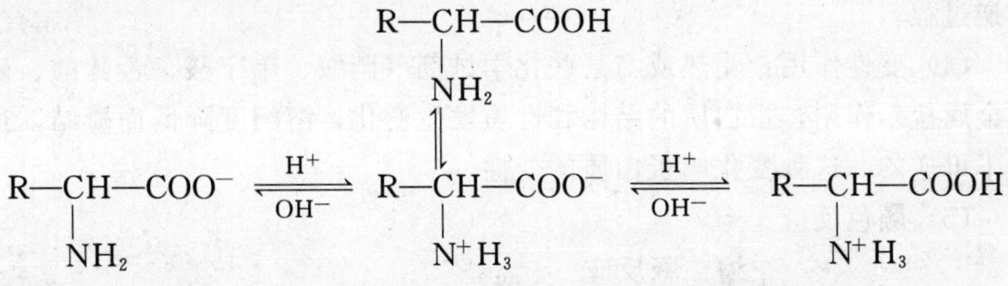

溶液 pH ＞ 等电点　　　　　等电点　　　　　溶液 pH ＜ 等电点

3. 脱羧作用

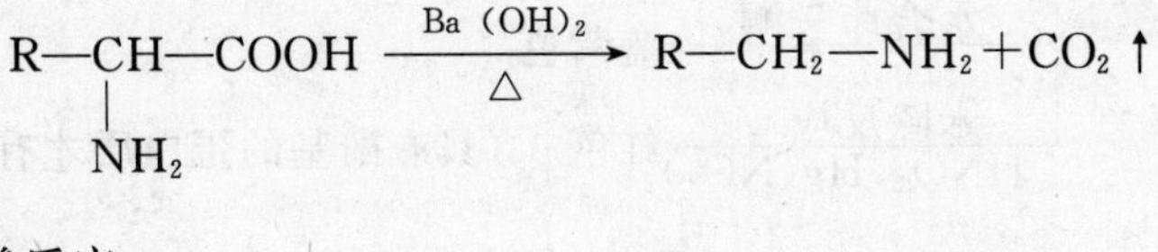

$$R-CH(NH_2)-COOH \xrightarrow[\Delta]{Ba(OH)_2} R-CH_2-NH_2 + CO_2\uparrow$$

4. 亚硝酸反应

$$R-CH(NH_2)-COOH \xrightarrow{HONO} R-CH(OH)-COOH + N_2\uparrow + H_2O$$

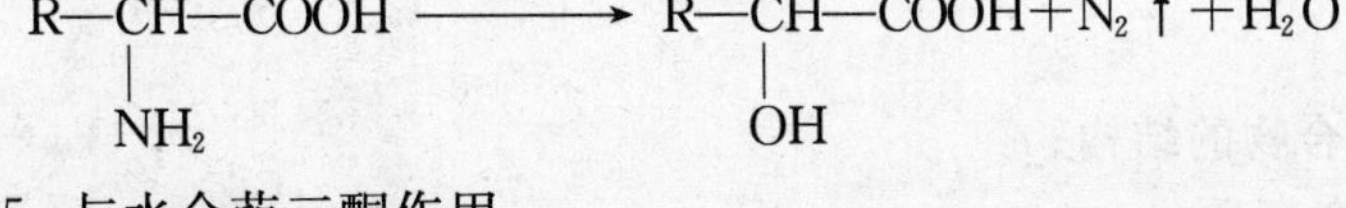

5. 与水合茚三酮作用

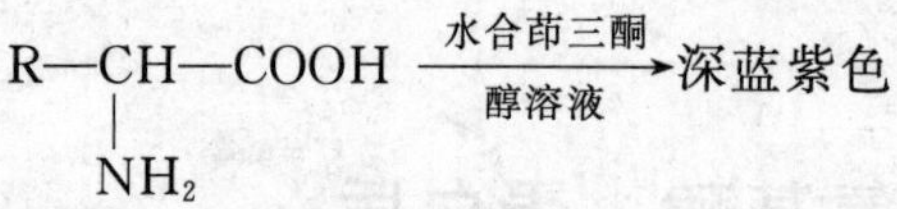

$$R-\underset{\underset{NH_2}{|}}{CH}-COOH \xrightarrow[\text{醇溶液}]{\text{水合茚三酮}} \text{深蓝紫色}$$

二、肽、蛋白质

肽：一分子 α-氨基酸中的羧基与另一分子 α-氨基酸中的氨基脱水生成酰胺时所得的化合物。肽分子中的 —NH—CO— 键叫肽键。

蛋白质水解的最终产物是各种 α-氨基酸的混合物。

蛋白质的性质

(1) 水解：其水解的最后生成物为 α-氨基酸的混合物。

(2) 两性解离及等电点

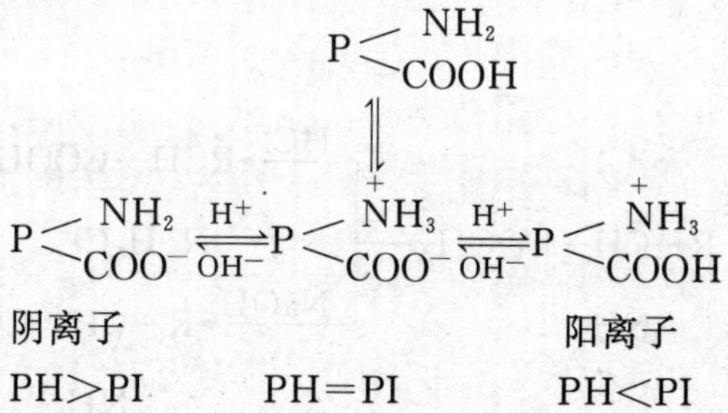

$$P\begin{matrix}NH_2\\COO^-\end{matrix} \underset{OH^-}{\overset{H^+}{\rightleftharpoons}} P\begin{matrix}\overset{+}{N}H_3\\COO^-\end{matrix} \underset{OH^-}{\overset{H^+}{\rightleftharpoons}} P\begin{matrix}\overset{+}{N}H_3\\COOH\end{matrix}$$

$$P\begin{matrix}NH_2\\COOH\end{matrix}$$

阴离子　　　　　　　　　　　阳离子
PH>PI　　　PH=PI　　　PH<PI

(3) 盐析作用：蛋白质溶液中加入浓无机盐溶液[$(NH_4)_2SO_4$、Na_2SO_4、$MgSO_4$、$NaCl$]后，蛋白质的溶解度降低，从溶液中析出，这种作用叫盐析。盐析是可逆过程。

(4) 变性作用：受热或与某些化学试剂（硝酸、单宁酸、苦味酸、磷钨酸及重金属盐）作用，蛋白质的结构和性质发生变化，溶解度降低而凝结，这种凝结是不可逆的。这种变化叫蛋白质的变性。

(5) 颜色反应

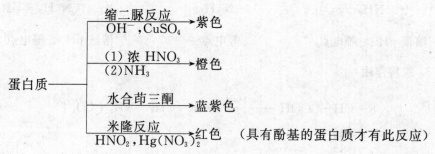

习 题 解 析

1. 写出下列化合物的结构。

(1) 苯丙氨酰亮氨酸

（2）丙氨酰缬氨酸

解：（1）

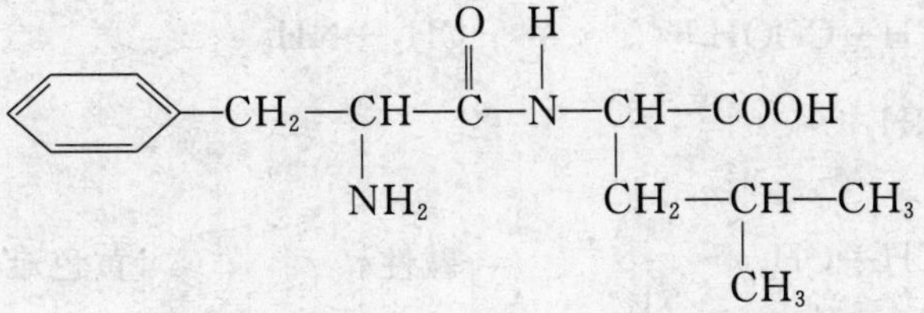

（2）

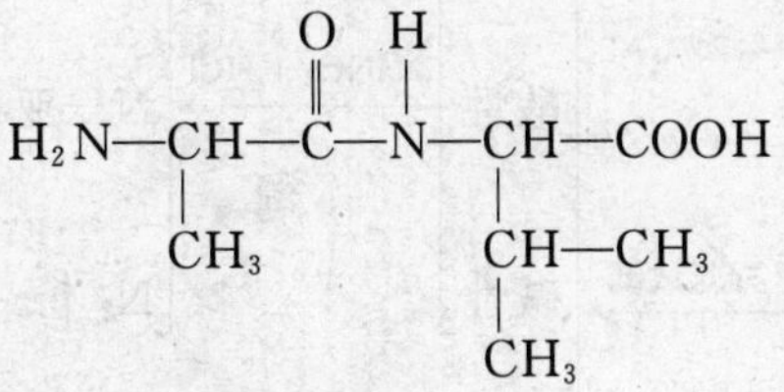

2. 用简单的化学方法鉴别：

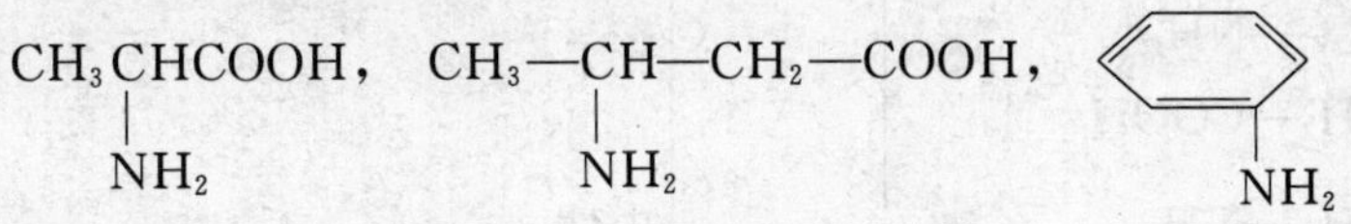

解：

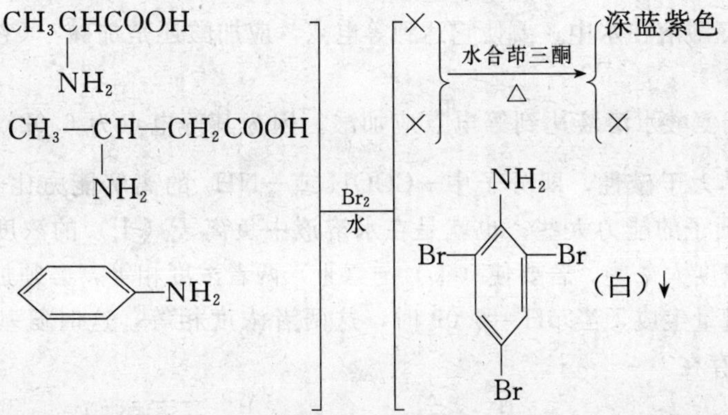

3. 氨基丁二酸（天门冬酸）在滴定时，是一个一元酸，用怎样的结构才能解释这一现象？

解：游离氨基酸常以内盐形式存在，在天门冬酸中一个—NH_2与一个—COOH形成内盐，所以滴定时其表现为一元酸：

$$HOOC-CH_2-\underset{\underset{NH_2}{|}}{CH}-COOH \rightleftharpoons HOOC-CH_2-\underset{\underset{\overset{+}{N}H_3}{|}}{CH}-COO^-$$

4. 有四个失掉标签的瓶子，已知它们分别装有下列物质。利用石蕊试纸和亚硝酸盐，确定各瓶子里装着何种物质。

（1）$CH_3-\underset{\underset{NH-CH_3}{|}}{CH}-CH_3$　　（2）$H_2N-\underset{\underset{CH_2-COOH}{|}}{CH}-COOH$

(3) $CH_2-CH_2-NH_2$
   $|$
   $CH_2-CH-COOH$
   　　　$|$
   　　　NH_2

(4) CH_2-COOH
   $|$
   CH_2-NH_2

解：

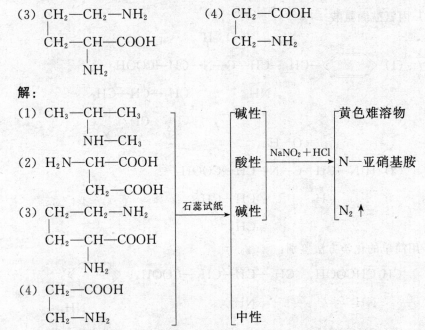

5. 将丙氨酸溶在水中，要使它达到等电点，应加酸还是加碱？（它的等电点为 6.02）

解： 使丙氨酸水溶液达到等电点应加酸。因为其等电点为 6.02，这说明丙氨酸的酸性稍大于碱性，即分子中—COOH 或 —$\overset{+}{N}H_3$ 的离解能力比—COO⁻ 或 —NH₂ 接受质子的能力大些。也就是在水溶液中负离子（Ⅰ）的浓度要比正离子（Ⅲ）的浓度大一些。若要使（Ⅰ）与（Ⅲ）两者浓度相等，必须加一些酸抑制（Ⅰ）的过量生成，当 pH＝6.02 时，这两者浓度相等，这时氨基酸主要以（Ⅱ）的形式存在。

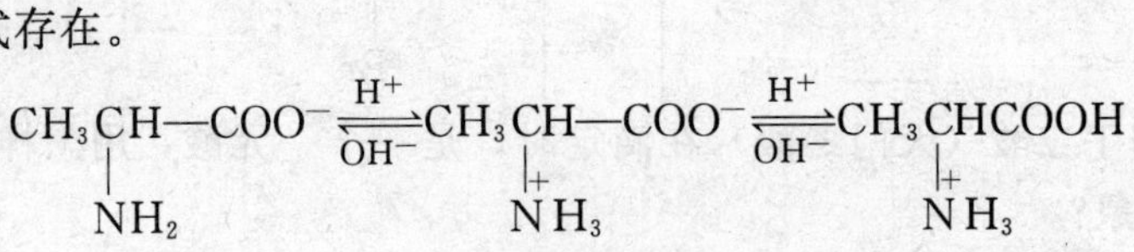

$$CH_3CH-COO^- \underset{OH^-}{\overset{H^+}{\rightleftharpoons}} CH_3CH-COO^- \underset{OH^-}{\overset{H^+}{\rightleftharpoons}} CH_3CHCOOH$$
　　$|$　　　　　　　　　　　$|$　　　　　　　　　　$|$
　　NH_2　　　　　　　　　$\overset{+}{N}H_3$　　　　　　　　$\overset{+}{N}H_3$

（Ⅰ）负离子　　　（Ⅱ）两性离子　　　（Ⅲ）正离子

模拟试题（一）

一、用系统命名法命名下列化合物或根据名称写出结构式（10分）

1. 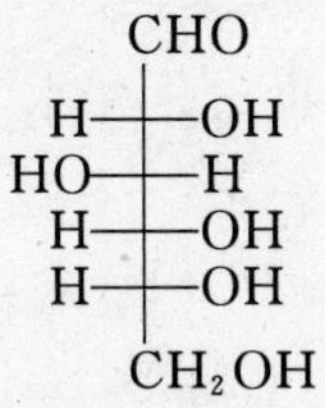
```
    CHO
H — OH
HO — H
H — OH
H — OH
    CH₂OH
```

2. 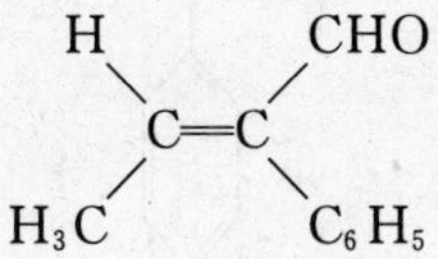
```
  H       CHO
   \     /
    C = C
   /     \
 H₃C      C₆H₅
```

3. 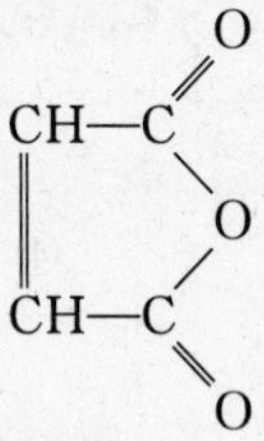
```
CH — C
       \
        O
       /
CH — C
```

4. CH₂=CH—OC₂H₅

5. C₂H₅O— （喹啉环）—CH₃

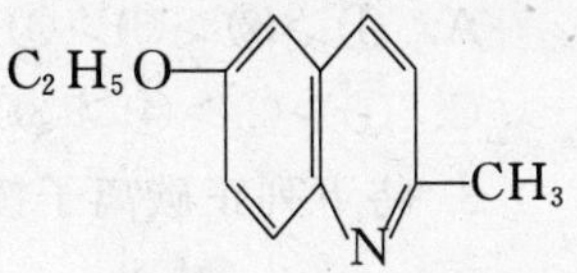

6. 2—甲基—3—苯基—1—丙醇

7. 2—甲基丁二酸二异丙酯

8. 3—氯—1，2—环氧丙烷

9. 2—甲基—3—己酮

10. 反—1，3—二甲基环丁烷

二、选择题（20分，2分/空）

（　　）1. 按化合物中羰基对氢氰酸加成反应活性由大到小的顺序排列

① 苯基-CO-苯基　② 苯基-CO-CH₃　③ CH₃—CH₂—CHO　④ 苯基-CHO　⑤ CH₂—CH—CHO（Cl取代）　⑥ CH₃—CH—CHO（Cl取代）

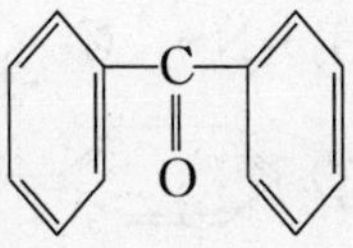

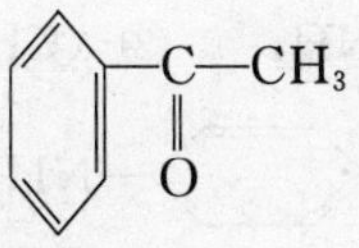

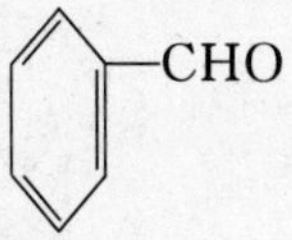

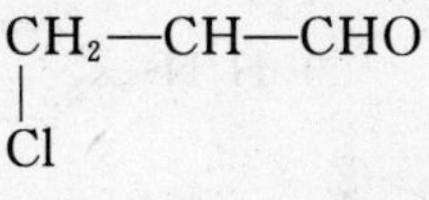

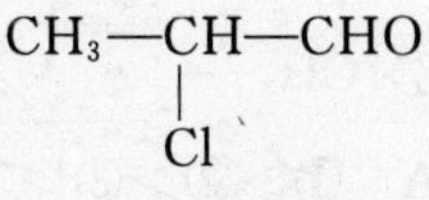

A. ①>②>③>④>⑤>⑥　B. ⑥>⑤>③>④>②>①
C. ③>⑤>⑥>④>②>①　D. ①>④>②>⑤>⑥>③

（　　）2. 按酸性由强到弱的顺序排列下列化合物

127

① 2,4,6-三硝基苯酚 (OH, with O₂N-, -NO₂, -NO₂)
② 对硝基苯酚
③ 间硝基苯酚
④ 苯酚
⑤ 对乙基苯酚

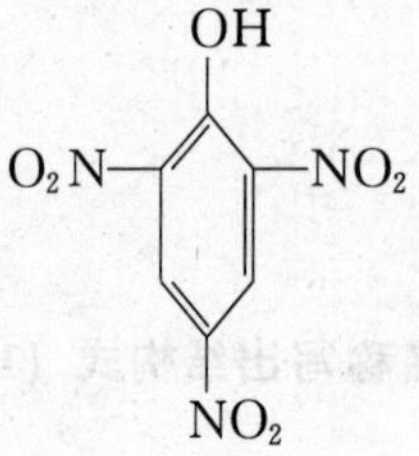

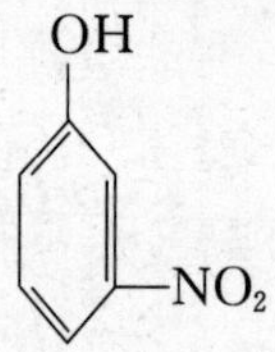

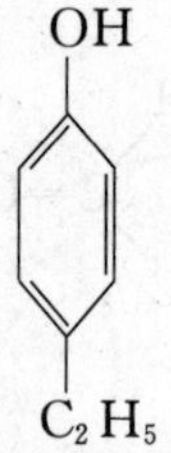

A. ①>②>③>④>⑤ B. ④>③>②>①>⑤
C. ①>②>④>③>⑤ D. ⑤>④>③>②>①

( ) 3. 将下列正碳离子按其稳定性大小的顺序排列

① $CH_3-CH=CH-\overset{+}{CH}-CH_3$ ② $CH_2=CH-\overset{+}{\underset{CH_3}{C}}-CH_3$

③ $CH_3-CH=CH-CH_2-\overset{+}{CH_2}$ ④ $CH_2=CH-CH_2-\overset{+}{CH}-CH_3$

A. ②>①>④>③ B. ①>②>③>④
C. ④>③>②>① D. ①>②>④>③

( ) 4. 按碱性由强到弱的顺序排列下列化合物

① NH_3 ② $(CH_3)_2NH$ ③ $(CH_3)_3N$ ④ C₆H₅-NH₂

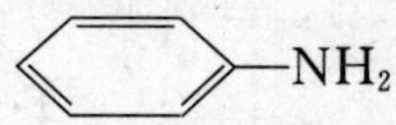

⑤ C₆H₅-NH-C₆H₅ ⑥ (C₆H₅)₃N

⑦ CH₃-C₆H₄-NH₂ ⑧ H₂N-C₆H₄-NO₂ (间)

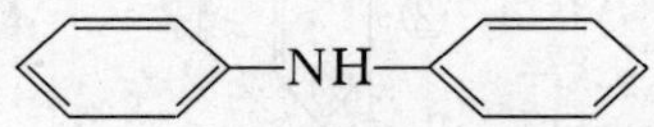

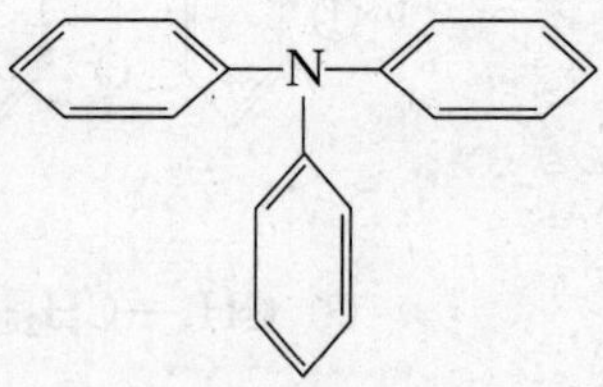

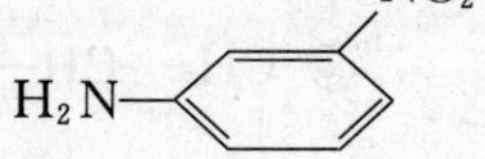

A. ①>②>③>④>⑤>⑥>⑦>⑧
B. ②>③>①>⑦>④>⑧>⑤>⑥
C. ③>②>①>⑥>⑤>④>⑦>⑧
D. ③>②>①>⑦>④>⑤>⑥>⑧

（　　）5. 下列化合物进行亲电取代时，第三取代基最可能进入的位置：

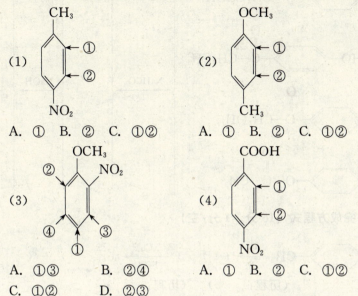

(1)

(2)

A. ①　B. ②　C. ①②　　　　A. ①　B. ②　C. ①②

(3)

(4)

A. ①③　　B. ②④　　　　A. ①　B. ②　C. ①②

C. ①②　　D. ②③

（　　）6. 下列化合物与碱反应生成酚，按反应速率由快到慢的顺序排列.

①
②
③
④

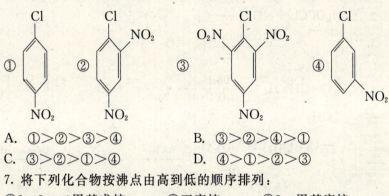

A. ①>②>③>④　　　　B. ③>②>④>①

C. ③>②>①>④　　　　D. ④>①>②>③

（　　）7. 将下列化合物按沸点由高到低的顺序排列：

①3，3—二甲基戊烷　　②正庚烷　　③3—甲基庚烷

④正戊烷　　⑤3—甲基己烷

A. ①>⑤>③>②>④　　B. ②>③>⑤>④>①

C. ⑤>②>③>④>①　　D. ③>②>⑤>①>④

三、用化学方法区别下列化合物（8分）

1. $CH_2=CHCl$

$CH_2=CHCH_2Cl$

CH_3CH_2Cl

$C_6H_5CH_2Cl$

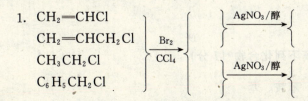

2.

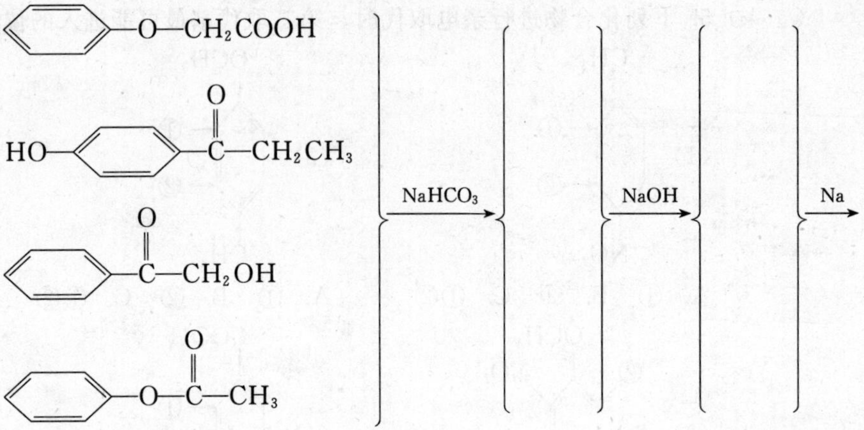

C₆H₅—O—CH₂COOH

HO—C₆H₄—CO—CH₂CH₃

C₆H₅—CO—CH₂OH

C₆H₅—O—CO—CH₃

→ NaHCO₃ → NaOH → Na →

四、完成方程式（16 分，1 分/空）

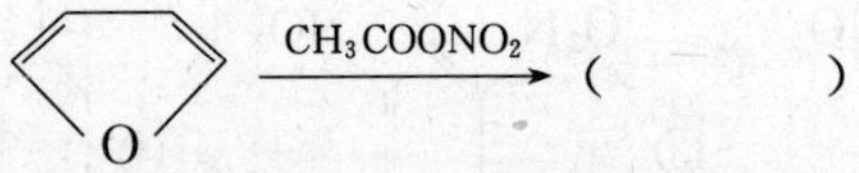

1. 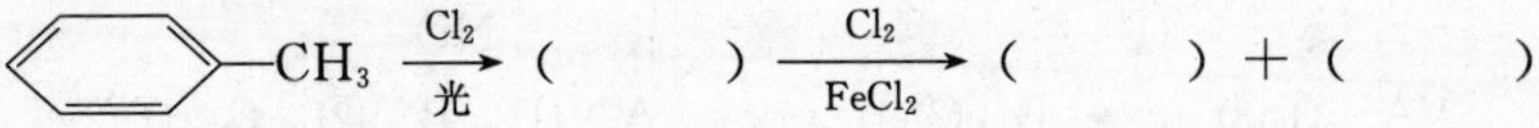 C₆H₅—CH₃ $\xrightarrow[\text{光}]{Cl_2}$ (   ) $\xrightarrow[FeCl_3]{Cl_2}$ (   ) + (   )

（历程：   ）（历程：   ）

2. C_2H_5OCCl + NH₃ ⟶ (   )
     ‖
     O

3. （呋喃） $\xrightarrow{CH_3COONO_2}$ (   )

4. CH₃C=CHCH₃ $\xrightarrow[②H_2O_2, OH^-]{①B_2H_6}$ (   )
        |
        CH₃

5. 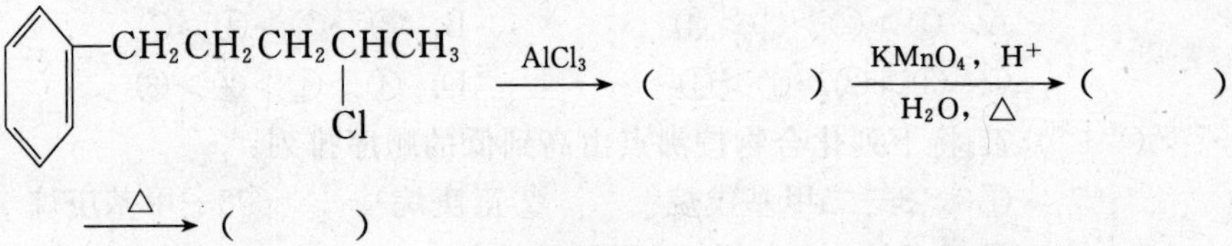 C₆H₅—CH₂CH₂CH₂CHCH₃ $\xrightarrow{AlCl_3}$ (   ) $\xrightarrow[H_2O, \triangle]{KMnO_4, H^+}$ (   )
                |
                Cl

   $\xrightarrow{\triangle}$ (   )

6. CH₃CH₂OCCH₂COC₂H₅ $\xrightarrow[②CH_3CH_2Br]{①C_2H_5ONa}$ (   ) $\xrightarrow[(2)CH_3CH_2Br]{(1) C_2H_5ONa}$ (   )
            ‖   ‖
            O   O

7. 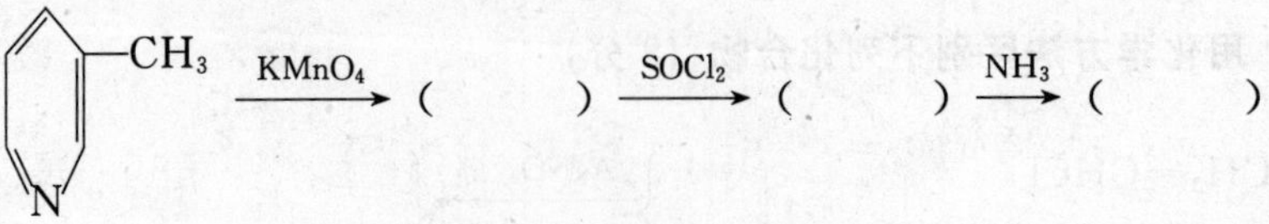 （3-甲基吡啶） $\xrightarrow{KMnO_4}$ (   ) $\xrightarrow{SOCl_2}$ (   ) $\xrightarrow{NH_3}$ (   )

五、利用化学方法分离下列化合物（7 分）

苯甲酸、对甲基苯酚、苯胺、苯

六、推测化合物结构（1题8分，2题5分，3题10分，共23分）

1. A、B 化合物的分子式均为 C_6H_{12}，在室温下它们均使 Br_2/CCl_4 溶液褪色，但不被 $KMnO_4$ 氧化，催化加氢均生成 3—甲基戊烷。但 A、B 与 HBr 反应，分别生成 3—甲基—3—溴戊烷、3—甲基—2—溴戊烷。推测 A、B 的结构式。写出有关的化学反应方程式。

2. 中性化合物 $C_7H_{13}O_2Br$，均不与羟胺和苯肼反应，红外光谱在 $2850\sim2950cm^{-1}$ 区域有吸收峰，而在 $3000cm^{-1}$ 以外区域没有吸收峰，在 $1740cm^{-1}$ 处有另一个较强的吸收峰。核磁共振谱有 $\delta1.0$（3H，三重峰）；$\delta2.1$（2H，多重峰）；$\delta4.2$（1H，三重峰）；$\delta4.6$（1H，多重峰）等吸收峰，推测该化合物的结构式，并标明其吸收峰。

3. 四种化合物 A、B、C、D 的分子式均为 $C_7H_{14}O$。化合物 A 易与 Lucas 试剂（$ZnCl_2+HCl$）反应，也与 Tollens 试剂反应（银镜反应）。化合物 A 脱水后经臭氧化还原性水解得到的产物都能起碘仿反应。化合物 B 也易与 Lucas 试剂反应，也发生碘仿反应，但化合物 B 脱水后经臭氧化还原性水解产物不能与 Tollens 试剂反应。化合物 C、D 的红外光谱显示均有酯的羰基，核磁共振表明化合物 C 有 3 种不同的质子，D 有 4 种不同的质子。化合物 C 的水解产物之一能发生碘仿反应，化合物 D 的水解产物之一与 Tollens 试剂反应。写出化合物 A、B、C、D 的结构式及有关方程式。

七、合成题（1题6分，2题5分，3题5分，共16分）

1. 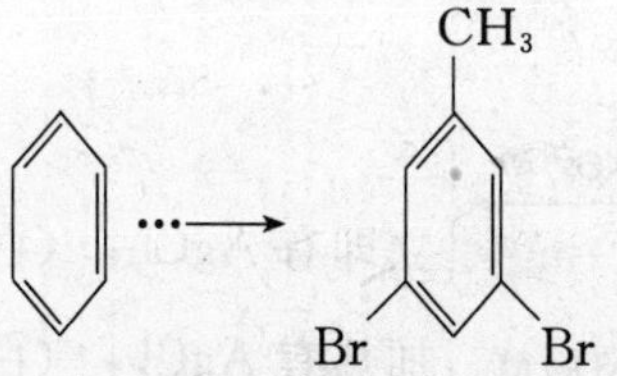 苯 $\longrightarrow$ 3,5-二溴甲苯（CH_3，两个 Br 在间位）

2. $CH\equiv CH \longrightarrow H_2NCH_2CH_2CH_2CH_2CH_2CH_2NH_2$

3. 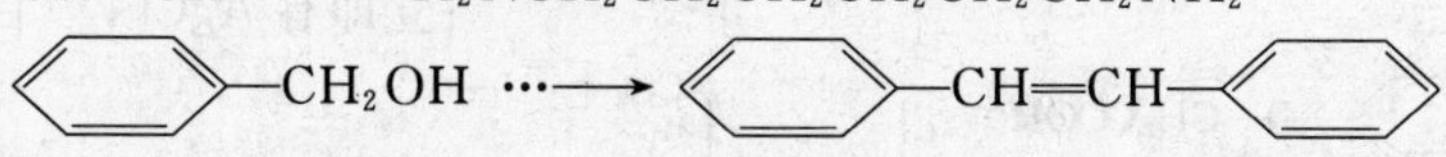 $C_6H_5-CH_2OH \longrightarrow C_6H_5-CH=CH-C_6H_5$

模拟试题（一）
参考答案

一、用系统命名法命名或写出结构式

1. D—(+)—葡萄糖（开链式）
2. (E)—2—苯基—2—丁烯醛
3. 顺丁烯二酸酐
4. 乙烯基乙醚
5. 2—甲基—6—乙氧基喹啉
6. 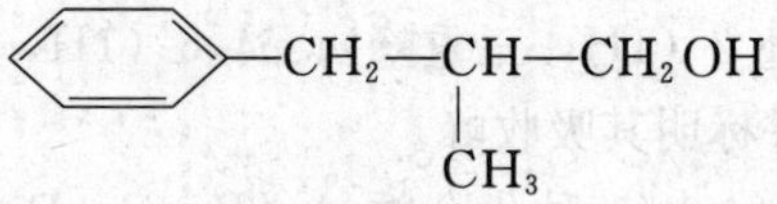 C₆H₅—CH₂—CH—CH₂OH
         |
         CH₃
   （即 $C_6H_5-CH_2-CH(CH_3)-CH_2OH$）
7. $CH_3-CH-COOCH(CH_3)_2$
        |
        $CH_2COOCH(CH_3)_2$
8. 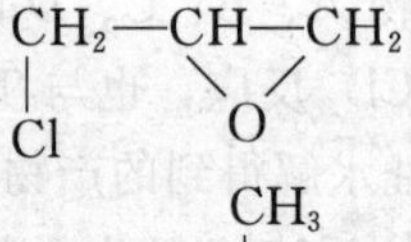 $CH_2-CH-CH_2$
    | \ /
    Cl   O
9. $CH_3-CH_2-CH_2-C(=O)-CH(CH_3)-CH_3$
10. 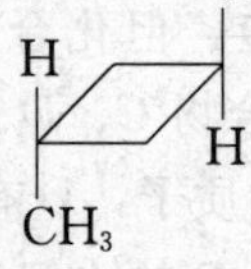 （环己烷构象式，CH₃ 与 H 取代）（用顺反命名法命名）

二、选择题

1. B 2. A 3. A 4. B 5. A、A、C、A 6. C 7. D

三、用化学方法区别下列化合物

1.
化合物	Br₂/CCl₄	AgNO₃/醇
CH₂=CHCl	褪色	×
CH₂=CHCH₂Cl	褪色	立即有 AgCl↓（白）
CH₃CH₂Cl	×	加热有 AgCl↓（白）
C₆H₅CH₂Cl	×	立即有 AgCl↓（白）

2. 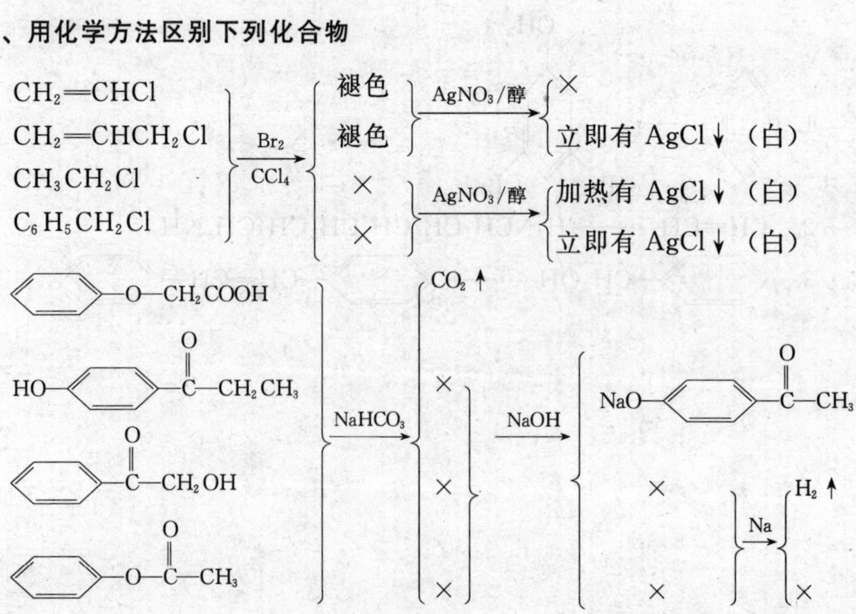
化合物	NaHCO₃	NaOH	Na
C₆H₅—O—CH₂COOH	CO₂↑		
HO—C₆H₄—CO—CH₂CH₃	×	NaO—C₆H₄—CO—CH₂CH₃	
C₆H₅—CO—CH₂OH	×	×	H₂↑
C₆H₅—O—CO—CH₃	×	×	×

四、完成方程式

1. 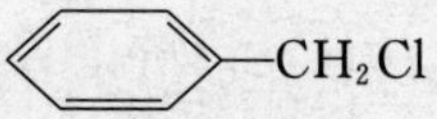 C₆H₅—CH₂Cl 自由基取代；邻-Cl-C₆H₄-CH₂Cl，

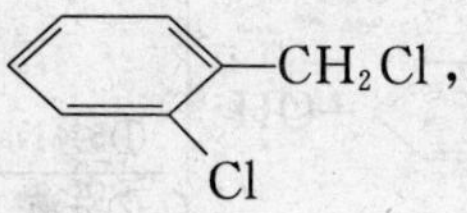

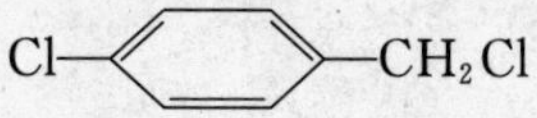

   对-Cl-C₆H₄-CH₂Cl 亲电取代

2. $C_2H_5-O-\overset{O}{\underset{\|}{C}}-NH_2$

3. 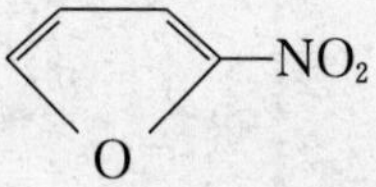 2-硝基呋喃 (furan-2-NO₂)

4. $(CH_3)_2CH-\overset{OH}{\underset{|}{C}}HCH_3$

5. 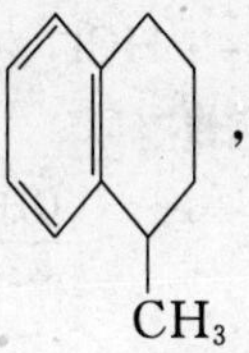 1-甲基四氢萘, 邻苯二甲酸, 邻苯二甲酸酐

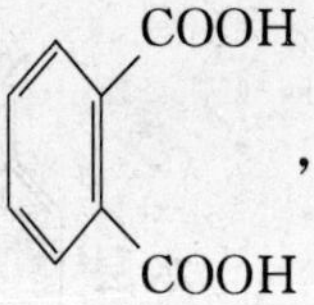

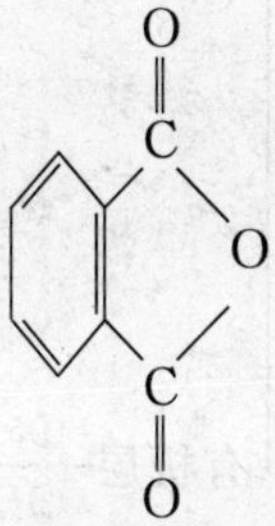

6. $CH_3CH_2O-\overset{O}{\underset{\|}{C}}-\overset{}{\underset{\underset{CH_2CH_3}{|}}{CH}}-\overset{O}{\underset{\|}{C}}-OC_2H_5$, $CH_3CH_2O-\overset{O}{\underset{\|}{C}}-\overset{}{\underset{\underset{(CH_2CH_3)_2}{|}}{C}}-\overset{O}{\underset{\|}{C}}-OC_2H_5$

7. 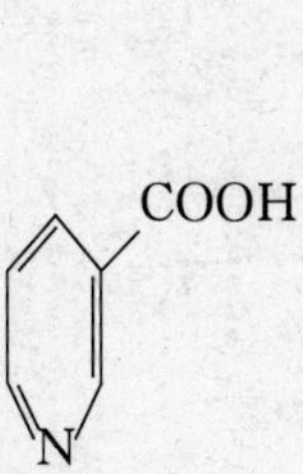 3-吡啶甲酸 (烟酸), 3-吡啶甲酰氯, 3-吡啶甲酰胺

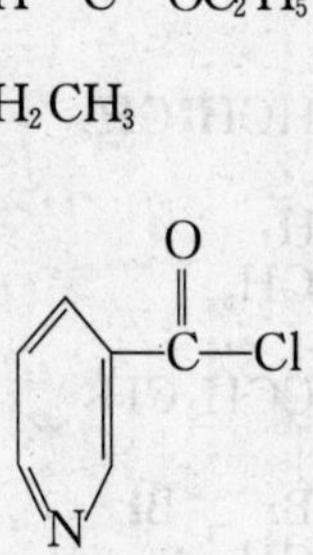

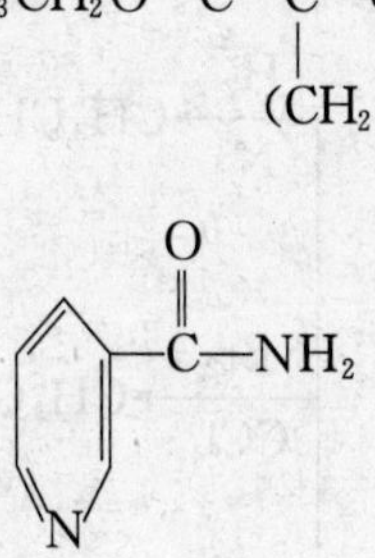

五、利用化学方法分离下列化合物

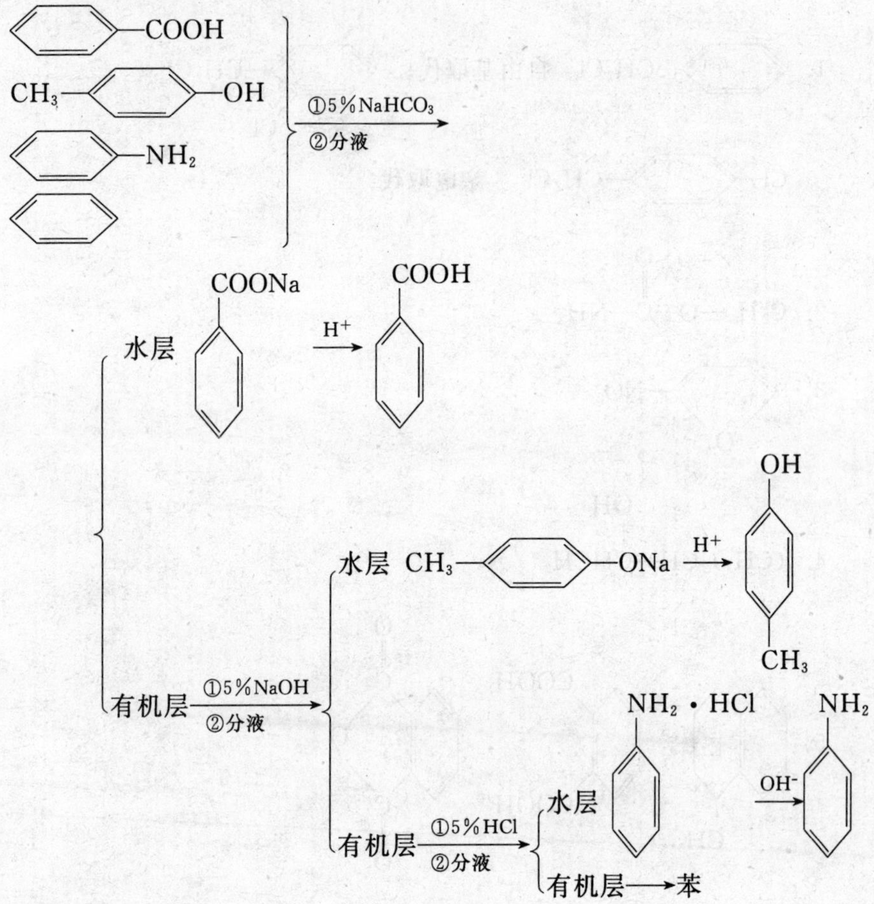

苯甲酸、对甲苯酚、苯胺、苯的混合物

① 5% $NaHCO_3$
② 分液

水层：C_6H_5COONa —H^+→ C_6H_5COOH

有机层：
① 5% $NaOH$
② 分液

水层：CH_3-C_6H_4-ONa —H^+→ 对甲苯酚

有机层：
① 5% HCl
② 分液

水层：$C_6H_5NH_2 \cdot HCl$ —OH^-→ $C_6H_5NH_2$

有机层 → 苯

六、推测化合物的结构

1. 解：

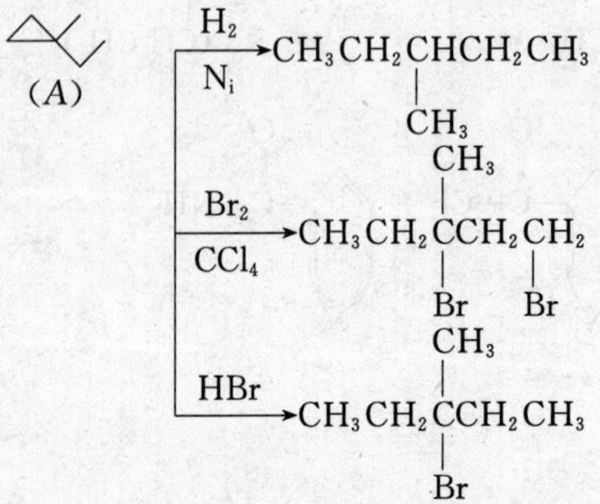

(A) 为甲基环丁烷类结构

$\xrightarrow{H_2/Ni}$ $CH_3CH_2CH(CH_3)CH_2CH_3$

$\xrightarrow{Br_2/CCl_4}$ $CH_3CH_2C(CH_3)(Br)CH_2CH_2Br$ （含两个 Br，中间带 CH_3）

$\xrightarrow{HBr}$ $CH_3CH_2C(CH_3)(Br)CH_2CH_3$

134

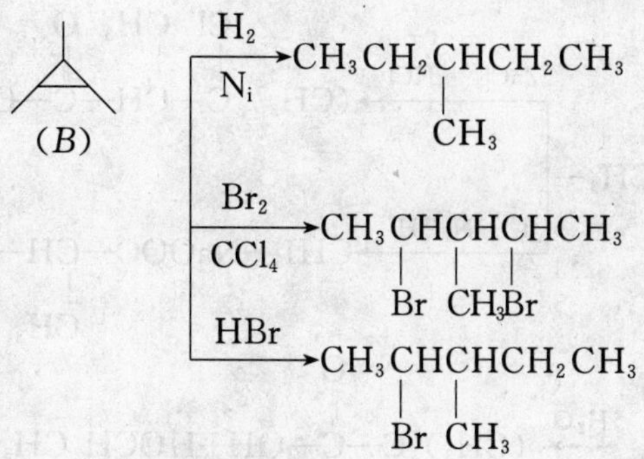

模拟试题（一）参考答案

2. 解：$C_7H_{13}O_2$ 的结构式为

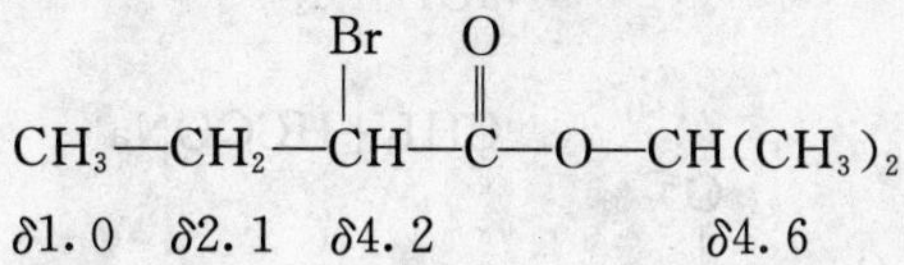

$$CH_3-CH_2-\underset{\underset{\delta 2.1}{Br}}{CH}-\underset{\underset{}{\overset{O}{\|}}}{C}-O-\underset{\delta 4.6}{CH(CH_3)_2}$$

$\delta 1.0 \quad \delta 2.1 \quad \delta 4.2 \qquad \delta 4.6$

$\nu_{C=O}$（酯）：$1740 cm^{-1}$

3. 解：

135

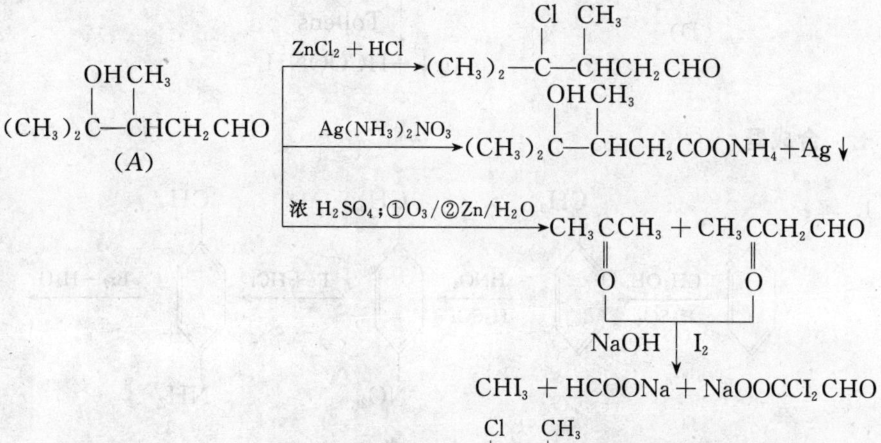

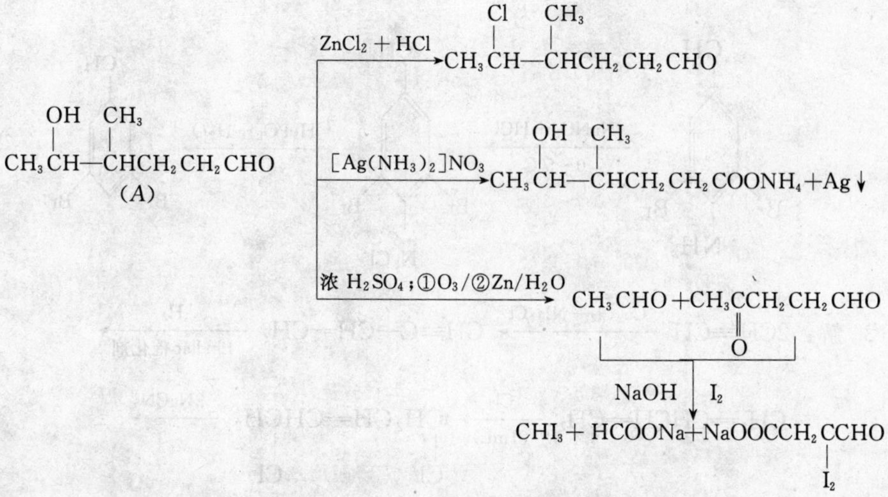

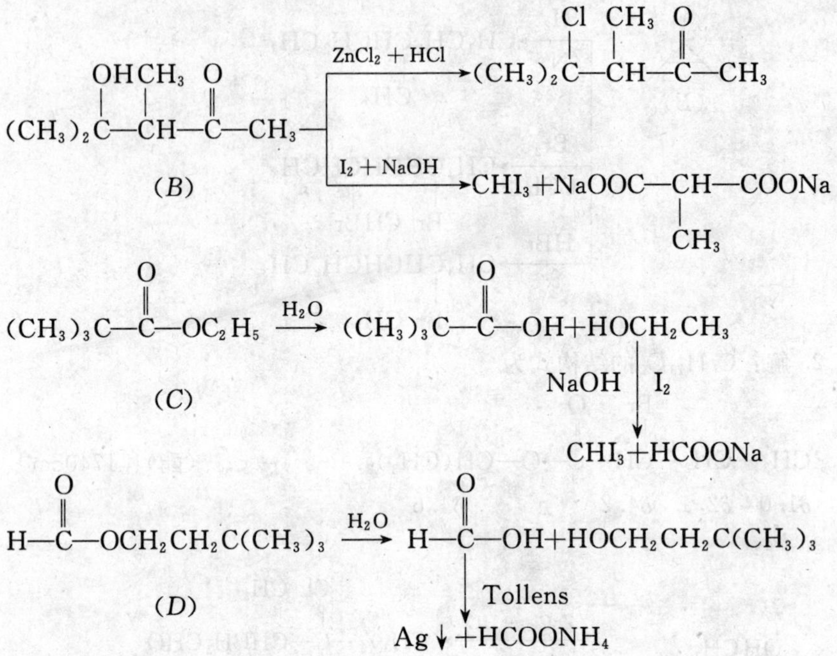

$$(CH_3)_2C\underset{(B)}{\overset{OH\ CH_3\ O}{|\ \ \ |\ \ \ \|}}CH-C-CH_3 \quad\begin{matrix}\xrightarrow{ZnCl_2+HCl} & (CH_3)_2C\overset{Cl\ CH_3\ O}{\underset{|\ \ \ |\ \ \ \|}{H-CH-C-CH_3}}\\ \xrightarrow{I_2+NaOH} & CHI_3+NaOOC-\underset{\underset{CH_3}{|}}{CH}-COONa\end{matrix}$$

$$(CH_3)_3C-\overset{O}{\overset{\|}{C}}-OC_2H_5 \xrightarrow{H_2O} (CH_3)_3C-\overset{O}{\overset{\|}{C}}-OH + HOCH_2CH_3$$
(C)
$$\xrightarrow[\text{NaOH}\ |\ I_2]{} CHI_3 + HCOONa$$

$$H-\overset{O}{\overset{\|}{C}}-OCH_2CH_2C(CH_3)_3 \xrightarrow{H_2O} H-\overset{O}{\overset{\|}{C}}-OH + HOCH_2CH_2C(CH_3)_3$$
(D)
$$\xrightarrow{\text{Tollens}} Ag\downarrow + HCOONH_4$$

七、合成题

1. 解：

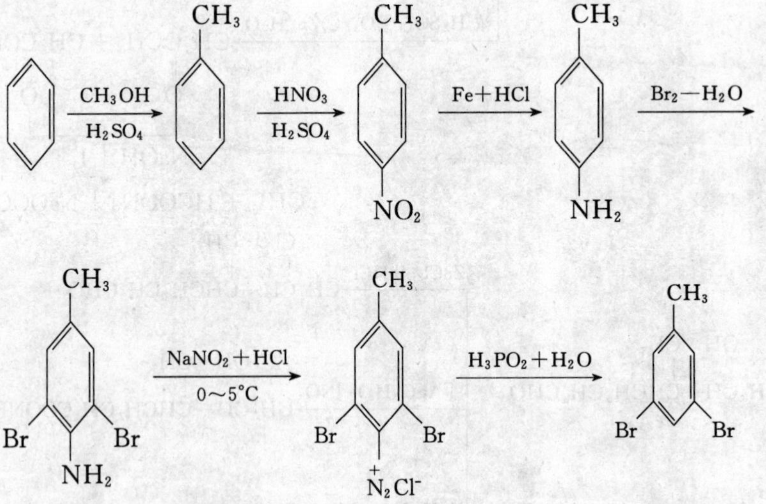

2. 解：$2CH\equiv CH \xrightarrow{Cu_2Cl_2-NH_4Cl} CH\equiv C-CH=CH_2 \xrightarrow[\text{Lindlar 催化剂}]{H_2}$

$CH_2=CHCH=CH_2 \xrightarrow[(1mL)]{Cl_2} CH_2CH=CHCH_2 \xrightarrow{2NaCN}$
$\qquad\qquad\qquad\qquad\qquad\qquad\ \ \ |\qquad\quad\ \ |$
$\qquad\qquad\qquad\qquad\qquad\qquad\ \ Cl\qquad\quad Cl$

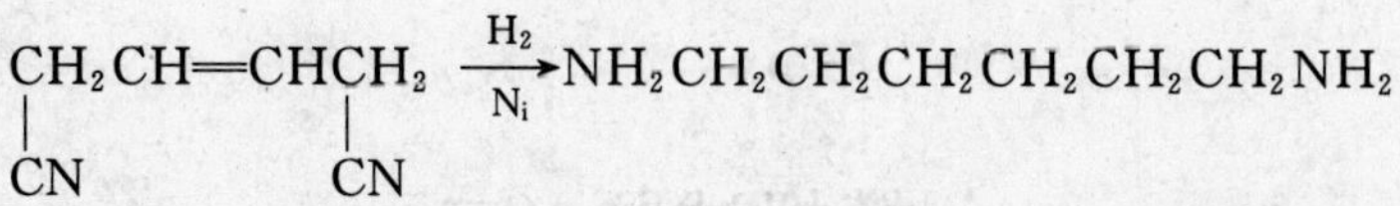

… $\xrightarrow{H_2}{Ni}$ $NH_2CH_2CH_2CH_2CH_2CH_2CH_2NH_2$

(The reactant is $\underset{CN}{CH_2}CH=CH\underset{CN}{CH_2}$)

3. 解：

$Ph\text{-}CH_2OH \xrightarrow{SO_2Cl} Ph\text{-}CH_2Cl \xrightarrow[\text{干乙醚}]{Mg} Ph\text{-}CH_2MgCl$

$Ph\text{-}CH_2OH \xrightarrow{C_rO_3,\text{吡啶}} Ph\text{-}CHO \xrightarrow{Ph\text{-}CH_2MgCl}$

$Ph\text{-}\underset{OMgCl}{CH}CH_2\text{-}Ph \xrightarrow[H^+]{H_2O} Ph\text{-}\underset{OH}{CH}CH_2\text{-}Ph$

$\xrightarrow[\Delta]{-H_2O} Ph\text{-}CH=CH\text{-}Ph$

137

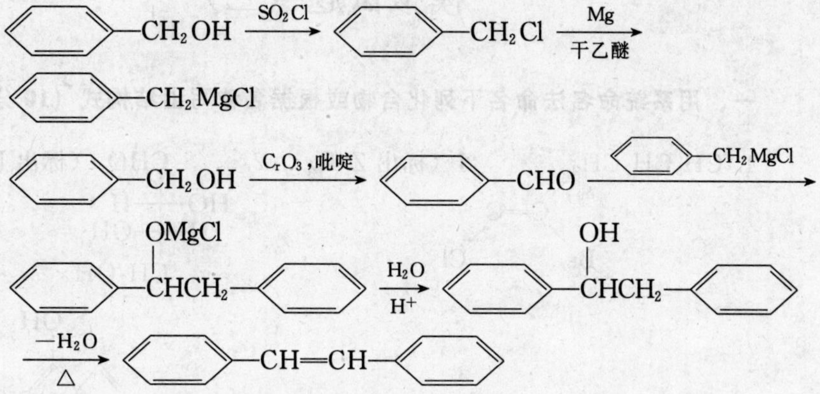

模拟试题（二）

一、用系统命名法命名下列化合物或根据名称写出结构式（10分）

1. 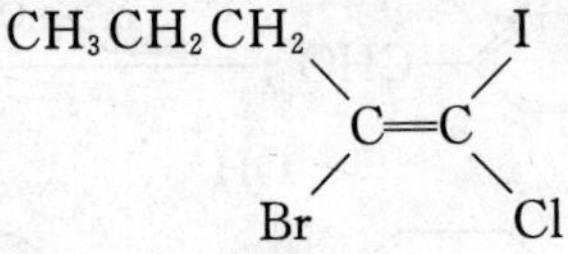 $CH_3CH_2CH_2$、I（标出 Z/E）、Br、Cl 的烯烃结构

2. 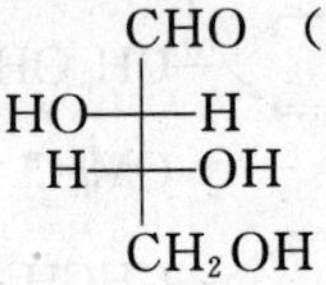 CHO（标出 R/S），HO—H，H—OH，CH_2OH

3. 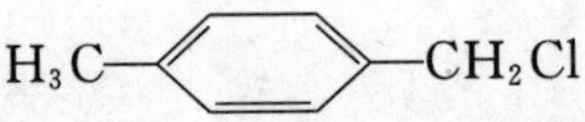 H_3C—⟨苯环⟩—CH_2Cl

4. 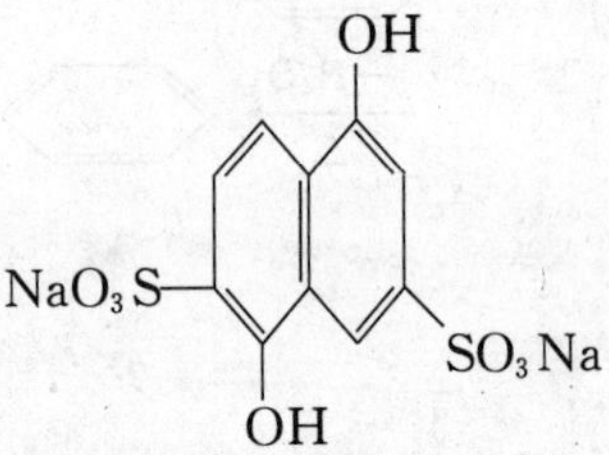 萘环上带 OH、OH、NaO_3S、SO_3Na 取代基的化合物

5. 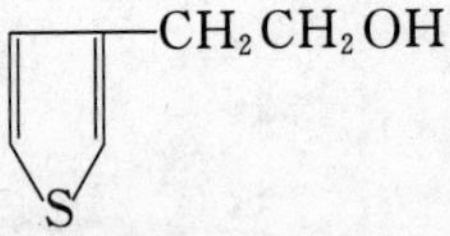 噻吩环上带 CH_2CH_2OH 取代

6. N—甲基—2,4—二氯苯胺

7. 螺[3,4]—5—辛烯

8. 1,7,7—三氯二环[2,2,1]庚烷

9. β—溴吡啶

10. 氢化偶氮苯

二、选择题（16分）

（　）1. 将下列自由基按自由基稳定性由大到小排列成序。

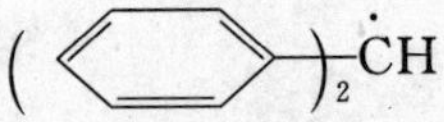

(1) 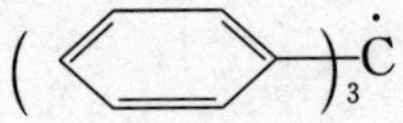 $(C_6H_5)_3\dot{C}$　　(2) $(C_6H_5)_2\dot{C}H$　　(3) $C_6H_5\dot{C}H_2$

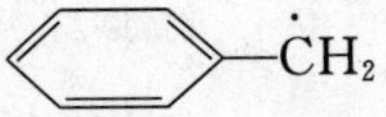

A.（1）＞（2）＞（3）　　B.（3）＞（2）＞（1）　　C.（3）＞（1）＞（2）

（　）2. 将化合物 ②N—$CH_2CH_2$③NH_2，①N—H（四元环）中的3个氮原子的碱性按由大到小排列成序。

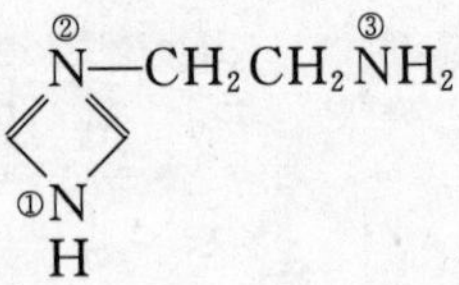

A. ①＞②＞③　　B. ③＞②＞①　　C. ②＞①＞③

（　）3. 将下列化合物按酸性由大到小的顺序排列。

① CH₃CH₂—C=CH—CH₂CH₃ 　　　②CH₃CH₂OH
　　　　　　|　　|
　　　　　OH　O

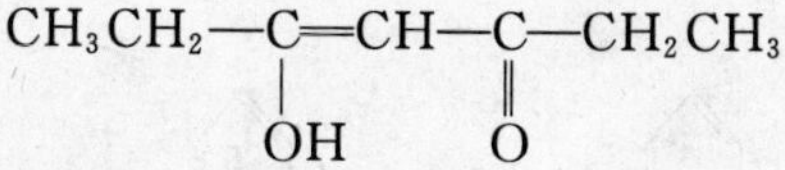

③ CH₃C≡CH　　　　　　　④CH₃CH₂SH

A. ①＞②＞③＞④　　　B. ④＞③＞②＞①
C. ①＞④＞②＞③　　　D. ④＞①＞③＞②

( ) 4. 将下列化合物按碱性由大到小的顺序排列。
　　(1) 二甲胺　　(2) 苯胺　　(3) 苯甲酰胺　　(4) 苯磺酰胺
　　A. (3)＞(1)＞(2)＞(4)　　B. (4)＞(3)＞(2)＞(1)
　　C. (4)＞(2)＞(1)＞(3)　　D. (1)＞(2)＞(3)＞(4)

( ) 5. 将下列化合物与硝酸银醇溶液反应活性由大到小的顺序排列

① C₆H₅CH₂Cl　　　　　② C₆H₅CH₂CH₂Cl

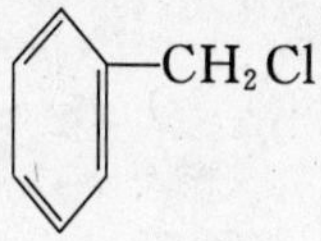

③ C₆H₅C(CH₃)₂Cl　　　④ C₆H₅CH=CHCl

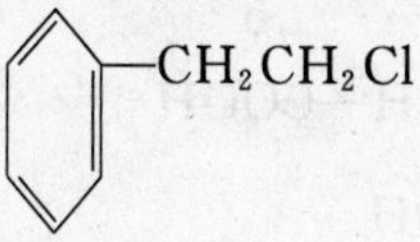

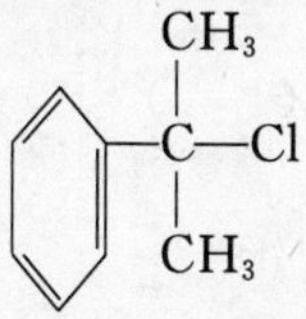

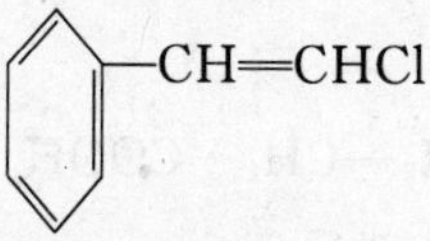

A. ③＞①＞②＞④　　　B. ①＞②＞③＞④
C. ①＞③＞②＞④　　　D. ④＞①＞②＞③

( ) 6. 按下列化合物与 HCN 加成反应活性由大到小的顺序排列
　　(1) BrCH₂CHO　　　　(2) CH₃CHO
　　(3) 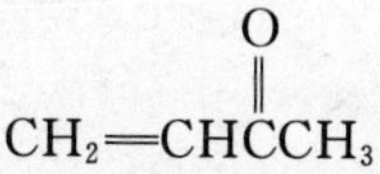 CH₂=CHCOCH₃　　(4) 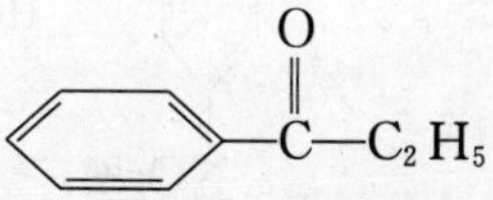 C₆H₅COC₂H₅
　　A. (1)＞(2)＞(3)＞(4)　　B. (3)＞(2)＞(1)＞(4)
　　C. (4)＞(3)＞(2)＞(1)　　D. (3)＞(1)＞(4)＞(2)

( ) 7. 下列分子或基团中哪些具有芳香性？

(1)  △⁺　　(2)  □　　(3)  ⬡⁻

(4) 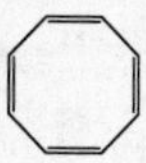 环辛四烯　　(5)  呋喃型

A. (1) (3) (5)　　　B. (1) (2) (3)
C. (3) (4) (5)　　　D. (2) (4) (5)

139

( ) 8. 下述反应

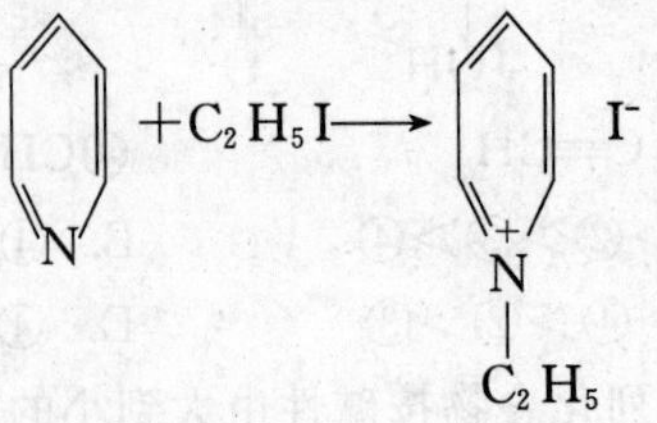

显示了吡啶只有：
(A) 亲核性 　　(B) 亲电性 　　(C) 碱性
(D) 芳香性 　　(E) 酸性

三、完成下列反应式

1. 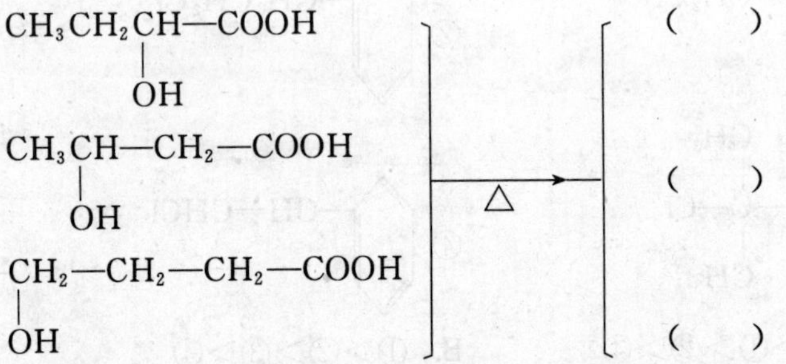 $CH_3CH_2CH(OH)COOH$
   $CH_3CH(OH)CH_2COOH$ $\xrightarrow{\Delta}$ ( )
   $CH_2(OH)CH_2CH_2COOH$

2. 乙苯 $\xrightarrow{?}$ 对硝基乙苯 $\xrightarrow[HCl]{Fe}$ ( ) $\xrightarrow[-5°C]{HNO_2—H_2SO_4}$ ( )

3. 环己酮 $\xrightarrow[TiCl_4, THF]{Mg/Hg}$ ( ) $\xrightarrow{稀 H_2SO_4}$ ( )

4. 苯胺 $\xrightarrow{(CH_3CO)_2O}$ ( ) $\xrightarrow[②H^+/H_2O]{①Br_2}$ ( )

5. 1,2,2-三甲基环戊醇 $\xrightarrow{浓 H_2SO_4, \Delta}$ ( )

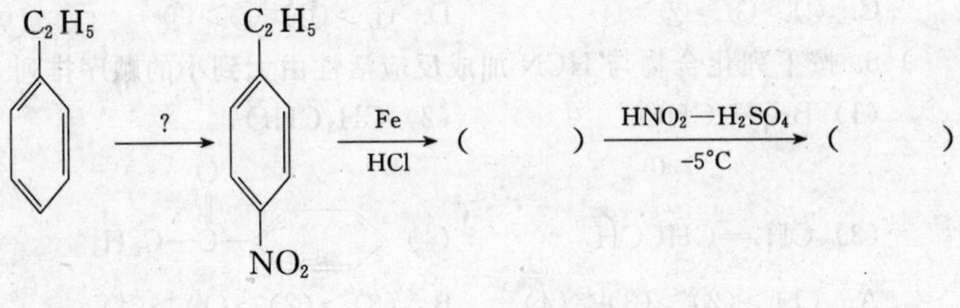

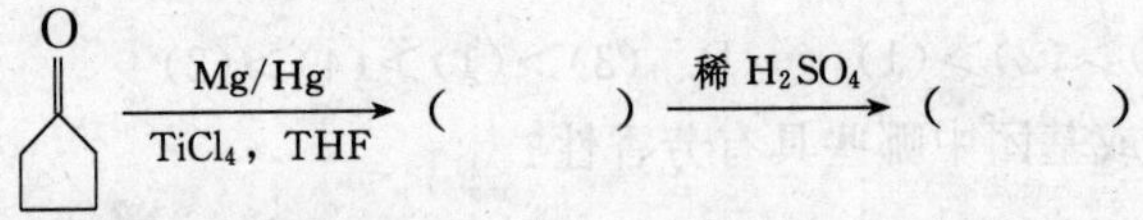

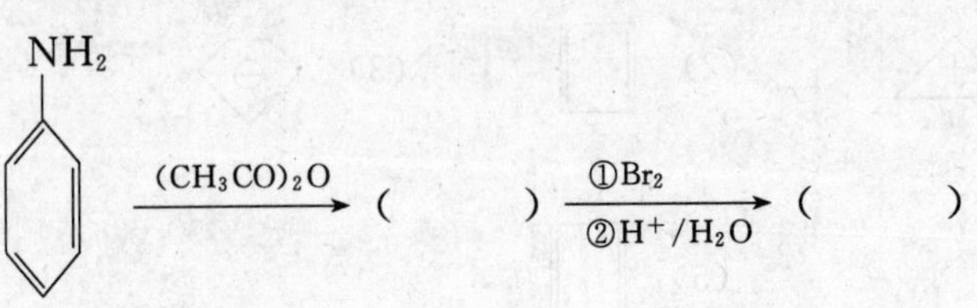

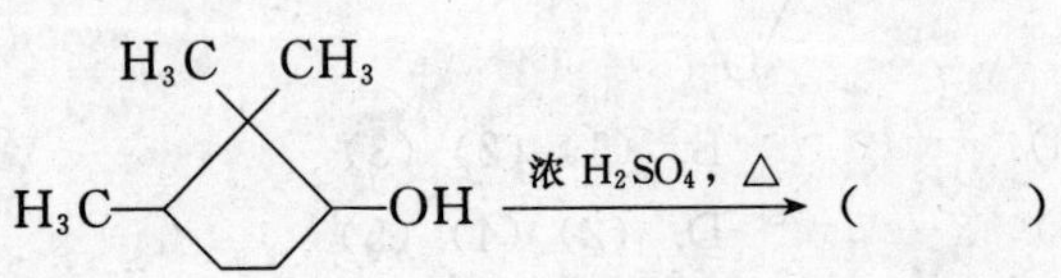

6. [benzene] $\xrightarrow[H^+]{(CH_3)_2C=CH_2}$ ( ) $\xrightarrow{?}$ [4-isopropylbenzenesulfonic acid, para: C(CH₃)₂ and SO₃H]

7. [3-methylpyridine] $\xrightarrow{KMnO_4}$ ( ) $\xrightarrow{?}$ [nicotinamide, pyridine-3-CONH₂] $\xrightarrow{NaOBr, OH^-}$ ( )

四、写出反应历程（7分）

$C_6H_5-NO_2 \cdots\longrightarrow C_6H_5-NH_2$

五、用化学方法区分下列化合物（8分）

1. $CH_3CH_2\overset{\underset{\displaystyle CH_3}{|}}{C}HCH_2CH_3$

   $H_3C\triangle CH_2CH_3$ (methylethylcyclopropane)

   $(CH_3)_2C=CBrCH_3$

   $(CH_3)_2C=CHCH_2Br$

2. $CH_3CH_2CH_2NO_2$

   $CH_3CH_2CH_2NH_2$

   $(CH_3CH_2CH_2)_2NH$

   $(CH_3CH_2CH_2)_3N$

六、推测化合物的结构（1题5分，2题10分，3题6分，共21分）

1. 化合物 A 的分子式为 $C_6H_{12}O_3$，可与 $I_2/NaOH$ 反应生成黄色沉淀，但不与 Tollen 试剂反应。化合物 A 与稀硫酸反应后的产物可以与 Tollen 试剂反应，化合物 A 的 IR 谱在 $1710\,cm^{-1}$ 有强吸收峰，化合物 A 的 ^1H-NMR 数据为 $\delta2.1$（3H，单峰），$\delta2.6$（2H，二重峰），$\delta3.2$（6H，单峰），$\delta4.7$（1H，三重峰）。试推测化合物 A 的结构式并指认 ^1H-NMR 的归属。

2. 化合物 A 的分子式为 $C_{14}H_{12}O_3N_2$，A 不溶于水和稀酸或稀碱，A 硝化时主要生成一种一硝基化合物，A 水解得到中和当量为 167 的羧酸 B 和 C，C 与对甲苯磺酰氯作用得到不溶于 NaOH 的固体。B 与 Fe 和 HCl 的溶液作用得到 D，D 在 0°C 的条件下与 $NaNO_2$ 的硫酸溶液作用得到 E，E 易溶于水，E 和 C 在弱酸介质中作用得到下列化合物：

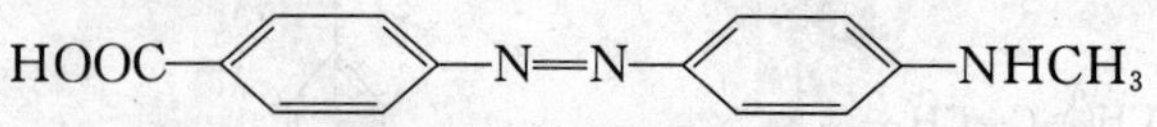

$$HOOC-\!\!\!\!\bigcirc\!\!\!\!-N=N-\!\!\!\!\bigcirc\!\!\!\!-NHCH_3$$

试推断 A～E 的结构，并写出有关的方程式。

3. 化合物 A 的分子式为 C_7H_{12}，在20℃时和干 HCl 反应得化合物 B，其分子式为 $C_7H_{13}Cl$。B 在叔丁醇中与叔丁醇钾反应得到化合物 C，C 与 A 是同分异构体，C 经臭氧反应再还原性水解得到环己酮和甲醛，写出化合物 A、B、C 的结构式和有关方程式。

七、合成题（1题6分，2题4分，3题3分，共16分）

1. 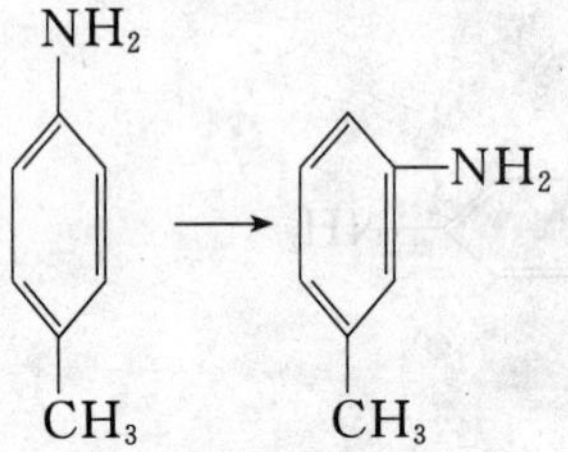 对甲基苯胺 → 间甲基苯胺

2. 以苯、萘为原料合成

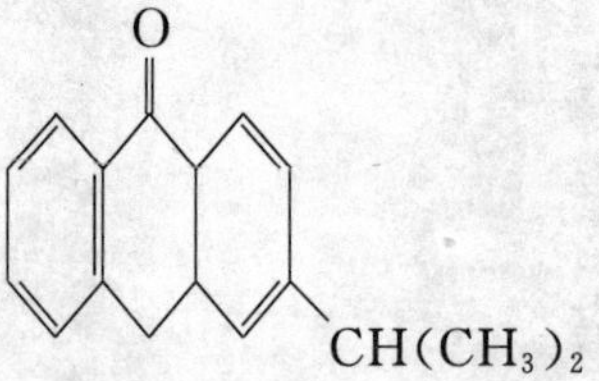

（结构：2-异丙基蒽酮）

3. 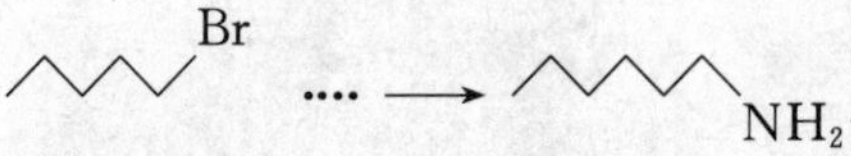 $\text{CH}_3(\text{CH}_2)_3\text{CHBrCH}_3 \cdots \longrightarrow \text{CH}_3(\text{CH}_2)_5\text{NH}_2$

八、实验题（9分）

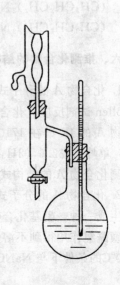

左图是实验室由正丁醇制正丁醚的反应装置图。
1. 写出烧瓶中发生的主反应和副反应。
2. 为什么要采用带油水分离器的回流装置？
3. 如何判断反应是否完成？
4. 反应温度超过135℃有何害处？
5. 这套装置能否按下式反应用来制备苯甲酸乙酯？

$$PhCOOH + C_2H_5OH \xrightleftharpoons[\triangle]{H^+} PhCOOC_2H_5 + H_2O$$

模拟试题（二）
参考答案

一、用系统命名法命名或写出结构式（10分）

1. E—1—氯—2—溴—1—碘—1—戊烯
2. (2S,3R)—2,3,4—三羟基丁醛
3. 对甲基苄氯
4. 1,8—二羟基萘—3,6—二磺酸钠
5. 2—(3′—噻吩)—1—乙醇

6. 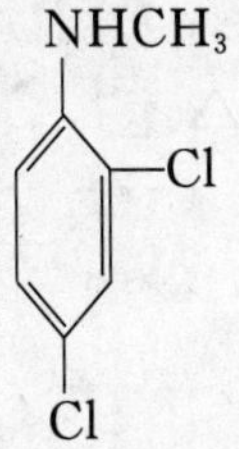 [结构式：2,4-二氯-N-甲基苯胺]

7. 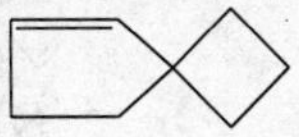 [螺[3.3]庚烷结构式]

8. 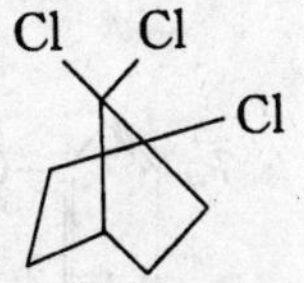 [三氯降冰片烷结构式]

9. 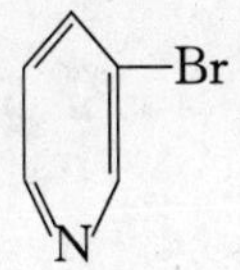 [3-溴吡啶结构式]

10. 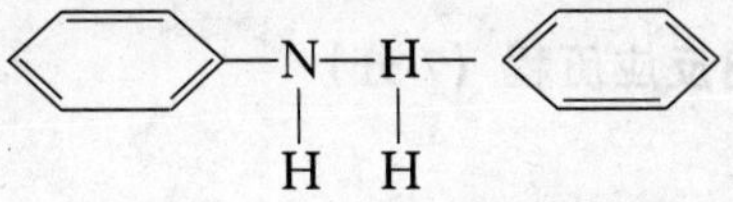 [二苯胺·氢键结构式]

二、选择题（16分）

1. A 2. B 3. C 4. D
5. A 6. B 7. A 8. A

三、完成方程式（16分）

1. 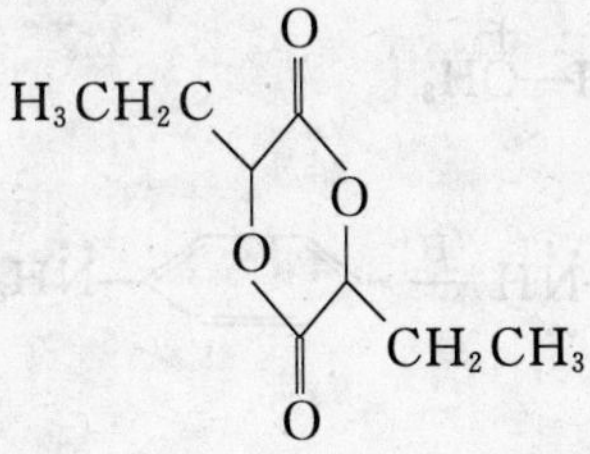 [丙交酯结构式], $CH_3CH=CHCOOH$, [γ-丁内酯结构式]

143

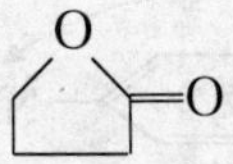

2. $HNO_3 + H_2SO_4$, 4-ethylaniline (C_2H_5-C$_6$H$_4$-NH$_2$), 4-ethylbenzenediazonium hydrogen sulfate (C_2H_5-C$_6$H$_4$-N$_2^+$ HSO$_4^-$)

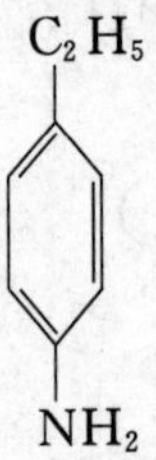

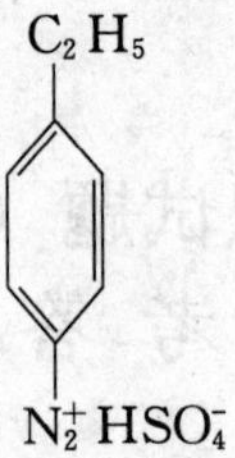

3. 1,1'-bicyclopentyl-1,1'-diol (two cyclopentyl rings joined with OH on each), spiro ketone

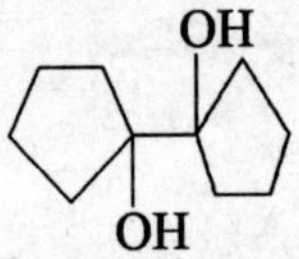

4. acetanilide (C$_6$H$_5$-NHCOCH$_3$), 4-bromoaniline (4-Br-C$_6$H$_4$-NH$_2$)

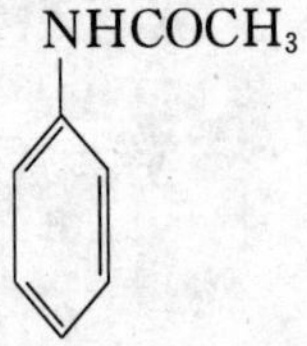

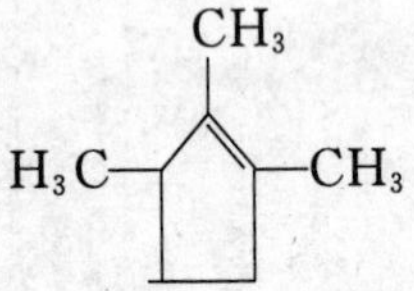

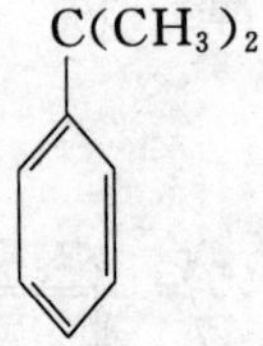

5. 1,2,3-trimethylcyclopentene (H$_3$C, CH$_3$, CH$_3$ substituted cyclopentene)

6. isopropylbenzene (C$_6$H$_5$-C(CH$_3$)$_2$H), H_2SO_4, $\triangle$

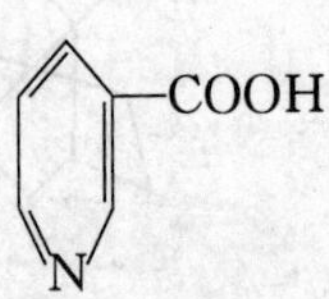

7. nicotinic acid (pyridine-3-COOH), NH_3, $\triangle$, 3-aminopyridine

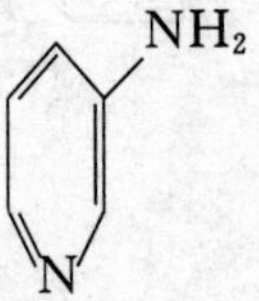

四、写出反应历程 (7分)

$$2e^- + C_6H_5-\underset{O}{\overset{O}{N}} + H^+ \longrightarrow C_6H_5-\underset{O}{\overset{OH}{N}} \xrightarrow{H^+} C_6H_5-\ddot{N}=O + H_2O$$

$$2e^- + C_6H_5-\ddot{N}=O + H^+ \longrightarrow C_6H_5-\bar{\ddot{N}}-OH \xrightarrow{H^+} C_6H_5-\ddot{N}H-OH$$

$$C_6H_5-\ddot{N}H-OH + H^+ \rightleftharpoons C_6H_5-\ddot{N}H-\overset{+}{O}H_2$$

$$2e^- + C_6H_5-\ddot{N}H-\overset{+}{O}H_2 \xrightarrow{-H_2O} C_6H_5-\bar{\ddot{N}}H \xrightarrow{H^+} C_6H_5-\ddot{N}H_2$$

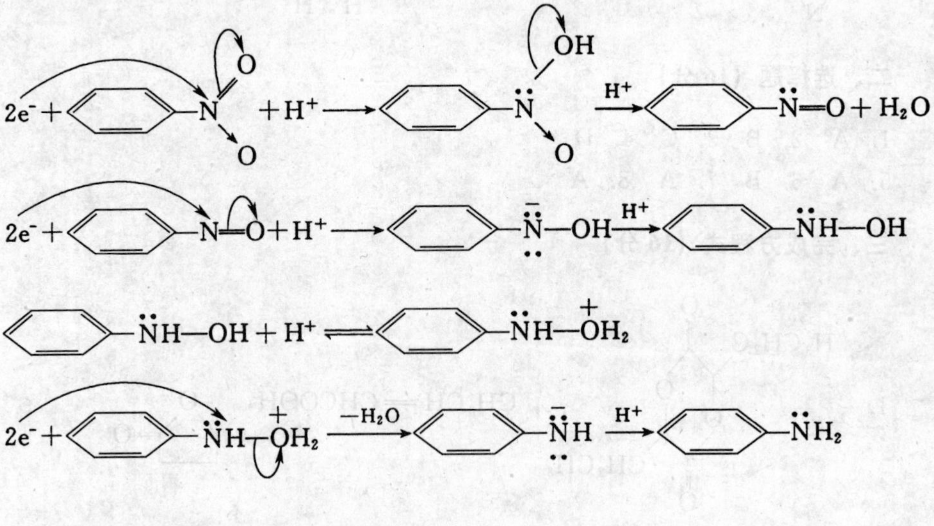

模拟试题（二）参考答案

五、用化学方法区分下列化合物（8分）

1.
$$\begin{array}{c}
CH_3CH_2CH(CH_3)CH_2CH_3 \\
CH_3\text{-环丙基-}CH_2CH_3 \\
(CH_3)_2C=CBrCH_3 \\
(CH_3)_2C=CHCH_2Br
\end{array} \xrightarrow[C_2H_5OH]{AgNO_3} \begin{cases} \times \\ \times \\ \times \\ AgBr\downarrow \end{cases} \xrightarrow[CCl_4]{Br_2} \begin{cases} \times \\ 褪色 \\ 褪色 \end{cases} \xrightarrow{KMnO_4} \begin{cases} \times \\ 褪色 \end{cases}$$

2.
$$\begin{array}{c}
CH_3CH_2CH_2NO_2 \\
CH_3CH_2CH_2NH_2 \\
(CH_3CH_2CH_2)_2NH \\
(CH_3CH_2CH_2)_3N
\end{array} \xrightarrow{5\%HCl} \begin{cases} \times \\ 溶解 \\ 溶解 \\ 溶解 \end{cases} \xrightarrow[NaOH]{p-CH_3C_6H_4SO_2Cl} \begin{cases} 清亮溶液 \\ 不溶固体 \\ \times \end{cases}$$

六、推测化合物结构

1. 解：化合物 A（$C_6H_{12}O_3$），结构式为

$$\underset{(\delta 2.1)}{CH_3}-\underset{O}{\overset{\|}{C}}-\underset{(\delta 2.6)}{CH_2}-\underset{\underset{OCH_3\ (\delta 3.2)}{|}}{\overset{\overset{OCH_3\ (\delta 3.2)}{|}}{C}}H\ (\delta 4.7)$$

2. 解：

$$O_2N\text{-}C_6H_4\text{-}\underset{O}{\overset{\|}{C}}\text{-}\underset{CH_3}{\overset{|}{N}}\text{-}C_6H_5 \xrightarrow{H_2O} O_2N\text{-}C_6H_4\text{-}COOH + C_6H_5\text{-}NHCH_3$$
(A)　　　　　　　　　　　　　(B)　　　　　　　(C)

$$C_6H_5\text{-}NHCH_3 \xrightarrow{CH_3\text{-}C_6H_4\text{-}SO_2Cl} CH_3\text{-}C_6H_4\text{-}SO_2\text{-}\underset{CH_3}{\overset{|}{N}}\text{-}C_6H_5$$
(C)　　　　　　　　　　　　　　（不溶于 NaOH）

$$O_2N\text{-}C_6H_4\text{-}COOH \xrightarrow{Fe+HCl} H_2N\text{-}C_6H_4\text{-}COOH \xrightarrow[0°C]{NaNO_2+H_2SO_4}$$
(B)　　　　　　　　　　　(D)

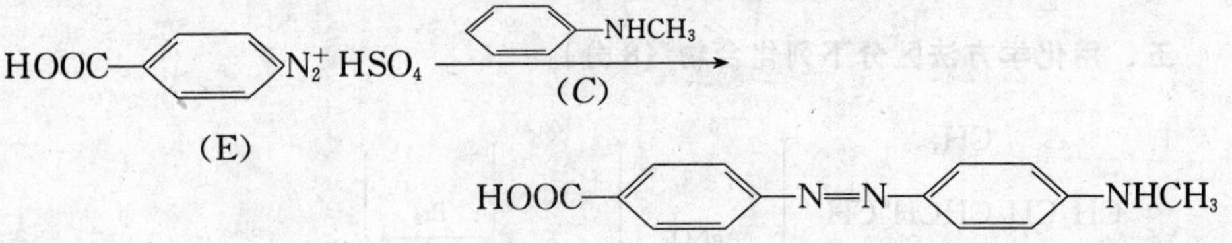
HOOC
N_2^+ HSO_4
NHCH$_3$
(C)
(E)
HOOC
N=N
NHCH$_3$

3. 解：

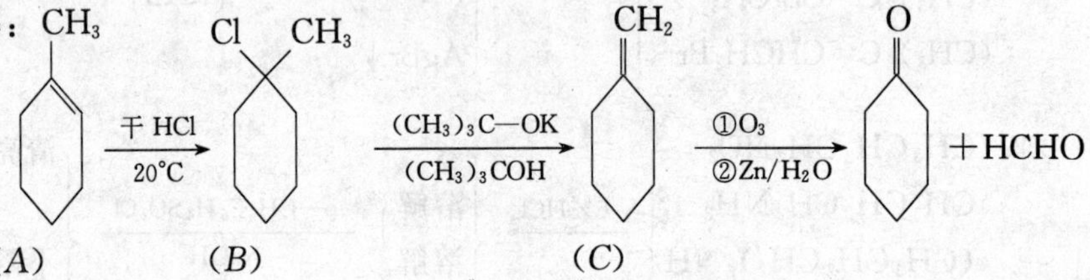
CH$_3$
干 HCl
20℃
Cl
CH$_3$
(CH$_3$)$_3$C—OK
(CH$_3$)$_3$COH
CH$_2$
①O$_3$
②Zn/H$_2$O
O
+HCHO
(A)
(B)
(C)

七、合成题

1. 解：

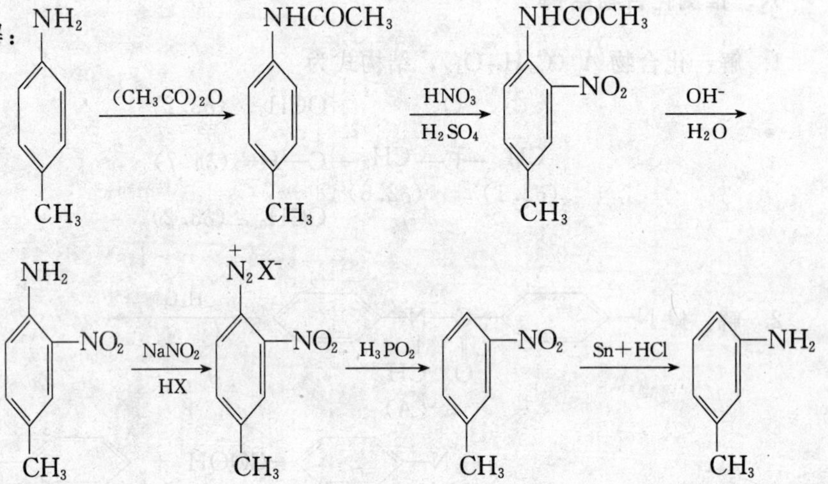
NH$_2$
CH$_3$
(CH$_3$CO)$_2$O
NHCOCH$_3$
HNO$_3$
H$_2$SO$_4$
NO$_2$
OH$^-$
H$_2$O
NaNO$_2$
HX
N_2^+X$^-$
H$_3$PO$_2$
Sn+HCl

2. 解：

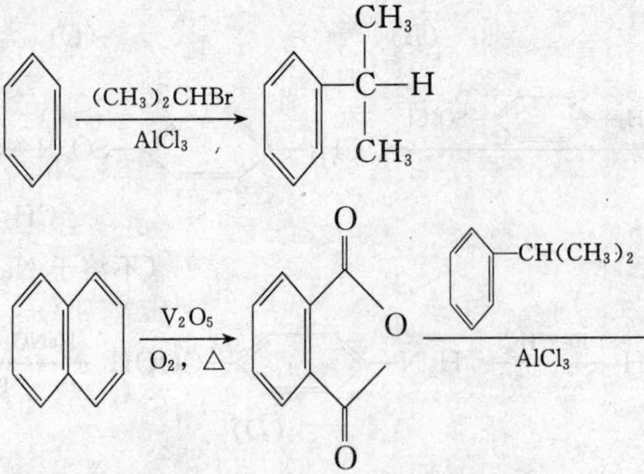
(CH$_3$)$_2$CHBr
AlCl$_3$
CH$_3$
C—H
CH$_3$
V$_2$O$_5$
O$_2$，△
O
CH(CH$_3$)$_2$
AlCl$_3$

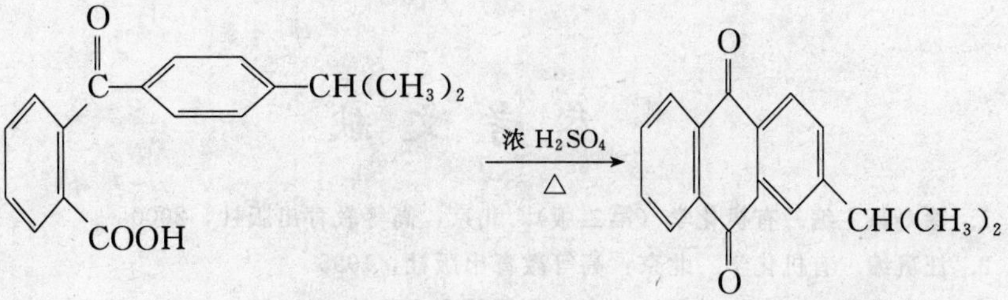

模拟试题（二）参考答案

[反应式1：邻-(4-异丙基苯甲酰基)苯甲酸 在浓 H_2SO_4 / △ 条件下 → 2-异丙基蒽醌]

3. 解：

$CH_3(CH_2)_4CH_2Br \xrightarrow{NaCN} CH_3(CH_2)_4CH_2CN \xrightarrow[\text{定量 } H_2O]{\text{浓 } H_2SO_4} CH_3(CH_2)_4CH_2CONH_2$

$\xrightarrow{NaOBr} CH_3(CH_2)_4CH_2NH_2$

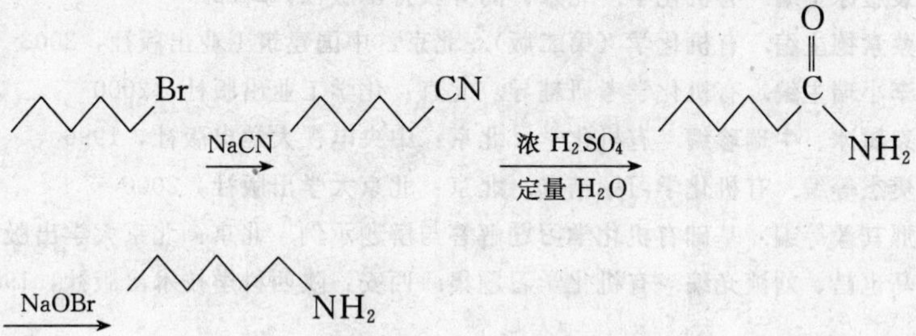

八、实验题

1. 主反应 $2n\text{—}C_4H_9OH \xrightarrow[130℃]{H_2SO_4} n\text{—}C_4H_9\text{—}O\text{—}C_4H_9 + H_2O$

   副反应 $n\text{—}C_4H_9OH \xrightarrow[\triangle]{H_2SO_4} CH_3CH_2CH=CH_2 + CH_3CH=CHCH_3 + H_2O$

   $n\text{—}C_4H_9OH \xrightarrow[\triangle]{H_2SO_4} CH_3CH_2CH_2CH_2OSO_2OH + H_2O$

2. 利用丁醇在水中只有约 8% 的溶解度，且正丁醇的相对密度小于 1，使未反应的正丁醇回到反应瓶中。

3. 球形冷凝管回流滴下来的液体中不再有油滴出现时，表明反应已经完成。

4. 会有较多的副产物烯烃生成。

5. 该装置不能用于制备苯甲酸乙酯。因为反应物之一的乙醇与水无限混溶，油水分离器不能使未反应的乙醇回到反应瓶中。

参 考 文 献

1. 徐寿昌主编. 有机化学（第二版）. 北京：高等教育出版社，2000
2. 汪巩编. 有机化学. 北京：高等教育出版社，1995
3. 袁履冰主编. 有机化学. 北京：高等教育出版社，2003
4. 蔡素德主编. 有机化学（第二版）. 北京：中国建筑工业出版社，2003
5. 李小瑞主编. 有机化学考研辅导. 北京：化学工业出版社，2000
6. 袁履冰、牛瑞珍编. 有机化学. 北京：中央电视大学出版社，1996
7. 樊杰等编. 有机化学习题精选. 北京：北京大学出版社，2000
8. 邢其毅等编. 基础有机化学习题解答与解题示例. 北京：北京大学出版社，1998
9. 马也昌、刘谦光编. 有机化学习题集. 西安：陕西科学技术出版社，1984